CHANGJIAN ZAIHAI SHIGU DE YUFANG YU JIUZHU

常见灾害事故的预防与救助

周白霞　主编

中国环境出版社·北京

图书在版编目（CIP）数据

常见灾害事故的预防与救助 / 周白霞主编 .-- 北京 ：
中国环境出版社，2014.7
ISBN 978-7-5111-1879-0

Ⅰ．①常… Ⅱ．①周… Ⅲ．①灾害防治－基本知识 ②
灾害－自救互救－基本知识 Ⅳ．① X4

中国版本图书馆 CIP 数据核字（2014）第 109801 号

出 版 人 王新程
责任编辑 俞光旭
责任校对 唐丽虹
装帧设计 金 喆

出版发行 中国环境出版社
（100062 北京市东城区广渠门内大街 16 号）
网 址：http://www.cesp.com.cn
电子邮箱：bjgl@cesp.com.cn
联系电话：010-67112765（编辑管理部）
010-67162011 生态（水利水电）图书中心
发行热线：010-67125803，010-67113405（传真）

印 刷 北京市联华印刷厂
经 销 各地新华书店
版 次 2014 年 8 月第 1 版
印 次 2014 年 8 月第 1 次印刷
开 本 787×960 1/16
印 张 21.5
字 数 330 千字
定 价 68.00 元

Introduction
前言

恩格斯说："我们不要过分陶醉于我们对自然界的胜利。对于每一次这样的胜利，自然界都报复了我们。"自然是人类赖以生存的家园，人类在享受自然赠予的财富的同时，也承受着由于过度开发和攫取带来的灾害事故。每一次重大灾害事故的发生，都给人类带来了巨大的生命财产损失。

我国是一个多灾的国家，我国的灾害事故几乎包括了世界上所有灾害事故的类型。在各类灾害事故中，尤以火灾、地震、交通事故、水旱灾害、滑坡与泥石流、气象灾害、矿山灾害事故、踩踏、重大疫情的发生最为频繁，危害最大。同时，近年来的突发性灾害呈现出频率高、强度大、时空分布广、损失严重的趋势，并不断向大型化、复杂化、多元化发展。

面对频发的自然灾害和重大事故，我们不能坐以待毙，毫无作为，而应该通过相关知识的学习，了解灾害事故发生的原因，懂得灾害形成的规律，知道对灾害的预警、预报方法，在自然灾害和重大事故面前，做到沉着应对，有效应对。

为了帮助人们提高防灾、抗灾、救灾、防病的意识和能力，在灾害发生时，最大限度地减少灾害事故造成的生命财产损失，加快恢复正常的生产、生活进程，我们编写了这本《常见灾害事故的预防与救助》。本书结合大量案例介绍了各种常见的灾害事故的特点、危害及其预防、救助知识，以期大家从中了解必要的灾害预防常识，获取自救和互救的宝贵知识。

本书由公安消防部队昆明指挥学校教师编写，周白霞任主编，陈晓林任副主编。具体编写分工：第一章、第七章，周白霞；第二章、第八章，马建云；第三章、第五章，陈晓林；第四章、第六章，黄中杰；第九章，陈祖朝。

要特别说明的是：在编写过程中，我们从国内外学者的著作（包括网络文献资料）中汲取了很多营养，直接或间接地引用了部分研究成果和图片资料，在此对这些成果和资料的原作者表示衷心的感谢！

由于编写人员理论水平和实践经验有限，书中内容难免有不妥之处，欢迎广大读者批评指正。

编者

2014 年 6 月

CHANGJIAN ZAIHAI SHIGU DE YUFANG YU JIUZHU

contents

目录

第五章

滑坡与泥石流 /183

第六章　气象灾害 /220

第一章 火 灾

火灾是现代社会危害较大，发生较频繁的灾害。我国几乎每年都会发生多起重特大火灾事故，有的火灾在瞬间夺去人们鲜活的生命。2010 年 11 月 15 日，上海静安区教师公寓火灾死亡 58 人；2013 年 6 月 3 日，吉林德惠市宝源丰禽业公司火灾死亡 121 人。火灾还能烧掉人类经过辛勤劳动创造的物质财富，2009 年 2 月 9 日，在建的中央电视台文化中心因燃放烟花爆竹引发特别重大火灾事故，建筑严重受损；2014 年 1 月 11 日，云南省迪庆州香格里拉县独克宗古城发生火灾，火灾烧损房屋直接财产损失为人民币 8 983.930 8 万元，古城内烧毁的文物、唐卡及其他佛教文化艺术品，无法估计。无情的大火烧掉了劳动人民用血汗换来的财富，留下的是不尽的思索（图 1-1）。

反思火灾，最主要的是群众缺乏消防安全意识和安全知识。因此，正确认识火灾发生的规律，排查火灾隐患，培养消防安全意识，可以最大限度地减少火灾危害。

图 1-1　云南香格里拉古城火灾场景

第一节 消防安全基础知识

火是一种自然现象。驯服的火是人类的朋友，它给人类带来光明和温暖，带来了人类的文明和社会的进步。但火如果失去控制，酿成火灾，就会给人民生命财产造成巨大的损失。就会烧掉人类辛勤劳动创造的物质财富，甚至夺去许多人的生命和健康，造成难以挽回和不可弥补的损失，正如“水能载舟，亦能覆舟”。

一、火灾及其危害

火灾是指在时间或空间上失去控制的燃烧所造成的灾害。在各种灾害中，火灾是最经常、最普遍地威胁公众安全和社会发展的主要灾害之一。如果我们不重视防范，火灾随时可能肆虐成灾给人类带来巨大的伤害（图 1-2），火灾的危害主要有以下 5 个方面：

（1）毁坏物质财富。火灾可将人们辛勤劳动创造的物质财富顷刻间化为灰烬，也可以吞噬整个村寨、街道和城镇。

（2）造成严重的间接损失。一旦发生重特大火灾，其影响面之大往往是人们始料不及的，其造成的间接损失往往比直接财产损失更为严重。火灾如果烧毁文物、档案及科研资料，其损失更是难以用经济价值计算。

（3）残害人的生命。火灾不仅造成财产损失，而且威胁着人们的生命安全，给人们造成伤亡甚至夺去生命。

图 1-2 火灾的危害

（4）造成不良的社会影响。一些损失巨大、伤亡惨重的火灾往往牵动着亿万人民

群众的心，并引发一系列的社会问题，甚至发生社会骚乱，损害国家声誉。

（5）造成生态环境的破坏。一些重特大火灾，尤其是森林和化工火灾，向空中和水土中释放大量烟尘、杂物，引起大气和水土资源的污染，损害人类健康。

二、火灾预防

水火无情，面对火灾带来的巨大灾难，人们必须采取积极的态度预防火灾的发生。长期的生活实践活动中，我国劳动人民总结了“防为上，救次之，戒为下”这一正确科学的对待火灾的道理。“防为上”就是根据火灾发生的原因主动地消除燃烧和爆炸的潜在隐患，其措施主要包括对用火用电用气等火源及用火行为的正确规范。

（1）炊事用火防火。炊事用火是人们最主要的生活用火，炊事用火的主要器具是各种炉灶及排烟的烟囱，使用不慎易引起炉灶火灾。

（2）照明用火防火。现在我国大部分地区均使用电灯照明，但是也有少数无电的地区或停电时或举办一些活动时，使用油类、蜡烛及松枝照明，使用时应确保火源有可靠的保护，火源距可燃物距离适当。

（3）吸烟火灾预防。燃烧着的烟头其表面温度有 300 ～ 450 摄氏度，中心温度可达 700 ～ 800 摄氏度，能引起许多可燃物燃烧，而且吸烟时还要使用打火机或火柴等点火器具，如吸烟者随意丢弃烟头和点烟的火源，极易引起火灾。

（4）儿童玩火火灾预防。由于儿童对火的好奇，有意或无意玩火引发的火灾在我国普遍存在，因此，家长、教师及长辈应说服教育儿童不要玩火（图 1-3）。

图 1-3　消防宣传教育

（5）人为纵火火灾的预防。人为纵火是源于纵火者的无知、愚昧，缺乏起码的法律知识或丧失理智，为预防人为纵火，应切实做好消防法制教育和消防安全的管理。

（6）电气线路火灾的预防。随着生活水平的提高使得用电负荷增加，但是我国城乡居民安全用电意识淡薄，导致因电气线路超负荷、短路、漏电或接触不良等原因引起的火灾越来越多。

（7）电器设备火灾预防。电器设备的种类很多，适用面很广，在给人们的工作生活带来方便的同时，也会造成火灾爆炸事故，使用电器设备时应按照要求正确操作。

三、火灾报警

火灾报警，是人们发现起火时，向公安消防队或单位、村镇、街道的领导、群众及附近的企业专职消防队、义务消防队发出火灾信息的一种行动。《中华人民共和国消防法》第三十二条明确规定：“任何人发现火灾时，都应该立即报警。任何单位、个人都应当无偿为报警提供便利，不得阻拦报警，严禁谎报火警。”所以我们一旦发现火情，要立即报警，报警越早，损失越小。报警前要冷静地观察和了解火势情况，选择恰当的方式报警，防止惊慌失措、语无伦次而耽误时间，甚至出现误报（图 1-4）。报警时要牢记以下 8 点：

图 1-4　学习报火警

（1）要牢记火警电话“119”，消防队救火不收费。

（2）接通电话后要沉着冷静，向接警中心讲清失火单位的名称、地址、

什么东西着火、火势大小、着火的范围。同时还要注意听清对方提出的问题，以便正确回答。

（3）把自己的电话号码和姓名告诉对方，以便联系。

（4）打完电话后，要立即到交叉路口等候消防车的到来，以便引导消防车迅速赶到火灾现场。

（5）如果着火地区发生了新的变化，要及时报告消防队，使他们能及时改变灭火战术，取得最佳效果。

（6）迅速组织人员疏通消防车道，清除障碍物，使消防车到火场后能立即进入最佳位置灭火救援。

（7）在没有电话或没有消防队的地方，如农村和边远地区，可采用敲锣、吹哨、喊话等方式向四周报警，动员乡邻来灭火。

（8）现在很多公共建筑的安全疏散通道上都安装了手动火灾自动报警按钮，在这种场所发现火灾，可以用东西击碎手动报警按钮的玻璃或者直接按下报警按钮，启动火灾自动报警系统的警报装置（图 1-5）。

图 1-5　手动火灾自动报警按钮

四、初起火灾扑救

《消防法》明确规定：任何单位和成年人都有参加有组织的灭火工作的义务。火灾的初起阶段，火势小、烟雾少、温度低、辐射弱，我们可以利用专用的消防器材和简易的灭火工具进行扑救。常见的灭火设施有灭火毯、灭火器、室内消火栓灭火系统。

（1）使用灭火毯扑救初起火灾。灭火毯主要采用难燃性纤维织物经特殊工艺处理后加工而成，能很好地阻止燃烧或隔离燃烧，是扑救初起阶段火灾有效的灭火器材。

在火灾初起阶段，将灭火毯直接覆盖在火源或着火的物体上。使用者也可在火场逃生时将灭火毯披裹在身上并戴上防烟面罩，迅速脱离火场（图 1-6）。

图 1-6　灭火毯及其使用

（2）使用干粉灭火器扑救初起火灾。干粉灭火器适宜扑灭油类、可燃气体、电器设备等初起火灾。

使用干粉灭火器时，首先将灭火器提至火灾现场，颠倒摇动几次，使干粉松动。然后，拔去保险销（卡），一手握住胶管喷头，另一只手按下压把（或拉起提环），即可使干粉喷出。使用干粉灭火器时应注意以下事项：在喷粉灭火过程中应始终保持直立状态，不能横卧或颠倒使用，否则不能喷粉；喷射干粉时，应对准火焰根部，左右扫射，防止火焰回窜；扑救液体火灾时，不要直接冲击液面，防止液体溅出，使火势蔓延（图 1-7）。

拔去保险销

对准火源根部

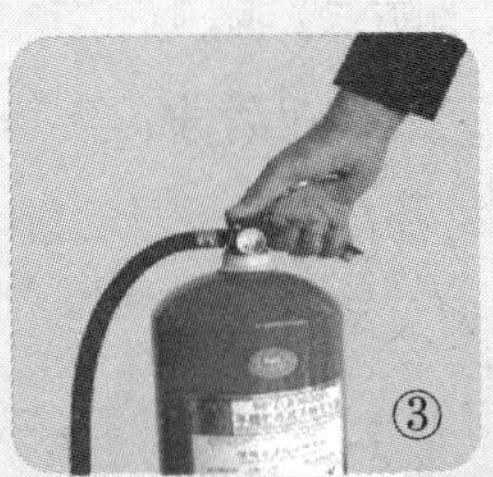

按下压把喷射灭火

图 1-7　灭火器的使用方法

（3）使用室内消火栓扑救初起火灾。室内消火栓系统在火灾扑救过程中发挥着非常重要的作用，是扑救建筑火灾的重要消防设施。

室内消火栓的使用方法是：当有火灾发生时，打开消火栓门，按动火灾报警按钮，由其向消防控制中心发出报警信号或远距离启动消防水泵，然后拉出水带、拿出水枪，将水带一头与消火栓出口接好，另一头与水枪接好，展（甩）开水带，一人握紧水枪或水喉，另一人开启消火栓闸阀，通过水枪产生的射流，将水射向着火点实施灭火（图 1-8）。

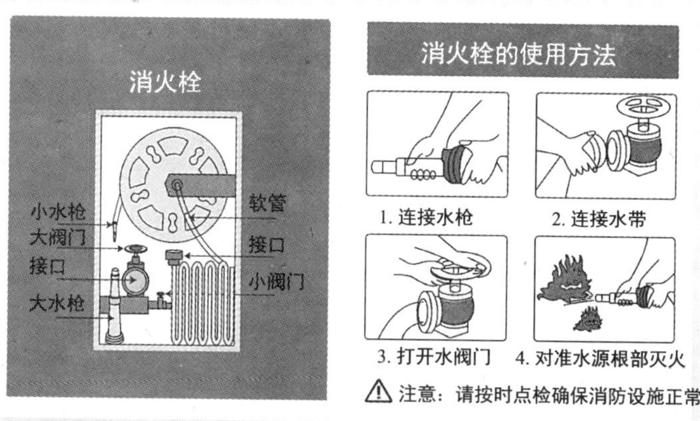

图 1-8　消火栓的使用方法

五、安全疏散

火灾中的安全疏散是指处于火灾场所中的人员安全地从着火的建筑物内撤离火灾危险境地的一种救助性行动。以下措施能有效地提高安全疏散的效率。

（1）为了安全有序地组织人员疏散，各机关团体事业单位应该提前做好安全疏散预案并定期进行疏散演练。

（2）安全疏散应该根据所制定的预案，由发生火灾单位的疏散总指挥统一指挥避免疏散中产生混乱、交叉和拥挤，减少伤亡。

（3）统一指挥应根据着火部位和疏散路线情况决定科学的疏散顺序和步骤，疏散应以先着火层，着火层的上层，再下层的顺序疏散，优先安排受火灾威胁最严重及最危险区域内的人员疏散。

（4）疏散中禁止使用普通电梯运载人员。普通电梯由于缝隙多极易受到烟火的侵袭，而且电梯竖井又是烟火蔓延的通道，火灾中极不安全。

（5）疏散中应做好控制火势和火场排烟等工作，组织人员利用消火栓、防火门、防火卷帘等设施控制火势，启用防排烟系统降低烟雾浓度，阻止烟火进入疏散通道，使疏散行动更加顺利安全。

六、消防安全标识

消防安全标志是由安全色、边框和以图像为主要特征的图形符号和文字构成的标志，用于表达与消防有关的安全信息（图 1-9）。

紧急出口	疏散通道方向	滑动开门 A	滑动开门 B	推开	拉开
手动启动器	发声警报器	火警电话	灭火设备	灭火器	消防水带
地下消火栓	地上消火栓	水泵接合器	消防梯	灭火设备位置	灭火设备位置
禁止用水灭火	禁止放易燃物	禁止吸烟	禁止烟火	禁止带火种	禁止燃放鞭炮

禁止阻塞	禁止锁闭	当心火灾 氧化物	当心火灾 易燃物质	当心爆炸 爆炸性物	击碎板面

图 1-9 消防安全标识

七、火灾应急疏散预案

为应对火灾突发事件，防止群死群伤恶性事故发生，保障人民的身体健康和生命安全，维护社会稳定。根据我国《消防法》和《机关、团体、企业、事业单位消防安全管理规定》等相关法律、法规中的明确规定，社会单位和居民家庭应该结合实际情况，制订相应的火灾应急疏散预案，组织火场逃生演练（图 1-10）。

图 1-10 火场逃生演练

世界上许多国家如美国、加拿大、澳大利亚、日本等，特别重视火灾应急疏散预案的制订和火场逃生演练，他们认为，这是大大降低火灾死亡人数的有效方法。因为科学合理的疏散预案和火场逃生计划不但能帮助危险中的人们尽快成功自救或者挽救他人生命，还能提高人们的防火意识。

（一）制订应急疏散预案和逃生计划的目的

通过制订应急疏散预案，不断提高消防组织战术、技术水平和快速反应能力，一旦接到火灾和救援报警，可以按照计划实施组织指挥方案，从而赢得战机，夺取灭火应急疏散的主动权，其目的主要有以下几个方面。

（1）加强消防安全知识的宣传教育，强化公民的消防安全意识。

（2）使建筑中的人员熟悉建筑的应急疏散通道，增强对火灾突发事件的应变能力。

（3）进一步发现单位或社区在应对消防突发事件时存在的问题并及时整改。

（二）疏散预案的组织机构及各机构的任务分工

为保证应急疏散预案的科学有效，预案制订单位应建立健全消防安全组织机构，成立消防应急领导小组、灭火行动组、通讯联络组、疏散引导组、防护救护组。

（1）应急领导小组下设组长（一般由演练组织单位或其上线单位的负责人担任，在演练实施阶段，担任演练总指挥）、副组长（在演练实施阶段担任副总指挥）、成员（一般由相关部门负责人担任）。主要职责是负责应急演练活动全过程的组织与领导，并审批决定演练的重大事项。

（2）灭火行动组的主要职责是当火灾发生时，利用单位或社区内配置的消防器材及有关设施，全力进行扑救。

（3）通讯联络组的主要职责是在发现火灾后，迅速与辖区消防大队或当地消防部门取得联系，引导消防人员和设施进入火灾现场；联络相关单位及负责人，组织调遣消防力量；负责对上、对外联系及报告工作。

（4）疏散引导组主要负责在火灾现场指挥人员按既定的安全方向和地点进行疏散。

（5）救护组主要负责利用简便器材对伤病员进行紧急抢救，联系当地医院运送火灾中受伤人员。

第二节 家庭火灾

家向来都是人们避风的港湾，但火灾却无时无刻威胁着家的安全。家庭火灾的发生非常频繁，但是往往人们又容易忽略它。据统计，60%以上的火灾都发生在家庭，所以家庭消防安全应该引起我们广大群众的高度关注和重视。家庭火灾不但会影响自己的生命财产安全，甚至会牵连到其他家庭，影响范围大（图1-11）。

图1-11 家庭火灾

一、油锅起火

日常家庭生活，都离不开炒菜做饭，炒菜做饭时也都离不开使用各种食用油，家庭日常食用油品主要分为植物油和动物油，都属于可燃液（固）体，在锅内被加热到450摄氏度左右时，就会发生自燃，立刻窜起数尺高的火焰。如果不懂消防常识，采取错误的灭火方式，就会导致火焰外溅，烧着家具和房屋，造成不应有的损失（图1-12）。

图1-12 厨房火灾

（一）典型案例

2012年11月5日上午，郑州一棉社区西五街12号楼一户居民家中突然起火。巡逻至此的巡防队员发现后，立即冲入屋中扑救，厨房已成火海。巡防队员见女主人端着一盆水正要往起火的油锅上泼，立即上前制止，随后抓起一床棉被，朝起火的油锅上盖去，直到油锅里的火苗全部熄灭，才用水去扑灭其他的着火点。据女主人介绍，上午她一人在家里熬鸡油，因熬鸡油需要较长时间，就趁空到卧室里缝起了被子，缝着缝着就忘了火上熬的鸡油，油锅起火也没能及时发现，险些把家全烧了。

2013年10月22日20时，黑龙江路新界大厦A座高层住宅楼24楼住户家里厨房、楼道里浓烟滚滚，消防员赶到现场时，五六平方米的厨房此时已接近全部过火，里面的器具和橱柜面目全非。一墙之隔的过厅墙面也被熏黑，墙角的塑料器皿都被烤化了。据户主蒋先生说，当晚，做饭时将鱼焖在锅里火没关，就出去拿东西，他们记得也就是10分钟左右，没想到灶上的“佳肴”变成了“祸端”。

（二）火灾原因

（1）油炸食物时往锅里加油过多，使油面偏高，油液受热后溢出，遇明火燃烧。

（2）油炸食物时加温时间过长，使油温过高引起自燃。

（3）在火炉上烧、煨、炖食物时无人看管，浮在汤上的油溢出锅外，遇明火燃烧。

（4）操作方式方法不对，使油炸物或油喷溅，遇明火燃烧。

（5）油锅起火后处置方法不当，弄翻了锅，弄洒了油。

（三）预防措施

（1）煮、炖各种食品时，应该由人看管，食品不宜过满，沸腾时揭开锅盖，以防外溢。

（2）油炸食品时，油不能放得过满，油锅搁置要平稳，人不能离开。

（3）油炸食品时，要注意防止水滴和杂物掉入油锅，防止食用油溢出着火。

（4）油锅加热时应采用文火，严防火势过猛、油温过高。

（四）处置对策

（1）迅速关闭燃气阀门，这个是最关键的，任何时候，都要先切断火灾源头。

图 1-13 锅盖灭火

（2）巧用身边锅盖灭火。当锅里的食油因温度过高着火时，千万不要惊慌失措，更不能用水浇，否则烧着的油就会溅出来，引燃厨房的其他可燃物。这时，应先关闭燃气阀门，然后迅速盖上锅盖，使火熄灭。如果没有锅盖，手边其他东西如洗菜盆等只要能起覆盖作用的都行（图 1-13）。

（3）巧用蔬菜灭火。其实蔬菜也是天然的“灭火剂”，将切好的蔬菜迅速倒入锅内同样也能起到灭火作用。

（4）使用灭火器灭火。如果你家里备有灭火器，安全保证会更高。家用干粉灭火器适用于油锅、煤油炉、油灯和蜡烛等引起的初起火灾效果非常好。

灭火后应将油锅移离加热炉灶，防止复燃。且在用干粉灭火器扑救油锅火灾时，还应注意喷出的干粉应对着锅壁喷射，不能直接冲击油面，防止将油冲出油锅，造成火灾二次蔓延。

二、液化气天然气起火

近几年来，随着人民生活水平的不断提高，液化气天然气以其方便、清洁、经济的特点逐步被广大人民群众所认识、接受并应用，现在正广泛地被应用于家庭，在人们充分享受它的优越性的同时，它的危险性也日益暴露出来了。不少用户思想麻痹或缺乏对燃气火灾危险性的认识，使用燃气不当而酿成的火灾爆炸事故屡有发生，给社会和家庭造成了巨大的财产损失，甚至是终身遗憾（图 1-14）。

图 1-14 液化气罐着火

（一）典型案例

2011 年 9 月 4 日 18 时，北京市通州区宋庄镇白庙新村 13 号楼 1 单元一居民家厨房起火。据户主透露，当时他正在厨房准备做饭，刚拧开液化气罐阀门，突然发现液化气罐喷口处开始“嘶嘶”往外漏气，还没等他反应过来，液化气罐阀门部位便喷出了火焰。住户立即用灭火器喷射，但火势越来越大。见势不妙赶紧拨打了报警电话。随后，消防中队赶到现场，此时，厨房已全部被引燃，木制门框和窗户正在燃烧。消防员立即用水枪将厨房门口的火扑灭，一名消防员冲进屋内，将液化气罐提到屋外的空地上（图 1-15），并用水枪对罐体进行冷却。10 分钟后，火势终于被控制住。

图 1-15 转移着火气罐

2012 年 7 月 25 日 9 时，广州南沙区黄阁镇小虎北路三巷一处民居发生液化气泄漏并引起火灾，所幸未造成人员伤亡。火灾起因为房主忘记关闭液化气引起液化气泄漏而引发火灾。据参加救援的消防官兵介绍：“我们进入厨房后发现，一个液化气瓶正在不断泄漏，并着火燃烧。如扑救不及时，这个‘定时炸弹’一旦爆燃，极可能将整个民居烧毁，甚至危及附近群众的安全。”

（二）火灾原因

（1）输气管、角阀、减压阀、钢瓶、输气管接口等部件老化松动，密封胶圈脱落或老化失去弹性，引起气体泄漏。

（2）气瓶残旧老化严重，耐压强度下降，造成煤气泄漏。

（3）搬运过程撞击，运输过程碰撞造成气瓶破裂。

（4）用户擅自倒气过罐或私自倾倒液化气残液引起火灾。

（5）不用减压阀或者使用人工手控减压直接供气。

（6）气瓶横卧，液体未经气化直接喷出。

（7）输气胶管过长，中间变曲，使用时开关程序颠倒，胶管变曲部位及胶管中积存残留气体在再次点火过程产生轰燃。

（三）预防措施

（1）使用燃气设备要注意检验期限，并附有检验合格标签。购买专用软管和与其匹配的软管卡扣、减压阀等。

（2）软管与硬管及燃气灶的连接处一定要使用专用的卡扣进行固定，不应该随便使用铁丝进行缠绕固定或没有任何的固定措施。

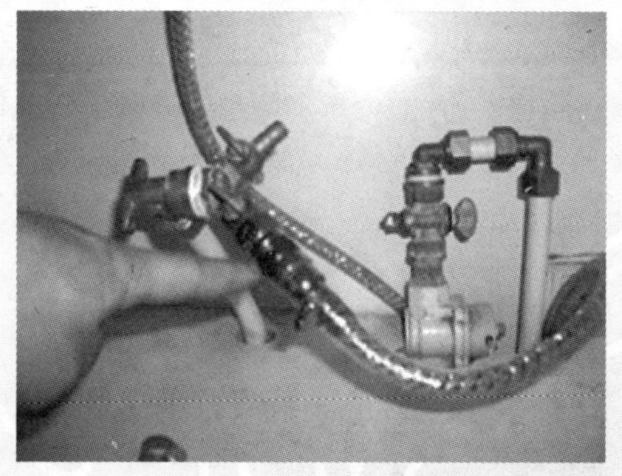

图 1-16 定期检查管道

（3）软管不宜太长，不宜拖地，一般为 1 米左右，并且整根软管铺设后不能有受挤压的地方。定期检查和更换软管，防止软管受到意外挤压、摩擦和热辐射而老化破损（图 1-16）。

（4）液化气钢瓶使用时应注意，要直立使用钢瓶，且避免受猛烈震动，不能在阳光下暴晒，不能用开水泡，更不能用火烧；钢瓶上不可放置物品，以免引燃。

（5）气瓶内的残液不准随意乱倒，绝对不允许私自用两个钢瓶互相倒气，否则会造成严重事故。

（6）使用液化气时，要有人看管，不可远离，随时注意调节火力大小，防止汤水外溢浇灭火焰或被风吹灭火焰，引起液化气泄漏而发生火灾爆炸事故。

（7）厨房内严禁液化气同电饭煲、电磁灶、酒精炉、煤炉等混杂使用，明火不宜距液化气灶太近。

（8）当发生液化气泄漏时，千万不要进行下列行为：开关电灯、打电话、拖拉金属等器具及脱衣服，更不能抽烟点火。

（四）处置对策

液化气、天然气的灭火主要采用断源灭火措施，就是控制、切断流向火源处的天然气，使燃烧中止（图 1-17）。

图 1-17　关阀灭火

（1）由于设备不严密而轻微小漏引起的着火，可用湿布，湿麻袋等堵住着火处灭火。火熄灭后，再按有关规定补好漏处。

（2）直径小于 100 毫米的管道着火时，可直接关闭阀门，切断燃气灭火。

（3）直径大于 100 毫米的管道着火时，切记不能突然把燃气闸阀关死，以防回火爆炸。

（4）燃气设备烧红时，不能用水骤然冷却，以防管道和设备急剧收缩造成变形和断裂。

（5）燃气设备附近着火，使燃气设备温度升高，在未引起燃气着火和设备烧坏时，可正常供气生产，但必须采取措施将火源隔开并及时熄灭。当燃气设备温度不高时，可用水冷却设备。

（6）燃气着火扑灭后，可能房间还存有大量燃气，要防止燃气中毒。

（7）灭火后，要切断燃气来源，吹净残余燃气，查清事故原因，消除事故隐患。

三、家用电器起火

随着经济的快速发展，家居生活日益现代化，家用电器的使用数量和种类越来越多，相应的由家用电器引发的火灾数量也在不断增加，直接威胁到居民的生命和财产安全，而且造成的损失也极为惨重。

（一）典型案例

图 1-18　电视机火灾

2013 年 10 月 16 日上午，家住河南洛阳涧西区南昌路的梁师傅正在客厅看电视，电视机突然黑屏，并从电视机内传出“噼里啪啦”的声响，随后机箱便冒起浓浓白烟并着了火。梁师傅迅速将电视机电源拔掉，并将一条被子弄湿罩在电视机上，为了防止发生意外，他躲到门外并报了警。消防队接警后赶到现场，很快就将火势控制。经调查，电视机着火是由电视机内元件老化引起（图 1-18）。

2013 年 4 月 11 日 8 时左右，宜宾市民曾先生将几件衣物放进洗衣机启动，他便在客厅看电视。大约 30 分钟后，他突然看见厨房中出现明火。冲进厨房后曾先生发现，正在脱水的洗衣机已经起火，厨房内不仅存放着食用油，而且洗衣机距天然气管道较近，一旦火势蔓延，后果将不堪设想，情急之下，他用三盆水扑灭了火点。切断电源后，拿出了已经被熏黑的衣物。

（二）火灾原因

家用电器火灾原因多数是属于人为引起，或未按要求使用；或未认识和掌握其操作方法；或马虎从事，思想麻痹；或产品未按国家质量标准和要求生产等。其具体致火原因可归纳为以下几方面：

图 1-19　电冰箱火灾

（1）家用电器内的变压器是引起火灾的根源。家用电器的变压器一般都是由铁芯、初级线圈和次级线圈组成。如果变压器的线圈在制作过程中或使用过程中受到过损伤，达不到规定的绝缘能力，在长时间通电后就可能发生线圈的匝间短路，引起火灾（图 1-19）。

（2）电源线容量不足、绝缘老化。这种情况多数发生在老房中。由于近年来家用电器不断增多，电源线的负荷也随之增大，这就使原有的电源线超负荷工作，再加上这些老房的顶棚多为木质结构，这些木质结构的顶棚又特别干燥。另外，由于电源线多年没更换，外皮自然老化，因此，一旦电源线过负荷发热就很容易引起火灾。

（3）违反电器使用规程。相当部分的家用电器火灾是由于思想麻痹、疏忽大意、不遵守操作规程造成的。有的家庭购置家用电器后不看使用说明书和注意警告事项，错误操作；有的人安全用电意识薄弱，只图方便，不按照用电管理规定和布线要求，违章私拉乱接电线或任意切断保护线路，用铜丝、铝丝、铁丝代替入户或电器的保险丝。

（4）电器质量低劣。有些家庭在选用家用电器时，忽略了电器质量，使用低劣电器产品，电器本身配电控制系统保护程度低，可靠性能差，不能有效保护用电设备的用电安全，当出现短路或过负荷等情况时，无法自动保护，随时都有发生火灾的危险。

（三）预防措施

（1）忌私拉乱接电气线路，随意增加线路负荷和不按标准安装用电设备。

（2）忌电气线路老化后不及时更换或电线接头氧化、松动、油污不及时重接。

（3）忌电器使用或停电时不拔掉插头。

（4）忌用铜、铁、铝丝等代替保险丝或超标准使用保险丝。

（5）忌电器线路不穿管保护或沿可燃、易燃物敷设等。

（四）处置对策

（1）及时切断电源，然后进行扑救。在带电情况下，千万不能用水救火，防止触电。

（2）在不能确定电源是否被切断的情况下，可用干粉、二氧化碳等灭火剂扑救。

（3）电视机和电脑着火，应该马上拔掉总电源插头，然后用湿地毯或湿棉被等盖住它们。注意切勿向电视机和电脑泼水或使用任何灭火器，因为温度的突然降低，会使炽热的显像管立即发生爆炸。此外，电视机和电脑内仍带有剩余电流，泼水可能引起触电。灭火时，不能正面接近它们，为了防止显像管爆炸伤人，只能从侧面或后面接近电视机或电脑。

四、电热毯起火

电热毯以其耗电量小、温度适宜、方便等特点，博得不少家庭的厚爱。但电热毯如不能正确使用，或产品不合格，可能引发火灾（图1-20）。

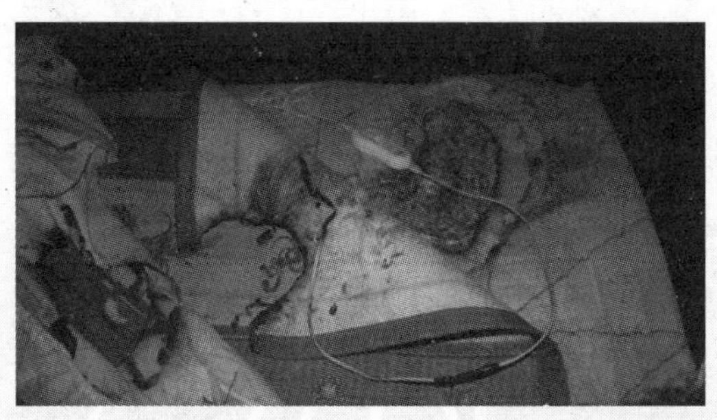

图 1-20　电热毯火灾

（一）典型案例

2013 年 1 月 8 日晚，渭南临渭区丰塬镇罐子村三组一户民房突发大火，当地消防部门接报后迅速赶往现场扑救，所幸未造成人员伤亡。经查，引发这起火灾的罪魁祸首竟是电热毯未关。事发当时，房屋主人张先生晚上出门转悠时打开电热毯，心想一会被窝热了直接回家睡觉，谁料，方便没图上，倒是让电热毯烧光家底。

2013 年 1 月 10 日，自贡市马吃水某小区一业主家中因电热毯未断电而引发了一场火灾，当地消防部门及时赶到将火扑灭，所幸并未造成人员伤亡。据男主人介绍，冬季寒冷，家中晚上睡觉习惯开电热毯，而早上自己先上班，可能是家人忘记拔掉电热毯电源，才导致起火。而且为了御寒，家中一直将窗户全部关闭，火灾发生后浓烟被完全笼罩在室内，邻居和物业都没有发现家中已经起火。幸运的是，他中午恰好有事回家，刚打开门便发现家中已是滚滚浓烟，便立即拨打 119 报警，而消防员及时赶到处置，将火势控制在了卧室中，才没有造成更大的损失。

（二）火灾原因

（1）质量低劣的电热毯往往达不到安全标准，是引发火灾的罪魁祸首。

（2）电热毯经常在固定位置折叠，造成电热丝断裂，发生火花，引燃面罩起火。

（3）电热毯折叠使用，会造成散热不良，温度过高引起燃烧。

（4）电热毯的电热丝与电源线的接头接触不良，松动打火。

（5）长时间使用未切断电热毯的电源，使电热毯长时间通电，加上被褥等可燃物覆盖，热量积聚，温度升高起火。

（6）小孩和一些生活不能自理的老人，常常大小便失禁，潮湿的电热毯易引起短路，引起火灾。

（三）预防措施

（1）使用前，应仔细检查电源插头、电热毯外引线、温度控制器等是否完好正常。通电后，若发现电热毯不热或只是部分发热，说明电热毯可能有故障，应立即拔下电源插头，进行检修。

（2）电热毯适合在硬板床上使用，不宜在席梦思床、钢丝软床和沙发床上使用，因受力后电热线在伸拉或曲折时容易变形或断裂，从而诱发事故。

（3）使用电热毯必须平铺，放置在垫被和床单之间，不要放在棉褥下使用，以防热量传递缓慢，使局部温度过高而烧毁元件。

（4）电热毯绝不可折叠使用，以免热量集中，温升过高，造成局部过热。使用电热毯，不宜每天折叠，这样会影响电热线的抗拉强度和曲折性能，以致造成电热线断裂。

（5）一般电热毯的控制开关具有关闭、预热、保温三挡。就寝前，先将开关拨到预热挡，约半小时后，温度可达 25 摄氏度左右。入睡前，要将开关拨到保温挡，如果不需要继续取暖，要将开关拨至关闭挡。使用预热挡，最好不要超过 2 小时，若长时间使用，容易使电热毯的保险装置损坏。

（6）电热毯通电后，对不能自动控温的电热毯达到适当温度时应立即切断电源。电热毯通电后，如遇临时停电，应断开电路，以防来电时无人看管而酿成事故。

（7）切忌用针或其他尖锐利器刺进电热毯，导致短路引起火灾。

（8）给小孩、老人、病人使用电热毯时要防止小孩尿床、病人小便失禁，或汗水弄湿电热毯，引起电热线短路。被水或尿浸湿的电热毯，应及时晾干，或通电烘干后再使用。

（9）电热毯如有脏污，应将外套拆下清洗，勿将电热丝一同放入水中洗涤。

（四）处置对策

（1）电热毯起火应立即关闭电源开关或拔掉插座，切断电源。

（2）若外部电路也在燃烧，则必须拉断总开关，切断总电源，防止灭火时触电。

（3）如果不能迅速断电，可使用二氧化碳或干粉灭火器等器材进行灭火。使用时，必须保持足够的安全距离。

（4）确认切断电源后方可用常规的方法灭火，可用棉被、毛毯等不透气的物品将着火处包裹起来，隔绝空气，使其熄灭。

（5）没有灭火器时，确认已经断电的情况下可用水浇灭。

（6）电热毯着火会使棉被等物品产生阴燃，要检查棉被的各个角落，且继续降温，防止复燃。

（7）灭火后应注意防毒气。由于电热毯和棉被燃烧时散发大量烟雾和有毒气体。灭火后应注意开窗通风，防止窒息或中毒。

五、电气线路起火

随着电器产业的发展，大量家用电器进入居民家庭，生活用电的大量使用，潜在的电气方面的火灾隐患也在不断地上升，发生了许多令人心痛的火灾事故（图1-21）。

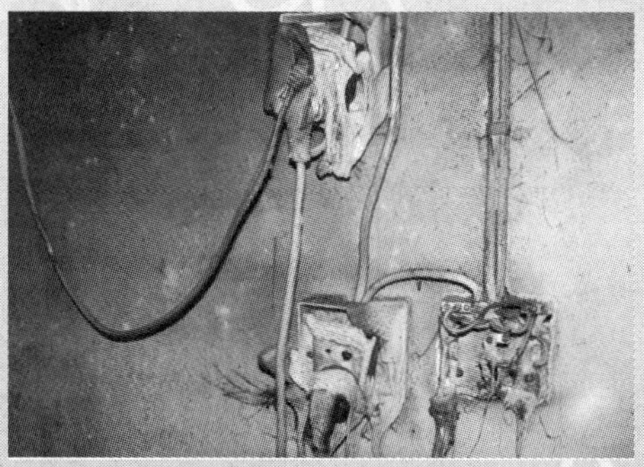

图 1-2　电气线路火灾

（一）典型案例

2012 年 8 月 17 日 8 时，重庆市璧山县大路街道接龙社区一民居突发大火，熊熊大火和浓烟透过窗户不断往外窜，被高温烤化的玻璃碎渣四处喷溅。所幸大火在 10 时左右被扑灭，事故没造成人员伤亡。据消防人员勘查，此次火灾因电线老化短路引发火灾，引燃堆积在楼道的物品，导致火势无法控制。

2013 年 1 月 18 日，广东英德市一住宅内发生火灾，里面困有一名小女孩。保安赶到现场时，被困小女孩已经从屋内逃了出来，房内的床铺、衣服等物品都着火了，并且有蔓延之势。迅速冲上二楼着火的屋内用随车携带的小型灭火器进行灭火，但由于火势太猛，无法及时将火扑灭。这时，消防人员到场，几分钟后终于将大火扑灭，经现场仔细检查，未造成人员伤亡。据悉，起火原因是房主对应急灯进行充电时出现故障，造成电线短路而引发火灾。

（二）火灾原因

（1）线路短路。所谓短路就是交流电路的两根导线互相触碰，电流不经过线路中的用电设备，而直接形成回路。由于电线本身的电阻比较小，若仅是通过电线这个回路，电流就会急剧增大，比正常情况下大几十倍、几百倍。这么大的电流通过这么细的导线，会在极短的时间内使导线产生高达数千摄氏度的温度，足以引燃附近的易燃物，造成火灾。

（2）接触不良。由于电线接头不良，造成线路接触电阻过大而发热起火。凡电路都有接头，或是电线之间相接，或是电线与开关、保险器或用电器具相接。如果这些接头接得不好，就会阻碍电流在导线中的流动，并产生大量的热。当这些热量足以熔化电线的绝缘层时，绝缘层便会起火，从而引燃附近的可燃物。

图 1-22　线路超负荷

（3）线路超负荷。一定材料和一定大小横截面积的电线有一定的安全载流量。如果通过电线的电流超过它的安全载流量，电线就会发热。超过的越多，发热量越大。当热量使电线温度超过 250 摄氏度时，电线橡胶或塑料绝缘层就会

着火燃烧。如果电线“外套”损坏，还会造成短路，火灾的危险性更大。另外，如果选用了不合规格的保险丝，电路的超负载不能及时被发现，隐患就会变成事故（图 1-22）。

（4）线路漏电。由于电线绝缘或其支架材料的绝缘性能不佳，以致导线与导线或导线与大地之间有微量电流通过。人们常说的走电、跑电就是漏电的一种严重现象。漏电严重时，漏电火花和高温也能成为火灾的火源。

（5）电火花和电弧。电火花是两极间放电的结果；电弧则是由大量密集的电火花构成，温度可达 3 000 摄氏度以上。架空裸线遇风吹摆动，或遇树枝拍打，或遇车辆挂刮时，使两线相碰，就会发生放电而产生电火花、电弧。另外，绝缘导线漏电处、导线断裂处、短路点、接地点及导线连接松动均会有电火花、电弧产生。这些电火花、电弧如果落在可燃、易燃物上，就可能引起火灾。

（6）电缆起火。电缆之所以会燃烧，是因为敷设电缆时其保护铅皮受损伤；或是在运行中电缆的绝缘体受到机械破坏，引起电缆芯与电缆芯之间或电缆芯与铅皮之间的绝缘体被击穿而产生电弧，致使电缆的绝缘材料黄麻保护层发生燃烧；或因电缆长时间超负荷使电缆绝缘性能降低甚至丧失绝缘性能，发生绝缘击穿而使电缆燃烧；或是因为三相电力系统中将三芯电缆当成单芯电缆使用，以致产生涡流，使铅皮、铝皮发热，甚至熔化，引起电缆燃烧。

（三）预防措施

（1）合理安装配电盘。要将配电盘安装在室外安全的地方，配电盘下切勿堆放柴草和衣物等易燃、可燃物品，防止保险丝熔化后炽热的熔珠掉落将物品引燃。保险丝的选用要根据家庭最大用电量，不可随意更换粗保险丝或用铜、铁丝、铝丝代替。有条件的家庭宜安装合格的空气开关或漏电保护装置，当用电量超负荷或发生人员触电等事故时，它可以及时触发并切断电流。

（2）正确使用电源线。家用电源线的主线至少应选用 4 平方毫米以上的铜芯线、铝皮线或塑料护套线，在干燥的屋子里可以采用一般绝缘导线，而在潮湿的屋子里则要采用有保护层的绝缘导线，对经常移动的电气设备要采用质量好的软线。对于老化严重的电线应及时更换。

图 1-23　线路私拉乱接

（3）合理布置电线。合理、规范布线，既美观又安全，能有效防止短路等现象的发生。如果电线采取明敷时，要防止绝缘层受损，可以选用质量好一点的电线或采用穿阻燃 PVC 塑料管的方式保护；当通过可燃装饰物表面时要穿轻质阻燃套，有吊顶的房间其吊顶内的电线应采用金属管或阻燃 PVC 塑料管保护（图 1-23）。

（4）正确使用家用电器。首先是必须认真阅读电器使用说明书，留心其注意事项和维护保养要求。对于空调器、微波炉、电热水器和烘烤箱等家用电器一般不要频繁开关机，使用完毕后不仅要将其本身开关关闭，同时还应将电源插头拔下，有条件的最好安装单独的空气开关。对一些电容器耐压值不够的家用电器，因发热受潮就会发生电容被击穿而导致烧毁的现象，如果发现温度异常，应断电检查，排除故障，并宜在线路中增设稳压装置。

（四）处置对策

发生电气火灾时，应尽可能先切断电源，而后再灭火，以防人身触电，切断电源应注意以下几点。

（1）停电时，应按规程所规定的程序进行操作，防止带负荷拉闸。

（2）切断带电线路电源时，切断点应选择在电源侧的支撑物附近，防止导线断落后触及人体或短路。

（3）夜间发生电气火灾，切断电源时，应考虑临时照明措施。

发生电气火灾，如果由于情况危急，为争取灭火时机，或因其他原因不允许和无法及时切断电源时，就要带电灭火。为防止人身触电，应注意以下几点。

（1）扑救人员与带电部分应保持足够的安全距离。

（2）高压电气设备或线路接地时，在室内，扑救人员不得进入故障点 4 米以内的范围；在室外，扑救人员不得进入故障点 8 米以内的范围；进入上述范围的扑救人员必须穿绝缘靴。

（3）应使用不导电的灭火剂，例如二氧化碳和干粉灭火。因泡沫灭火剂导电，在带电灭火时严禁使用。

六、用火不慎起火

在家庭中，生活用火必不可少。常见的生活用火主要有使用火炉、灶具、火柴、打火机、蜡烛、蚊香等，这些是家庭中常用的物品，如果使用不当就会酿成火灾。所以，安全用火是家庭防火最重要的内容之一。

（一）典型案例

图 1-24　小孩玩火引发家庭火灾

2013 年 10 月 4 日上午，在南宁市新阳路一小区一栋楼房的 7 楼，4 名孩子在家中玩火，不幸引发火灾。随后，孩子及时跑出家门，并将情况告诉了邻居。消防人员赶到现场将火扑灭，房中很多物品已经被烧坏。除了失事房屋外，火灾没有殃及其他住户。在 4 名孩子中，年龄最大的大约 10 岁。当时家中没有大人，这些孩子在玩打火机，引发火灾（图 1-24）。

2013 年 6 月 24 日深夜，黄浦区崇德路一幢石库门老宅内发生火灾，火势蔓延非常迅速，大片火光映红了半边天，整条弄堂很快陷入一片浓烟中，居民们呛咳着逃至空旷安全地带。所幸消防人员迅速赶到将大火扑灭，事故未造成人员伤亡。起火原因系一名男子躺在床上抽烟，因电风扇吹落火星引燃被褥，最终酿成一场火灾。

（二）火灾原因

（1）使用蚊香不当引起火灾。城乡居民夏季用灭蚊器或蚊香，由于蚊香等摆放不当或电蚊香长期处于工作状态而招致火灾。

（2）使用蜡烛照明引发火灾。停电时和有些居民用蜡烛照明时粗心大意，来电后忘记吹灭蜡烛或点燃的蜡烛过于靠近可燃物，燃烧蔓延成灾。

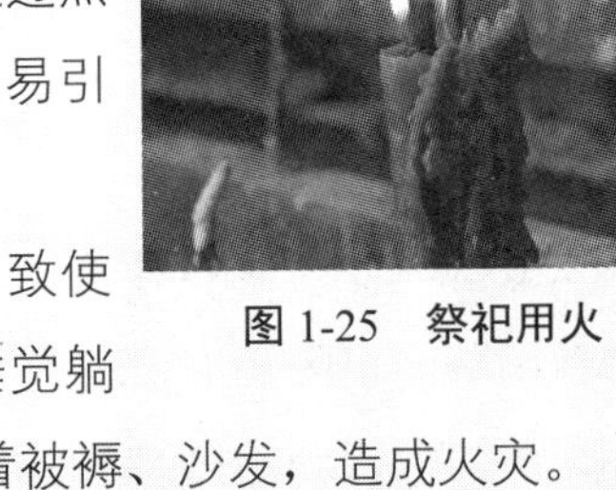

图 1-25　祭祀用火

（3）使用明火取暖引发火灾。有的家庭冬季使用火炉、火盆、火桶等进行取暖，如果疏忽大意或靠家具太近，经长时间烘烤，极容易烤燃可燃物体造成火灾。

（4）祭祀用火引发火灾。有些家庭在家中通过点蜡烛、烧香、焚纸等方式祭祀，如稍有不慎，极易引发火灾（图 1-25）。

（5）吸烟不慎引起火灾。在家中乱扔烟头，致使未熄灭的烟头引燃家中的可燃物；由于酒后或睡觉躺在床上、沙发上吸烟，烟未熄人已入睡，结果烧着被褥、沙发，造成火灾。

（6）小孩玩火引起火灾。儿童缺乏生活经验，不知道火的危险性，常在家中玩弄火柴、打火机、鞭炮等物，极容易造成火灾。且小孩子玩火一般在家长、成年人不在家的时候，一旦起火，由于小孩不懂灭火常识，常常惊慌逃跑，躲进角落等，从而使小火酿成火灾，最终成为悲剧。

（三）预防措施

图 1-26　点燃的蚊香远离可燃物

（1）点燃蚊香必须注意，一定要把它固定在专用的铁架上，最好把铁架放在瓷盘或金属器皿内。点燃的蚊香，不要靠近窗帘、蚊帐、床单或其他可燃物，要放在不易被人碰到或被风吹到的地方（图 1-26）。有易燃液体（汽油、酒精等）和液化石油气的房间，严禁使用蚊香。

（2）停电时，要尽可能使用应急的照明灯具照明；使用油灯、蜡烛照明时，不要将油灯和蜡烛放在可燃物上或靠近可燃物的地方，使用时要有人看管，人走灯灭。

（3）不要拿着点燃的蜡烛到放置易燃易爆危险品的地方、狭窄的地方照明取亮，也不要手持蜡烛到床底下、柜子里找东西。

（4）火炉、火盆和火桶在使用时应当与家具、门窗等保持一定的防火间距，不得在它们周围堆放可燃物；烘烤衣物时，衣物应与火苗保持一定的间距，不能用汽油、煤油、柴油等易燃物作引火物。

（5）不要躺在床上或沙发上吸烟；在丢掉烟头之前应确定香烟已经熄灭，在上床睡觉前，一定要保证熄灭所有的烟头。

（6）家长要教育小孩不要玩火。火柴、打火机等引火物，不要放在小孩拿得到的地方，大人上班或外出时，不要将小孩单独放在家里，更不应该将其锁在屋内，避免小孩在家玩火，造成火灾伤亡事故。不要叫不懂事的小孩在家烧菜做饭，避免用火不慎，酿成火灾。

（7）管理好家中的可燃、易燃油品，避免油品火灾。家庭使用汽油、煤油等易燃物时，禁止使用塑料容器储存，防止油品和桶壁摩擦引起静电着火，必须使用特质桶进行储存；油品不能存放在厨房、卧室以及孩子易于拿到的地方，不能与其他易燃物放在一起。

（四）处置对策

（1）发现火情要果断报警，身处火场更应报警、逃生、灭火结合进行，不能只顾逃生、灭火而忘记报警。

（2）当火灾无法控制时，要果断地从安全途径逃离火场，千万不要因贪恋钱物而错失了逃生良机。

（3）穿越烟雾逃生时，应尽量低身前进，避免烟雾中毒和高温灼伤。

（4）穿越毒烟区逃生时，应使用折叠的湿毛巾捂住口鼻，减少烟气吸入。

（5）如果火势不猛，必须穿越着火带逃生时，可用水浇湿全身，披上浸湿的棉被、毯子自我保护。

（6）当向下逃生的通道被火封锁时，可上行到天台，等待救援。

（7）如果所有通道被火封堵时，可用浸湿的绳索或窗帘、床单接绳后系牢一端，从背火面沿绳滑到安全地带。

（8）火场逃生时，只要强度允许，还可利用建筑物的水管逃生。

（9）当知道门外发生大火时，出门前一定要用手轻摸门把和门面，如果烫手千万不能开门，以防烟火伤人。

（10）当被大火困在房间时，应关好门窗，并用毛巾、床单封堵门窗缝隙，并不断泼水冷却门窗和室内可燃物，阻止烟火进入，争取救援时间。可设法打开背火面的门（窗）逃生或对外求救。

（11）被困火场，应用电话、呼喊、敲打发声、挥舞衣物、打手电筒等方式积极向外发出求救信号，等待救援。

（五）特别提示

人身上衣服着火怎么办？

（1）当人身上穿着几件衣服时，火一下是烧不到皮肤的，应将着火的外衣迅速脱下来。有纽扣的衣服可用双手抓住左右衣襟猛力撕扯将衣服脱下，不能像往日那样一个一个地解纽扣，因为时间来不及。如果穿的是拉链衫，则要迅速拉开拉锁将衣服脱下。

（2）人身上如果穿的是单衣，着火后就有可能被烧伤。当胸前衣服着火时，应迅速趴在地上；背后衣服着火时，应躺在地上；前后衣服都着火时，则应在地上来回滚动，利用身体隔绝空气，覆盖火焰，但在地上滚动的速度不能快，否则火不容易被压灭。

（3）在家里，使用被褥、毯子或麻袋等物灭火，效果既好又及时，只要拉开后遮盖在身上，然后迅速趴在地上，火焰便会立刻熄灭；如果旁边正好有水，也可用水浇。

（4）在野外，如果近处有河流、池塘，可迅速跳入浅水中；但若人体已被烧伤，而且创面皮肤上已烧破时，则不宜跳入水中，更不能用灭火器直接往人体上喷射，因为这样做很容易使烧伤创面感染细菌。

第三节 校园火灾

学校历来是各级政府和消防机构高度重视的消防安全重点单位。学校易燃易爆物品多，用火用电多，人员密集而又相对分散，消防安全宣传教育不够深入和普及，安全管理时有疏漏，导致学校火灾频繁发生。学校发生火灾时，在校学生由于生理、心理等客观因素，更容易受到危害。近年来学校群死群伤火灾事故也充分证明学生是火灾事故中的弱势群体。加强学校火灾事故的应对与救助，确保学生的人身安全和健康成长，是社会进步与和谐的要求。

一、学生宿舍火灾

（一）典型案例

2008 年 11 月 14 日 6 时，上海中山西路 2271 号上海商学院徐汇校区由于住宿学生使用“热得快”长时间干烧，引燃周围可燃物导致宿舍楼着火。因房内烟火过大，4 名学生分别从阳台跳下逃生，当场死亡。

图 1-27 宿舍火灾

2012 年 10 月 23 日 14 时，在长春市雁鸣湖附近的吉林俄语学校内，一间宿舍突然发生火灾，事后很多同学被困在起火楼内，好在消防队员及时赶到将火扑灭，没有造成人员伤亡。据了解，这场大火持续了 40 多分钟，当时学校处于大面积停电的状态，但在恢复供电的时候，致使一楼一间男生寝室电线短路，因扑救及时，大火并没有蔓延（图 1-27）。

（二）火灾原因

（1）在宿舍内私拉乱接电线，有的学生甚至将电线埋在被褥下面，导致电线发热不散造成绝缘层起火。

（2）电器的使用不遵守学校的规定和制度。有的学生在宿舍里违规使用大功率电器造成电路起火。

（3）学校夜间熄灯断电后，有些学生就用火柴、蜡烛等临时照明，随后将火柴梗随手丢弃或将蜡烛置放在可燃物上。

（4）学生焚烧书信杂物。在宿舍或走廊焚烧书信杂物是非常危险的，如果火焰太大失去控制或人离去而火星未熄灭都极易引起火灾，因为宿舍区内有大量的易燃可燃物。

（5）有些学生在宿舍内吸烟，乱弹烟灰，乱扔烟头。有的学生违反规定偷偷吸烟被学校管理人员或老师发现，慌乱中就将烟头塞在抽屉、衣物中或夹在书内，一旦自己被老师叫走或忘记熄灭烟头，烟头就会阴燃引起火灾。

图 1-28　劣质电器引发火灾

（6）学生大量使用劣质电器产品。学生基本没有经济收入，又缺乏社会经验，往往会购买低价劣质的电器，这种电器在长时间使用后容易导致火灾（图 1-28）。

（三）预防措施

做好学生宿舍防火工作，每个学生都要树立防火意识，认识火灾的危害，自觉遵守学校的消防安全管理规定，自觉做到以下几点。

（1）学生应自觉遵守宿舍安全管理规定，不躺在床上吸烟，不乱扔烟头。

（2）不在宿舍内使用电炉、电热杯、热得快、电饭煲等大功率电器，使用充电器、电脑等电器要注意发热部位的散热。

（3）不私拉乱接电线，不使用不合格的电器产品或电气线路。

（4）不在室内点蜡烛看书。人疲乏入睡后，蜡烛容易引燃蚊帐、被褥，引发火灾。

（5）不在宿舍使用煤气炉、酒精炉、液化气炉等明火设施，不在宿舍内焚烧物品。燃烧物飘飞到床上，或者燃烧物未彻底熄灭时，人离开室内，都容易引起火灾。

（6）不要将台灯靠近枕头、被褥和蚊帐。灯头长时间点燃发热，容易引燃枕头、被褥和蚊帐，造成火灾。

（7）人走要熄灯、关闭电源。室内无人时，应关掉电器和电源开关。

（8）发现火灾隐患及时向管理人员或有关部门报告，爱护消防设施和灭火器材，不随意移动或挪作他用。

（四）处置对策

（1）如果宿舍内火灾处于阴燃或燃烧面积较小时，扑救人员在迅速进入宿舍内疏散救助同学的同时，可以使用灭火器或采取扑打、捂盖窒息的方法灭火。

（2）如果宿舍内充满浓烟高温，火灾处于阴燃状态，扑救人员应该持灭火器在做好灭火准备的前提下，谨慎打开房门，待无轰燃情况发生再进入灭火。

（3）如果宿舍内燃烧面积扩大，在加强防护的前提下，扑救人员应集中水枪、灭火器控制火势，实施内攻近距离灭火。

（4）电器设备起火，首先关闭电源开关，然后用干粉或气体灭火器、湿毛毯等将火扑灭，切不可直接用水扑救。

（5）衣服及织物着火，应迅速拿到室外或卫生间等处用水浇灭，切记不要乱扑乱打，以免引燃其他可燃物。

（6）固定柜子等着火。学生宿舍安放了一些摆放书籍、衣物的柜子，如遇柜子着火，应先用水扑救，如火势得不到控制，则利用消火栓放水扑救，同时迅速移开柜子旁的可燃物。

二、学校图书馆火灾

（一）典型案例

2013 年 6 月 21 日上午，江西师范大学图书馆一自习室电风扇意外着火，当时，坐在风扇下面的学生有点惊慌，迅速离开位置，图书馆工作人员马上过来将火扑灭，然后让学生离开了自习室，所幸未造成人员伤亡。一名工作人员表示：图书馆的风扇昨天刚刚经过检修，可能是线路出了问题。

（二）火灾原因

（1）图书馆内存放图书、报刊、音像资料、光盘资料数量多，存放时间较长，干燥，容易起火。

（2）图书馆书库所存放硝酸纤维的旧电影胶片和一些易燃的录音带，在温度适宜时，发生迅速分解，自燃起火或发生爆炸。

（3）保护图书馆内资料以防虫蛀而进行熏蒸杀虫时，药剂属易燃危险化学品，使用不当容易起火。

（4）图书馆年久失修，电气线路老化，用电负荷猛增，极易引发电气火灾。

（5）馆内消防制度不健全、不完善、消防责任不落实，消防意识淡薄，在图书馆、书库、阅览室等处吸烟、乱扔烟头，易引起火灾。

（三）预防措施

（1）消防工作规章制度应纳入图书馆的规章制度体系，要制定专门的图书馆及各部门的消防规章制度。

（2）要健全消防工作组织网络体系，贯彻谁主管谁负责的原则。做到图书馆消防安全有人管。

（3）严格按照国家技术规范要求设置消防设施器材，并应加强对消防设施的日常保养与维护。

（4）为保证火灾时的安全疏散，图书馆内应设置足够的火灾应急照明灯和疏散指示标志，且应安装在醒目位置。

（5）强化电器管理。图书馆内的照明线路及其他电器设备，应严格按规定设置安装，不得随意增加电器设备，以免线路超负荷引起短路导致火灾。

（6）不宜在书库内使用大功率照明设施，书库内不准使用碘钨灯照明。

（四）处置对策

（1）了解掌握起火部位、人员被困、火灾蔓延方向，重要的图书、档案、资料受威胁程度等情况。

（2）迅速组织学生逃生，原则是“先救人，后救物”。

（3）利用建筑内部固定灭火设施堵截火势向储存重要图书、档案、资料的特藏库蔓延。

（4）图书馆初期火灾，采用粉状和气态灭火剂灭火。

（5）图书馆发展阶段火灾，应以喷雾水流灭火为主，粉状和气态灭火剂配合。

（6）图书馆猛烈阶段火灾，应从门、窗同步进攻，用直流水压制大火，然后及时改换喷雾水流消灭残火。

三、学校实验室火灾

（一）典型案例

2009年1月5日11时，北京航空航天大学科研南1号楼一层实验室发生火灾。一名学生说，当时他正在给实验用的蓄电池充电，充电还未结束，蓄电池忽然冒出了火花。他赶紧切断电源，并和同伴找来灭火器试图将火扑灭，但火势蔓延迅速，2人只能跑出实验室。楼内的数十名师生也跑到楼下，打电话报警。辖区消防中队迅速赶到扑救，并在几名学生的指引下，抢救出了很多实验仪器、电脑及资料。此次火灾因蓄电池过热引起，由于疏散及时，没有人员伤亡。

2013年5月12日10时，兰州大学基础医学院一实验室内发生一起火灾。消防官兵赶到后，及时将火扑灭。起火时，教学楼楼道弥漫着大量烟雾，消防官兵佩戴空气呼吸器进入现场。由于现场有很多盐酸、硝酸等化学品，腐蚀性很强，不能直接用水枪灭火，消防官兵制订灭火方案后，开始扑救。据该教学楼工作人员介绍，火灾可能系电线老化或短路等导致。

（二）火灾原因

（1）教学科研过程中进行实验和演示所需的用火、用电或危险化学品，存在很大的火灾隐患。

图 1-29 实验室火灾

（2）实验室内贮有一定量的易燃易爆危险化学品，如使用和保管不当，极易引发火灾。

（3）实验中常使用明火进行加热蒸馏、回流等实验操作以及使用电热仪器时用电量过大等都可能出现危险（图 1-29）。

（三）预防措施

（1）在实验室做实验或工作时，严禁吸烟，要严格遵守各项安全管理规定、安全操作规程和有关制度。

（2）使用仪器设备前，应认真检查电源、管线、火源、辅助仪器设备等情况，如放置是否妥当，对操作过程是否清楚等，做好准备工作以后再进行操作。

（3）使用完毕应认真进行清理，关闭电源、火源、气源、水源等，还应清除杂物和垃圾。

（4）实验中使用易燃易爆危险品时，更要注意防火安全规定。按照老师的要求进行操作，实验剩余的化学试剂，应送规定的安全地点存放或统一处理。

（四）处置对策

（1）实验室首先要配备相应种类的灭火器材，既包括各类自动报警和自动灭火等消防设施，也包括简易实用的灭火器、灭火毯等工具。

（2）初期火灾，首先应当熄灭附近的所有火源（如酒精灯），切断电源，移走易燃、可燃物质。

（3）小容器内物质着火可用灭火毯或湿抹布覆盖以隔绝氧气使之熄灭。

（4）较大的火灾可根据着火物质性质选用灭火器扑救。一般情况下，易燃液体类火灾选用二氧化碳、干粉等类灭火器，电气火灾选用二氧化碳。但要注意，电气和忌水物质火灾不能用水性灭火器，油品和有机溶剂着火禁用水扑救，防止其随水流散而使火蔓延。

（5）火灾较大时，要及时报警，并采取有效措施及时逃离火灾现场。

四、学校食堂厨房火灾

（一）典型案例

2013 年 4 月 11 日 8 时，江西商务学校食堂一厨房突发火灾，浓烟沿着烟囱向顶楼迅速扩散。当地公安消防中队接到报警后，迅速出动 2 辆水罐车、14 名官兵前往救援，半小时将火扑灭。经调查，起火原因为厨房的厨师点火不慎，致使烟囱沉积的油渍迅速被点燃，从而导致火灾的发生。

图 1-30　食堂火灾

2013 年 6 月 24 日下午，湖南城市学院食堂 D 区厨房起火，现场还传出爆炸声。接警后，2 辆消防车赶到现场，很快将火扑灭。从当地消防部门了解到，经初步判断系食堂厨房的灶台起火，事故没有造成人员伤亡（图 1-30）。

（二）火灾原因

（1）在火炉上烧、煨、炖食物时，无人看管，浮在汤上的油溢出锅外，遇明火燃烧。

（2）厨师的操作方式方法不对，使油炸物或油喷溅，遇明火燃烧。

（3）油锅起火后处置方法不当，弄翻了锅，弄洒了油。

（4）厨房电线短路打火。由于厨房湿度大，油垢附着沉积量较大。加之温度较高，容易使一般塑料包层和一般胶质包层的电线绝缘层氧化。

（5）厨房内的其他电器、电动厨具设备和灯具、开关等，在长期的大量烟尘、油垢的作用下，也容易搭桥连电，形成短路，引起火灾。

（6）抽油烟机、吸排烟灶风管堆积的油垢遇明火引起火灾。

（7）厨房内燃料泄漏遇明火引起灾害。

（三）预防措施

(1) 油炸食物时，油不能放得太满，油锅搁置要稳妥，且不要加温时间太长，需有专人负责，其间不得擅自离开岗位，还须及时观察锅内油温高低，采取正确的手段调节油温（如添加冷油或端离火口）。

(2) 如油温过高起火时，不要惊慌，可迅速盖上锅盖，隔绝空气灭火，同时将油锅平稳地端离火源，待其冷却后才能打开锅盖。

(3) 炉灶加热食物阶段，必须安排专人负责看管，人走必须关火。

(4) 用完电热锅等电热器具后，或使用中停电，操作人员应立即切断电源，在下次使用时再接通电源。

(5) 厨房内的电线、灯具和其他电器设施应尽可能选用防潮、防尘材料，平时要加强通风，经常清扫，减少烟尘、油垢和降低潮湿度。

(6) 定期清洁抽油烟管道，及时擦洗干净厨房间排烟管道或抽排油烟机上聚集黏附的油垢。

(7) 配置移动式灭火器材，保证拥有足够的灭火设备。每个员工都必须知道灭火器的安置位置和使用方法。

(8) 安装自动灭火系统。

（四）处置对策

(1) 学校食堂中如遇油锅着火，可直接盖上锅盖，使火焰窒息熄灭，也可将准备好的菜放入锅中熄灭油火，切勿用水浇。

(2) 锅内油火沸腾流淌燃烧，可以用干粉灭火器扑救。

(3) 燃气设备起火，采取关阀断气的办法灭火，但要防止关气不严出现的泄漏扩散引起爆炸。

(4) 不能扑救时应该及时撤离，在室外切断气源灭火。

第四节 人员聚集场所火灾

人员聚集的公共场所即商场市场、影剧院、歌舞娱乐场所、网吧游戏厅等人员集中、人员流动量大的场所。置身这些场所时，一定要充分认识到火灾的危险性，掌握必要的防火知识，发生火灾时，要以正确的方法逃生，确保自身的生命安全。

一、商场集贸市场火灾

随着人们生活水平和消费水平不断提高，商场、集贸市场的数量在逐年增加、规模也是越建越大、火灾造成的损失也越来越高。商场、集贸市场在消防安全管理上的问题也随之增多，难度也随之加大，减少商场市场火灾危险因素和火灾损失，是确保社会得以稳定、和谐发展的必然要求。

（一）典型案例

2013 年 10 月 11 日，石景山苹果园南路东口喜隆多商场发生火灾。火灾最初起于一层麦当劳外卖处，火势并不大，但引燃了商场一至四层外墙广告装饰材料，瞬间发展成立体火灾并蔓延进商场内部，火灾扑救中造成 2 名消防员牺牲。经调查，起火原因系麦当劳电动车充电时发生电器故障。起火时商场内部监控录像显示，麦当劳一名女店长发现火情后自行逃离，商场消防中控室的值班人员在听到自动报警后不是马上启动喷淋系统，而是摁掉报警声继续打游戏（图 1-31）。

图 1-31 北京喜隆多商场火灾场景

2013 年 1 月 6 日 20 时，位于上海市沪南路 2000 号的上海农产品中心批发市场发生火灾。火灾发生后，消防、公安、急救等部门及时赶到现场救援，约 1 小时后火势得到控制。截至 7 日 3 时许，上海农产品中心批发市场火灾已造成 6 人死亡，另有多人受伤，被送往医院救治。

（二）火灾原因

（1）商场、集贸市场的改造、新建、用火、用电、用气、用油普遍增加，火灾隐患随着增多，危害程度增大。

（2）部分经营业主消防安全意识淡薄，轻安全、重收入，削弱消防安全保卫、消防组织，消防设施、器材跟不上，只追求经济效益，忽视安全，责任事故火灾比例大。

（3）商场、集贸市场为了增强竞争力，采用易燃可燃材料通过装修装饰改善硬件环境吸引客人。导致发生火灾后蔓延快，材料燃烧时会产生大量有毒气体、烟雾形成，严重威胁人员的疏散，使该类场所发生火灾后人员伤亡大。有些场所缺少安全出口，疏散通道不畅通，发生火灾后扑救困难，扩大了火灾的损失。

（三）预防措施

（1）确保建筑布局符合消防安全要求。一些商场、集贸市场的建筑布局不合理，存在防火分隔过大或安全通道狭窄、出口少等问题。

（2）提高结构的耐火等级。商场、集贸市场的建筑物本身不应低于二级耐火等级，最低不应低于三级。对可燃的木结构建筑和耐火性能较差的钢结构建筑，可在钢屋架和钢柱上可喷涂防火涂料或敷贴防火隔热材料，提高其耐火极限。

（3）进行防火分隔，防止火势蔓延。商场、集贸市场应按照国家消防技术规范的要求划分防火分区，进行防火分隔，阻止火势蔓延，杜绝和减少群死群伤事故的发生。

（4）确保安全疏散畅通。商场、集贸市场人员高度集中，所以在建筑设计时必须认真考虑安全疏散问题，要求疏散门、疏散走道的布置应符合规范的要求。同时要加强对安全出口及疏散通道的管理，保证其畅通。

（5）配置自动报警、灭火设施和器材。根据国家有关消防法规，商场、集贸市场应按规定配置相应的灭火器具，达到一定规模的应安装火灾自动报警和自动喷淋固定消防设施。

（6）落实规章制度，加强日常的防火管理。人员聚集场所要根据自身火灾危险性，制定严格的用火用电管理制度；禁止任何人将易燃易爆物品带入人员聚集场所；电器的使用要符合防火安全要求，从事这些场所的重点岗位、重点工种人员上岗前必须进行技术操作训练和消防安全培训，经考试合格方可持证上岗。

（四）处置对策

（1）初起火灾时火势小，燃烧面积尚未扩大，商场市场的员工或保安应抓住这一有利战机，利用移动式灭火器和建筑内固定灭火设施控制火势蔓延。同时尽快启动自动喷水灭火系统，启动自动扶梯的水幕保护系统，组织力量利用室内消火栓，出水枪控制火势，阻止火势蔓延。

（2）有条件时，组织人员将着火点周围的货架、商品移开，打一个隔离带，防止火势向周围蔓延扩散。

（3）商场市场的工作人员启动应急广播系统，稳定遇险人员情绪，指引人员疏散。同时，工作人员按预案有序展开疏散工作。对失去行动能力的遇险人员，如老弱病残或受伤人员，采取背、抬、抱等方法进行救助；对一时无法疏散的遇险人员，应为其提供简易的防护面具等。

（4）当疏散通道被烟火严重封堵且外部救人措施也无法实施时，可采取将遇险人员转移至屋顶、毗邻建筑的平台等相对安全区域等待救援。

二、影剧院火灾

（一）典型案例

2007 年 7 月 5 日，衡阳最大的影剧院衡阳进步剧院发生火灾，火灾致剧场一至五层全部起火，火灾延续烧了 3 小时，疏散 200 多人，44 岁的影业公司主管消防的经理邓衡祁在参与灭火、抢险和疏导群众时殉职。原因已初步查明，由于影院外霓虹灯内变压器温度过高引发大火（图 1-32）。

图 1-32 湖南衡阳电影院火灾场景

1994 年 12 月 8 日，一个令人痛心的日子，克拉玛依友谊馆发生火灾，由于演出过程中光柱灯离幕布太近，烤着幕布着火，火灾致 325 人死亡、132 人受伤，在死亡的人员中 288 人为小学生、37 名老师、家长和工作人员。值得一提的是剧场本来有 8 个安全出口，但在发生火灾的时候只有 1 个开启，这是导致人员死亡的主要原因。

（二）火灾原因

电影院火灾很多都是由于舞台电气故障、采用易燃可燃装修装饰材料和违规用火用电引起的。其火灾原因主要有以下方面：

（1）舞台改造增加用电设备致使电气线路因过负荷导致故障引发火灾，为满足现代消费需要，很多电影院隔几年就要重新装修或增加舞台灯光、音响效果，使原来的电气线路过负载导致线路故障引发火灾。

（2）在高功率背景灯长时间的烘烤下引燃舞台幕布着火。为了舞台效果，多数舞台上悬挂着各种幕布，在幕布前后安装了各种高功率背景灯，幕布在背景灯的高温作用下，极易被引燃引发火灾。

（3）电影院人员多，人员流动频繁，流动人员吸烟等使用明火很难管理。

（三）预防措施

（1）电影院舞台的电气设备，要符合防火安全要求，不得超负荷运行，将用电量控制在额定范围内。

（2）舞台上灯具的位置应距离幕布和其他可燃物不小于40厘米，所有移动的灯具应采用电气设备。

（3）电影院内禁止吸烟。

（4）舞台上使用易燃易爆物品做火焰效果时，必须得到消防监督部门的批准，并在使用时有专人操作，专人负责防护，电影院内严禁堆放其他可燃物。

（四）处置对策

（1）电影院舞台着火时，由于舞台上悬挂的幕布等极易燃烧并会快速蔓延，所以一旦发现明火应快速利用舞台上配备的灭火器材进行灭火。

（2）电影院舞台着火后火势很容易向观众厅蔓延，电影院管理人员应当立即组织人员疏散，舞台上的人员可以从舞台两侧的安全出口迅速撤离，观众厅的人员从离自己最近的安全出口迅速撤离。

（3）不能及时疏散的人员不要慌，也不要挤向人多的出口以免发生踩踏事故，可以向舞台相反的方向撤离，选择时机进行逃生。

三、歌舞娱乐场所火灾

近年来，人民群众的业余文化生活需求日益丰富，各类歌舞娱乐场所（如歌舞厅、KTV包房、夜总会、酒吧等）如雨后春笋般迅猛发展。歌舞娱乐场所给人民的生活休闲提供了方便，但其存在的火灾隐患及火灾危害应该引起社会各界的广泛重视。

（一）典型案例

2008年9月20日，深圳市龙岗区舞王俱乐部发生特别重大火灾事故，造成44人死亡，64人受伤，直接财产损失27万元。火灾原因是深圳市舞王俱乐部员工王帅文在舞台表演节目时使用自制的道具枪向上方发射烟花弹，烟花弹爆炸产生的火星引燃天花吸音海绵蔓延成灾（图1-33）。

图 1-33 深圳舞王俱乐部火灾场景

2013年9月25日12时，浙江临海市区鹿城路耀达超市楼上的KTV发生火灾。现场一名KTV工作人员说道，“我们11时30分过来开门准备营业，12时发现一包厢冒出阵阵白烟，当时KTV经理用灭火器扑火，可火并没有扑灭，随后烟雾越来越大，于是我们几个就一边报警一边跑到楼下路边等待消防车到来，”经过消防队一个半小时的紧张扑救，火灾终于在13时30分左右被扑灭，但300多平方米的KTV已被烟熏得面目全非，所幸火灾未造成人员伤亡。

（二）火灾原因

（1）在歌舞娱乐场所内随意吸烟，乱扔烟头或火柴梗，是造成火灾的主要原因之一。这种情况往往发生在歌舞娱乐场所内的客人走后，烟头、火星留在沙发、椅子上引发火灾。

（2）歌舞娱乐场所内使用大量高分子聚合材料做装修是火灾扩大的主要原因。装修时经常使用木板和塑料、化纤等高分子聚合可燃材料，增大了火灾荷载，在火灾中不但助长了火势，延长了燃烧时间，更重要的是会分解出大量一氧化碳、氮氧化合物和氰化物等有毒气体，在极短时间内可使人中毒死亡。

（3）歌舞娱乐场所内的电气故障极易引发火灾事故。歌舞娱乐场所装修时把电气线路敷设于装饰墙面和吊顶内，为提高舒适度，场所内采用大量的海绵、布匹面料等可燃易燃材料作装修，一旦线路因接触不良而蓄热、过载引发绝缘层燃烧、短路产生火花或电器故障蓄热，极易引起火灾的发生。

（4）歌舞娱乐场所内营业时间常对安全出口上锁，发生火灾时由于安全出口上锁，短时间无法打开，使本应该能安全逃生的人无法疏散而受困伤亡。

（三）预防措施

（1）应急照明和疏散指示标志在火灾发生时对引导人员进行安全疏散起着非常关键的作用。在歌舞娱乐场所疏散走道和主要疏散路线的地面或靠近地面的墙上设置发光疏散指示标志，在通道上安装应急照明，用来在火灾断电时黑暗环境中引导受困人员安全逃生。

（2）坚持做好消防设施的管理和维护。歌舞娱乐场所应当坚持定期对消火栓、灭火器、疏散指示标志、应急灯及火灾报警系统等消防设施进行检测和保养，对于不能正常使用的消防设施、器材应及时整改或更换。

（3）保证安全出口和疏散通道畅通无阻。在营业时间安全出口必须全部开启，疏散通道一定要保证畅通。禁设门帘、屏风，严禁上锁或堵塞。因特殊情况确实需要关门的，要派专人守候。在中庭需摆放设置桌椅时应充分考虑通道畅通的要求。

（4）在营业期间和营业结束后加强防火巡查、严防遗留火种，应当指定专人进行防火安全巡查，并检查是否忘关燃气阀门和电气开关。认真做好消防设施的检查和试运行，发现故障及时排除，一时维修不好的，要采取相应的补救措施，确保发生火灾能早发现、早报警。

（四）处置对策

（1）及时准确报警，并迅速扑救初起火灾。歌舞娱乐场所内人员密集、易燃可燃物多，火灾蔓延快，一旦单位自己的灭火力量控制不住火势则极易造成巨大损失。所以在积极进行初起火灾扑救的同时要及时准确报警，以便消防救援力量能及时赶到，减少火灾损失。

（2）当歌舞娱乐场所起火时，若初起火灾扑救困难，不能控制火势，灭火人员应迅速将起火部位的门关上，利用室内消火栓在门口堵截，防止火势突破房门向邻近其他部位蔓延，等待公安消防部队到场扑救。

（3）在歌舞娱乐场所内娱乐消费的人员得知起火后，应灵活选择多种途径逃生，如在楼层底层，可直接从门和窗口跳出；若在2层、3层时，可抓住窗台往下滑，让双脚先着地；如果在高层楼房或地下建筑中，则应参照高层建筑或地下建筑的火灾逃生方法逃生。

（4）利用娱乐场所的声光报警器逃生。多数娱乐场所均安装有声光报警器，当歌舞娱乐场所内发生火灾时，没有着火的包房的电视屏幕上会出现逃生路线指引，同时音响上也会发现火警的信号指引，可以根据火灾声光报警系统的指引迅速逃离火场。

四、网吧游戏厅火灾

网吧游戏厅经营场所属于人员密集场所，具有电气线路多、用电量大、经营时间长、可燃物多、财物集中、人员混杂难以管理等特点。一旦出现火源易蔓延引起火灾，造成群死群伤火灾事故。

（一）典型案例

2011年2月22日12时，吉林交通职业技术学院北侧一网吧发生火灾。火灾发生的网吧为2层建筑，着火点在二层，共有上百台电脑被烧，过火面积为200多平方米，网吧工作人员只抢救出1层的70多台电脑，整个灭火过程持续了近1小时，有30多名消防员、9台消防车参与到了这次灭火行动中。所幸事故中网吧处于停业期间，并未造成人员伤亡（图1-34）。

图1-34　吉林交通职业技术学院网吧火灾场景

2013 年 4 月 14 日 6 时，位于湖北省襄阳市的一景城市花园酒店二层迅驰星空网络会所发生火灾，导致酒店整栋建筑二层以上大部分过火或过烟，造成 14 人死亡、47 人受伤，遇难者最小仅 5 岁。火情初发时该网吧工作人员未能及时采取扑救措施，丧失了阻止其扩大成灾的机会；酒店消防控制室无人值守，不能尽早发现火灾和组织人员疏散；酒店消防喷淋装置在火灾发生时不能正常启动，未能起到延缓火势发展的作用。

（二）火灾原因

（1）网吧、游戏厅营业时间长，又是社会流动人员、闲散人员出入频繁的场所，很容易因其他矛盾引发火灾，一旦发生火灾，疏散较困难，易造成人员伤亡。

（2）网吧、游戏厅普遍存在安全出口、疏散通道宽度不足，且有在安全出口处堆放杂物堵塞出口现象。这种现象在城乡结合处的黑网吧、游戏厅更为突出，甚至经常将安全出口上锁。一旦发生火灾，往往引发群死群伤事故。

（3）网吧、游戏厅使用的机器多，用电量大，大多数线路沿地铺设，没有有效地进行线路处理，未用耐火材料制作的线管进行贯穿，很容易造成线路破损、短路引发火灾。且多台机子使用一个插座，常因超负荷引发火灾。

（4）有的网吧、游戏厅非法经营，为逃避检查，把游戏厅其他门窗全部封死，火灾发生后，烟火一旦将唯一通道封堵，屋里的人员将无路逃生。

（三）预防措施

（1）网吧、游戏厅要严格控制人数和营业时间，不得超过设计的额定人数。机子布排要保证 0.9 米宽的排距（疏散通道），保证营业时间每个安全出口均能打开。

（2）积极指导网吧、游戏厅搞好消防设施建设。督促其按规范要求配备足够数量和相应型号的灭火器材，放置在明显便于取用的位置，要定期检测和维修，使之灵敏好用，并对各类灭火器材的使用方法、用途进行培训，提高自防自救能力。

（3）定期对网吧、游戏厅的从业人员进行消防教育培训，使之深刻认识消防安全工作的重要性，对工作人员要进行岗前消防安全培训，培训合格后方能上岗。做到会报火警，会使用灭火器材，会扑救初期火灾，会组织人员疏散。

（4）明确一名主要负责人作为本单位的消防安全责任人，严格落实消防安全责任制。消防安全责任人应当按照相关法律法规的要求履行消防安全责任，负责检查和督促落实本单位防火措施，制定灭火疏散预案，组织灭火和逃生演练。

（四）处置对策

（1）当火灾发生后，网吧、游戏厅老板或员工要及时按下楼层内红色火灾报警按钮或拨打消防中控室电话报警。没有设置报警系统的网吧、游戏厅着火时，应第一时间向“119”或“110”报警。

（2）当网吧、游戏厅着火时，应当立即切断电源，利用配置的灭火器进行灭火。最好是使用干粉灭火器。

（3）网吧、游戏厅着火时，有的玩家可能还不清楚着火了，还沉迷于网络或游戏中，网吧、游戏厅的员工不得自己先逃，要提醒还在玩电脑或游戏机的玩家一起撤离。

（4）在网吧、游戏厅中突然发现自己受困于火中时，不要惊慌失措，冷静下来看看哪里烟气较少、安全出口在哪里，认准出逃路线后再迅速撤离，避免在惊慌失措中选错逃生方向或在逃离时被桌椅绊倒。

第五节　农村火灾

近年来，农村经济建设得到了迅速发展，农民生活水平有了较大提高，但不容忽视的是，农村经济的快速发展与农村的消防安全现状极不协调。农村消防基础非常薄弱，火灾隐患大量增加，农村火灾频繁发生。农村火灾，特别是火烧连营的重特大火灾，往往一起火灾就使数十、数百农户由温饱、小康重返贫困。这些重特大火灾事故对生活水平本来就低的农民来说，无疑是雪上加霜，对脆弱的农村经济来说，是沉重的打击。在农村地区已经成为制约经济发展，威胁农民生命财产安全的恶源。因此农村火灾事故的应对与救助，成了困扰社会主义新农村建设的主要问题之一（图 1-35）。

图 1-35　农村火灾

一、民房火灾

农村建筑多数为砖木、土木和石木结构，其门窗、屋架有的是由木制材料制成，且有的内隔墙、楼梯、楼板也是使用木材等可燃材料，多数农民在室内和房前屋后堆放较多的柴禾稻草，易引发民房火灾（图 1-36）。农村发生火灾后，火势迅猛，极易酿造大面积火灾，因此农村各级组织应加强农村火灾扑救的研究和宣传，科学扑救，减少火灾造成重大财产损失和人员伤亡。

图 1-36　农村民房火灾

（一）典型案例

2013 年 12 月 8 日 15 时，浙江省东阳市南马镇双溪村前山头自然村突发大火，火势迅速蔓延，20 多间民房被烧。由于起火的是木结构房子，四周相邻的都是民房，最窄的间隔只有0.5米左右，大火有可能蔓延到更多的房子，发生大面积房子“连体”起火，情况非常危急，消防官兵迅速处置，大火终被扑灭。火灾发生后，一位80多岁的老人因舍不得家中财物不肯走出，幸好被及时赶到的邻居拉了出来。起火原因是用火不慎引起的。

2013年12月8日12时许，怀化辰溪县大水田乡岩屋村7组发生一起火灾，致1人死亡，20栋房屋被毁，37户村民受灾。大水田乡位于辰溪县西南部山区，距县城54千米，交通不便，受灾村组周围没有水源，当地村民的房子多为木质结构，毗邻而居，起火后火势迅速蔓延，现场成了一片火海。直至15时25分，消防官兵才基本扑灭大火。火灾原因系烧火取暖，火盆引燃被褥导致起火。

（二）火灾原因

（1）电气线路。电气线路在设计安装过程中，没有根据住宅内用电总负荷合理选择相应的导线型号、截面积，线路的敷设方式不规范，在长期使用过程中发生短路、超负荷和漏电，引发火灾。

（2）家用电器。一是用户在使用电器产品时，没有按照产品说明书进行操作，家用电器发生故障后长期带病运行，没有及时维修排除故障；二是部分假冒伪劣电器产品和不合格的家电产品在使用中发生火灾；三是使用大功率的空调、电烤箱、电熨斗等电热设备时，无人看管，引燃周围可燃物；四是照明灯距离可燃物太近或者将镇流器直接安装在可燃材料上，引起火灾。

（3）厨房用火不慎。使用煤气灶、液化石油气灶时不慎着火；家庭炒菜炼油时油锅过热起火。

（4）生活、照明用火不慎。农村村民夏季用蚊香驱蚊，由于蚊香摆放不当而招致火灾；停电时和某些仍需用蜡烛照明的情况下，点燃的蜡烛过于靠近可燃物，燃烧蔓延成灾。

（5）吸烟不慎。在家中乱扔烟头，致使未熄灭的烟头引燃家中的可燃物；由于酒后或睡觉躺在床上、沙发上吸烟，烟未熄灭人已入睡，结果烧着被褥、沙发，造成火灾。

（6）小孩玩火。儿童玩火的常见方式有在家中玩弄火柴、打火机，把鞭炮

内火药取出，开煤气、液化气钢瓶上的开关等。

（7）人为纵火。百姓生活，难免磕磕碰碰有口角之争，如果相互之间不能宽容一点礼让三分，势必结怨，此时一些愚昧、自私、狭隘而又缺乏法律知识的人就会放火泄愤。

（三）预防措施

（1）火灰（如柴灰、灶灰、煤灰）不能乱倒，要用水将火灰的余火泼灭，倒在安全的地方，不要靠近易燃物、可燃物。

（2）灶门要清，水缸要满，做到穷屋门口富水缸。烟囱要勤检修，防止裂缝生火。

（3）草地、草堆附近要禁止吸烟，防止未熄灭的烟头、火柴头引起火灾。

（4）教育小孩不玩火，家长不能无视小孩玩火，不要让小孩开煤气灶和液化石油气灶，各种火具不要乱放，要放在小孩够不着、拿不到的地方。

（5）农药、化肥要保管好，不能混合存放或运输，否则会发生化学反应，轻则失效，重则会发生爆炸、火灾，造成人畜中毒或伤亡事故。

（6）对稻麦草（秸秆）堆垛，要经常检查测温，及通风、散热、降温，防止自然火灾的发生。

（7）出门务工前，一定要检查家中安全隐患是否消除，物品摆放整洁，灶头无明火，电源已断开，易燃、可燃物品均摆放于安全位置等。

（四）处置对策

农村民房火灾多发生在夜间或村民出工的时候，火灾发现晚、报警迟。加之农村距消防队一般都比较远，接警后消防队很难及时到达现场灭火。对于农村民房火灾，一般应立足村民自救，通过周围村民的协同配合，尽可能地消灭或阻止火势，为消防队到场灭火赢得时间。这就要求村委会在村民中宣传消防知识，普及火灾扑救的常识，着力提高村民灭火自救的能力（图 1-37）。

1．民房火灾的扑救

（1）对单独的农村住宅火灾，应采取正面出击，直接消灭火点，用快攻近战的方法迅速消灭火势。

（2）对农村院落住宅火灾，应采取边控制，边消灭的战法，控制火势蔓延，消灭火势。

（3）对农村村寨住宅火灾，应采取保护重点，下风堵截或进行破拆，阻止火势蔓延，分片消灭的措施。

（4）在水源缺乏、消防力量不足，火势难以控制，将造成重大损失时应采取破拆措施，阻止火势蔓延。

图 1-37　村民传递运水灭火

总之，农村火灾火场偏僻，扑救艰难，灭火中要充分发挥农村人员密集，亲朋好友多，村民人心齐的特点，积极抢救物资，科学扑救火灾。

2. 民房火灾扑救注意事项

（1）消除火场危险炸弹。很多村民已经使用上了液化石油气，火灾扑救中应先行搬除这些火场的危险炸弹。

（2）防范民房侧墙坍塌。农村的砖木结构和土木结构等民房火灾扑救中，扑救人员应防范建筑中可燃的梁、柱、楼板、门窗等构件燃烧后失去承重能力发生坍塌。

（3）防止飞火造成威胁。土木类结构民房火灾后易产生“飞火”，扑救人员在现场要随时侦察，及时发现并防范，以免“飞火”引燃衣物、头发或造成新的起火点，人身安全受到威胁。

（4）防止砸伤刺伤摔伤。扑救人员进到着火民房内灭火时，应紧靠墙角，沿着墙边逐步推进，防止屋顶燃烧物掉落砸伤，防止脚下木炭灼伤双脚及铁钉刺伤脚底。

二、农村炉灶烟囱火灾

炉灶是人们日常生活常用的加热设备，做饭、取暖、烘烤等都离不开它。炉灶的使用涉及千家万户，因炉灶烟道设置使用不当、余火复燃等生活用火不慎原因造成火灾也占相当大比例，所以必须重视防控炉灶、烟囱引发的火灾（图1-38）。

图1-38　炉灶烟囱火灾

（一）典型案例

2009年2月4日17时30分，吉林省延边州和龙市龙城镇春化村一居民家的木质烟囱起火，火势蔓延到草房上。消防官兵到场后，成功将房内60多岁的老人转移到安全地带并上房实施灭火，10分钟后，消防官兵将火扑灭。

2012年12月25日16时许，内蒙古锡林郭勒盟阿巴嘎旗别力古台镇汉贝东街一居民家房顶烟囱着火。经消防官兵到场检查后确认，是房顶烟囱起火，指挥员立即下令，命官兵们上房顶，铺设水枪阵地，随后按照直攻火点的方法，从屋顶灭火。16时40分，大火得到有效控制，消防官兵又用铁锹对房梁进行破拆，再次接水进行浇灭。16时55分，中队在确定火场无复燃可能后，整理器材撤离现场。

（二）火灾原因

（1）炉灶、炉体或金属烟筒表面的辐射热烤着附近的可燃物。

（2）炉灶、火炕（墙）、烟囱内窜出火焰、火星引燃附近的可燃物。

（3）炉灶燃烧的煤、柴碎块落到炉灶外面，引燃周围的可燃物。

（4）在火炉旁烘烤衣物，或使用汽油、煤油等易燃液体引起火灾。

（5）将未熄灭的炉灰倒在地面可燃物上，或被风刮到可燃物上起火。

（6）火炕烧得过热，烤燃炕席、被褥、衣物等。

（三）预防措施

（1）砌筑炉灶、烟囱时，要选择合适的建筑材料，一般在黏土内要掺入适量的沙子，防止高温引起开裂漏火。

（2）烟囱在闷顶内穿过保温层时，在其周围50厘米范围内应用难燃材料做隔热层。

（3）火炉周围不要堆放柴草等可燃物质，不得在炉筒上烘烤衣物，周围要备有适量的消防用水。

（4）使用炉灶时，严禁用汽油、煤油等易燃液体引火。

（5）煤、柴炉灶扒出的炉灰，最好放在炉坑内，如急需外倒，要用水将余火浇灭，以防余火燃着可燃物或“死灰复燃”，造成火灾。

（6）在柴草较多、居住密集的城镇和村屯，以及靠近林区容易酿成大面积火灾的地方，要严防炉灶、烟囱逸出火星造成火灾，可在烟囱或炉膛眼上加防火帽或挡板，以熄灭火星。

（四）处置对策

（1）农村炉灶烟囱火灾时，村民应尽快熄灭火源，搬离炉灶烟囱附近的可燃物，防止引发新的起火点。

（2）当炉灶烟囱火势不大时，村民可利用家中生活的储备水以及其他可以灭火的设施扑灭火势。当火势较大时，应组织村委会义务消防队参与火灾扑救。

（3）火灾扑救中，应防止烟囱飞火引发新的起火点。（图 1-39）

图 1-39　扑救炉灶烟囱火灾

三、农村堆垛火灾

农村火灾中有相当一部分是堆垛火灾。农村堆垛主要是用来储存木材、稻草、秸秆等物品的简易场所。

（一）典型案例

2013年5月7日上午，辽源市寿山镇抚山六队附近有一处柴草堆垛起火，危及邻近粮食堆垛，情况十分危急。消防官兵到达现场时，柴草垛正处于猛烈燃烧阶段，浓烟滚滚，火舌即将威胁到相邻的粮食作物堆垛，经过20多分钟的奋战，火势终于得到了有效控制。随后，战斗员利用附近住户的农用工具、消防火钩和叉子将草垛扒开，并尽力将阴燃草堆进行分割，寻找阴燃部分。15分钟后，大火被彻底扑灭。

2013年9月26日15时30分，长春松原市长岭县三团乡九十四社一个露天花生堆垛起火，火势正向毗邻房屋蔓延。消防官兵到达现场。经侦察发现，现场浓烟滚滚，火势正处于猛烈燃烧阶段，且火借风势正向毗邻房屋蔓延，严重威胁房屋安全。经过消防官兵及村民20分钟的全力扑救，火势得到有效的控制。随后消防官兵组织村民将堆垛铺开，消灭余火，防止复燃。

（二）火灾原因

(1) 违章吸烟引起火灾。露天堆场通常是一个物流、人流较多的场所。收购、搬运、值班人员中吸烟会引起火灾。

(2) 自燃引起火灾。露天堆垛的有些原料如棉花、草苇、麦秸等都是能够自燃的物质。这些原料会发生纤维分解，猛烈氧化而释放大量的热导致自燃。

(3) 放火引起火灾。综合近年来露天堆垛放火案件，其主要原因一是故意破坏放火；二是报复性放火；三是骗保放火；四是精神病人放火。

(4) 外来火源引起火灾。由于堆场布局不合理，靠近生产区、生活区、公路，外来烟囱飞火，汽车排出的火星等引起堆垛着火。

（三）预防措施

在农村，柴草不仅仅用于冬季取暖，还被用作牲畜的饲料，因此柴草对于农民来说非常重要。然而由于柴草易燃、自燃等特性，往往导致柴草火灾事故频发。

(1) 柴草、饲草堆垛应选择在常年主导风向的下风或侧风向，具体地点应由村民委员会确定，村委会还应专门确定柴草堆垛消防工作管理人员。禁止进村大量堆放或占用道路堆放；禁止在堆场内停放、修理机动车辆；禁止在堆垛50

米范围内燃放烟花爆竹。

（2）一些养殖户确需大量储存秸秆和饲草的，应选择远离养殖场和住房的地点堆放。

（3）柴草堆场的面积不得过大，面积超过500平方米的应另设堆场，堆场之间的距离不应小于25米。

（4）柴草堆垛距建筑物的间距不应小于25米，与明火或散发火花地点距离不应小于25米，距通讯线路或电力架空线不应小于20米，距室外电力变压器距离不应小于25米，距医院、学校、敬老院、农贸市场等重要公众聚集场所的距离不应小于50米，距交通道路外沟边沿距离不应小于15米。

（5）乡镇政府要加强对柴草及秸秆安全堆放的管理，确定安全堆放地点，严格查处违规堆放行为。认真组织清理违规堆垛。严厉查处私自烧荒、烧秸秆和乱倒明火炉灰行为。对火灾事故责任者要依法严肃查处。

（四）处置对策

堆垛场所一般储存可燃物数量多，堆垛体量大，堆垛间距小，堆垛在发生火灾后的特点是起火后燃烧猛烈，蔓延迅速，扑救困难，延烧时间长，损失严重等。

图 1-40　扑救农村堆垛火灾

1．农村堆垛火灾扑救方法

（1）直流水枪灭火。考虑到堆垛之间间距小，容易燃烧，有条件的农村志愿消防队可用直流水枪进行打压火势，同时在使用直流水枪灭火时应尽量减少横扫、竖扫等灭火动作，防止迸飞火星（图 1-40）。

（2）拉拽分离灭火。单独的堆垛或者较少数量的堆垛发生火灾，且火灾发生时火灾现场的风力不大，火灾现场距离着火的村、屯和其他可燃物较远时，灭火中可借助某种工具，通过某种力量将发生火灾或受火灾影响的堆垛进行拉拽分离移位。

（3）机械压埋灭火。这种堆垛火灾扑救方法适用于较多堆垛火灾，大风天的堆垛火灾，无法提供充足的灭火用水地区堆垛火灾和人力物力保障不足的堆垛火灾。这种灭火方法的优点是灭火效率快、效果好，节省人力和消防用水而且安全程度高。

（4）人工掩埋灭火。这种堆垛火灾扑救方法适用于大风天少量堆垛火灾、火灾现场消防水源严重不足的堆垛火灾、人力物力严重不足的堆垛火灾。人工掩埋灭火应将泥土尽可能均匀地覆盖在燃烧堆垛表面，有效控制飞火，确保大风天毗邻堆垛或其他物资的安全。

（5）扑灭阴燃火源。为了防止复燃，在明火扑灭以后，要组织人工、大型机械进行翻垛灭火，清理火场，彻底检查并扑灭阴燃火源。

2．堆垛火灾扑救注意事项

（1）移除附近堆垛。先移除受火灾威胁的附近堆垛，然后再移除其余临近堆垛。

（2）保护未燃堆垛。用喷雾水枪全面覆盖临近的未燃堆垛，降低其表面温度，防止受热辐射或飞火引发新火点。

图 1-41　扑灭余火

（3）彻底扑灭余火。火场清理要注意扑灭内部阴燃和零星火点，防止复燃（如图 1-41）。

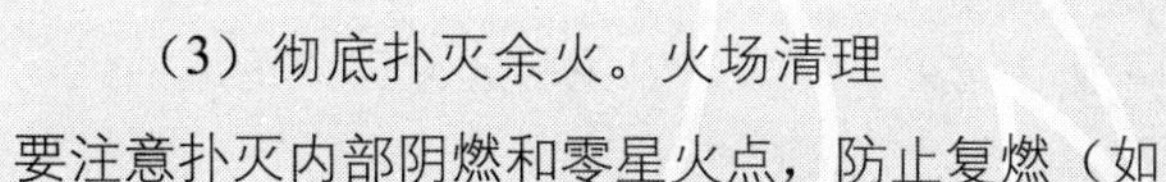

四、农村沼气火灾

为解决新农村建设中资源匮乏和经济发展的矛盾，为农村大众解决生活能源问题，以农村现有的植物秸秆、动物粪便为原料，利用沼气池等设施经过长时间的发酵产生沼气，为百姓提供燃气，从一定程度上改善农民的生活条件。沼气中的甲烷是一种很容易燃烧的气体，一遇上火苗就会猛烈燃烧，温度可达 1 400℃，因此村民使用沼气时应注意火灾预防。

（一）典型案例

2011年4月12日下午，张掖市甘州区沙井镇兴隆7社一民宅发生火灾，过火房屋为农家后院及屋后的成片麦草，火借风势越燃越烈，农家后院的沼气池被大火包围。在各种消防力量协力扑救下，蔓延的火势在20分钟后被控制，沼气池周围的火魔也被成功扑灭，避免了沼气池被引爆的巨大危险。

2013年5月8日，河南郏县冢头镇女子范某在家中使用明火点燃沼气灶做饭时，沼气气阀发生泄漏，遇明火引发大火，范某右前臂、面部、颈部和双下肢被烧伤送进医院治疗。据医生介绍，范某的伤情属于二度烧伤。

（二）火灾原因

（1）检查沼气池能否产生沼气时动作不合规定要求，会因池内有氧气或产生负压而使火焰窜入池内引发爆炸。

（2）沼气池在进料、加水或试压灌水时，若操作过猛，产生过大压力或进料时造成负压，都会导致沼气池爆炸。

（3）沼气池被雨水冲击或被淹，会发生池内超压爆破危险。

（4）输气管道泄漏及使用炉灶违反操作程序，也会引发火灾危险。

（三）预防措施

（1）要经常观察沼气压力表。当池内压力过大时不仅影响产气，甚至有可能冲掉池盖。如果池盖被冲开，应立即熄灭附近的烟火，以免引起火灾。

（2）严禁在沼气池的出料口或导气管口点火，以免引起火灾或造成回火，致使池内气体猛烈膨胀，爆炸破裂。

（3）沼气灯和沼气炉不要放在衣服、柴草等易燃品附近，点火或燃烧时也要注意安全。

（4）经常检查输气管是否漏气和是否畅通。若有漏气，应及时采取措施使空气流通，充分换气后才能点火。

（5）沼气池操作人员不得使用明火照明，不准在产气池附近吸烟。

（6）沼气灶、沼气灯停止使用后，不要忘记关开关，关闭气源。

（四）处置对策

图 1-42　扑救沼气池火灾

（1）切断气源。若不能立即切断气源则不允许熄灭正在燃烧的沼气。

（2）在确保安全的前提下，要把装有可燃气的容器运离火灾现场。

（3）喷水冷却容器。使用大量水冷却装有危险品的容器，直到火完全熄灭（图 1-42）。

（4）如果容器的安全阀发出声响，或容器变色，应迅速撤离。

第六节　森林草原火灾

图 1–43　森林火灾

森林和草原是国家的宝贵资源，具有很大的经济效益，是人类社会赖以生存和发展的重要资源和生态屏障，它与水土保持、调节气候、防风固沙、降低噪声、保持生态平衡、减少洪涝灾害以及对人类和动物生存都有着直接的关系。然而，森林草原火灾是一种破坏性极大的自然灾害，具有很强的突发性，稍有不慎，一个火星就可能引发一场大火，严重扰乱所在地区经济社会发展和人民生活秩序，影响社会稳定，因此，做好森林草原防火工作，保护好森林草原资源，减少和避免森林草原火灾的发生非常重要（图 1-43）。

一、草原火灾

草原火灾是指在草原开放系统内发生的失去人为控制的，并且具有一定面积、给草原带来损失的燃烧现象。

（一）典型案例

2010 年 12 月 5 日，四川省甘孜州道孚县鲜水镇孜龙村呷乌沟突发草原火灾。道孚县委、县政府在接到报告后，立即做出安排，组织县林业局、农牧局、道孚林业局、武装部、独立营、森林武警和鲜水镇干部群众赶往火灾现场开展扑火工作。火灾过火面积约 500 亩，在处理余火时突起大风，导致火灾加剧，据初步了解，包括 15 名战士、5 名群众、2 名林业职工在内共 22 人遇难（图 1-44）。

图 1-44　四川省甘孜州道孚县草原火灾

2012 年 4 月 7 日，内蒙古锡林郭勒盟境内发生 4 起草原火灾，其中发生在东乌珠穆沁旗的草原火灾造成 2 人死亡、8 人轻伤。经过盟旗两级军警民奋力扑救，4 起火灾的明火全部于当晚被陆续扑灭。经初步查明，东乌珠穆沁旗火灾系输电线路故障引起金属物脱落地面形成短路引发，锡林浩特市白音锡勒牧场火灾系牧民倒灰带火引发，正蓝旗哈毕日嘎镇火灾系高压线打火引发，另一起火灾原因正在调查中。发生火灾后，锡林郭勒盟、东乌珠穆沁旗草原防火指挥部迅速组织出动扑火队员共 1 700 人，投入各种机动车辆 235 辆、风力灭火机 422 台等进行扑救。东乌珠穆沁旗特大草原火灾，造成 2 人死亡、8 人轻伤，受害草原面积 7.66 万公顷。

（二）火灾原因

根据火灾案例分析结果，草原火灾大多数是人们用火不慎引起的。人为用火不慎引发的火源相当复杂，主要可分为以下几种：

（1）草场管理人员及附近居民生活生产用火。如烧荒开垦、烧灰积肥、烧田埂、烧秸秆、烧防火线等，用火管理不善引起火灾。

（2）在严禁烟火的草场违规用火。如上山人员随意在野外吸烟，笼火做饭、取暖，走路打火把，烧火驱兽，扫墓，小孩玩火等违反草场用火规定擅自用火。

（3）电气线路故障引发火灾。很多草场上空架设着高压供电线路及生产生活供电线路，由于对线路疏于管理导致线路故障引发火灾。

（4）人为放火。近几年，人为放火引起的火灾呈上升趋势，放火行为是一种直接危害他人人身、财产及社会安全的犯罪行为，是为社会唾弃和社会所不容的，法律面前，放火者必将受到严厉的制裁。

（三）预防措施

草原火灾造成草原牧草损失，影响畜牧业生产的发展。草原火灾经常发生，还会影响草场的种子繁殖，导致草场退化。在牧区，草原火灾还造成牲畜伤亡。草原火灾也直接关系到人民生命财产安全。各级部门应做好草原火灾的预防。

（1）在日常草原防火工作中，地方人民政府应当组织草原防火责任区。确定防火责任单位，建立防火责任制度，定期进行检查。各级人民政府应当组织经常性的防火宣传教育，做好草原火灾预防工作。

（2）县级以上地方人民政府，应当根据本地区的自然条件和火灾发生规律，规定草原防火期。在防火期内出现高温、干旱、大风等高火险天气时，可以划定防火戒严区，规定防火戒严期。

（3）防火戒严期内，在草原严禁一切野外用火，对可能引起森林火灾的机械和居民生活用火，应当严格管理。

（四）处置对策

草原火灾的特点是燃烧快，蔓延迅速，火场面积大。草原着火后，蔓延的面积往往是很大的，一场火往往烧毁几百平方公里甚至几千平方公里的草原。草原火灾扑救难度大，如果无自然阻火条件（如河流、公路、荒漠等）和人工灭火阻止火势蔓延，易引发二次灾害。尤其在森林草原交错地带，草原火灾如控制不好，很容易引起森林火灾。

（1）积极组织当地群众及时扑打。这是扑灭草原火灾的常用方法，一般多用长柄扫帚、阔叶树枝条，沿着火线边缘扑打。扑打时最好从侧面斜落，一打一拖，三人为一组，相继落下扫帚，顺序进行，不能乱打，也不能猛起猛落。这样有利于扑灭火灾。

（2）开设隔离带。在火势蔓延的前方，选择适当地点，开辟生土隔离带，以阻止火势蔓延。可用锹、镐、铲、推土机等掘土，也可投弹爆破。对小面积火灾，还可以直接撒土覆盖。

（3）利用灭火剂灭火。用水灭火效果较好，但用水灭火需要有水源、器材工具，在较大草场一般难以具备。大面积火灾比较适用的是采用人工降雨，或喷洒化学药剂。化学灭火药剂的灭火效果比水大得多，既可用来直接灭火，也可用来设置防火线和控制线。

二、森林火灾

森林火灾，是指失去人为控制，在林地内自由蔓延和扩展，对森林、森林生态系统和人类带来一定危害和损失的林火行为。森林火灾是一种突发性强、破坏性大、处置救助较为困难的自然灾害。森林防火工作是中国防灾减灾工作的重要组成部分，是社会稳定和人民安居乐业的重要保障，森林防火工作事关森林资源和生态安全，事关人民群众生命财产安全。

（一）典型案例

2004 年 4 月 15 日 23 时许，山东省青岛市崂山区沙子口街道办事处东九水村平顶山发生山林火灾，市、区两级护林防火指挥部迅速组织扑火专业队、驻青部队、武警官兵等 800 余人投入扑救，经过 5 个多小时的奋战，终将大火扑灭。这次火灾过火面积 80 亩，烧死烧伤树木 4 000 余株。经审查，引发该火灾的原因是东九水村村民刘某因卖房子与其三哥发生纠纷，加之因为身有残疾，平日受人歧视等原因，心中郁闷，于当晚 21 时许点着一支烟插进草丛，引发山林火灾。

2013 年 1 月 3 日 11 时 30 分，保山市隆阳区汉庄镇青岗坝村西河二组“小家洼”山林发生一起森林火灾（图 1-45）。火灾发生后，保山市森林公安民警迅速出警，及时展开现场调查，并于当日 14 时 50 分将此案侦破。经侦查：2013 年 1 月 3 日 11 时 20 分，保山市隆阳区永昌办事处明强社区居民李某某来到与保山市隆阳区汉庄镇青岗坝村西河二组承包并准备种植核桃树的“小家洼”山林南坡面，用一次性气体打火机点燃自己清理出的杂草，因风大于 11 时 30 分引发了森林火灾。

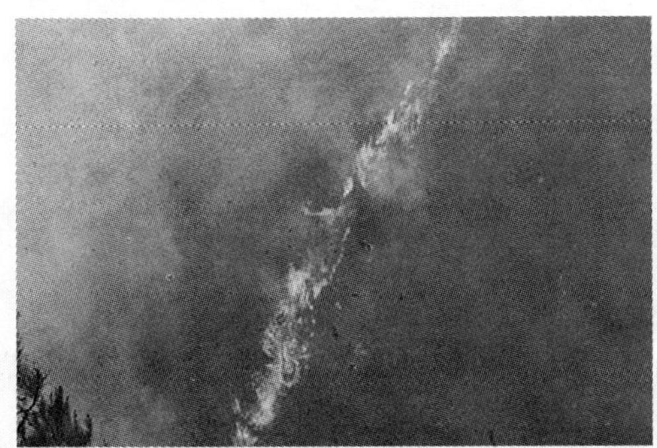

图 1-45　云南保山隆阳森林火灾场景

（二）火灾原因

森林火灾原因中人为原因是最大的一个因素，其次长期的天气干燥也可能导致地面温度持续升高引起自燃，再次雷击也可以导致火灾的发生。

（1）生产性用火。农、林、牧业及工矿、交通运输等企业单位生产用火，如烧荒开垦。烧灰积肥，烧田埂，烧防火线，火烧清理林场，烧炭，烧砖瓦，以及铁路的机车冒火、掏灰，汽车喷火，油锯等燃油机械设备喷火，修筑公路爆破开山等。

（2）非生产性用火。如上山人员随意在野外吸烟，笼火做饭、取暖，走路打火把，烧火驱兽，扫墓，小孩玩火，林区村屯烟囱飞火或林区村镇火灾蔓延上山等。1987 年 5 月大兴安岭森林火灾，共造成 69.13 亿元的惨重损失。事后查明，这次特大森林火灾，最初的五个起火点中，有四处是人为引起，其中两处起火点是三名“烟民”烟头引燃的。

（3）天气干燥引发的自燃火灾。森林中堆集的落叶，特别是含脂量较高的针叶，在小雨后的潮湿状态下，缓慢氧化发热，在堆积状态下热量得不到散发，温度升高。而温度的升高，又加剧了氧化发热。在这种状态下，如遇长期干燥高温的天气易引发自燃火灾。

（4）雷击树木自然火灾。林区如果具备“积雨云、高温和干燥”三种条件，就有发生雷击火灾的可能。2006 年 5 月 16 日发生在内蒙古红花尔基樟子松母树林的森林火灾发生后，现场勘查人员发现，在起火区域发现一棵高大的树干，中间从上到下被劈开，周边有烧焦的痕迹。据此初步认定火灾原因为雷击火。

（5）人为放火。近几年，由于村民之间的利益矛盾或者家庭冲突引发邻里不和，村民争斗时有发生，有的村民由于缺乏法律知识，任意泄愤，甚至发生向对方承包的山林人为放火引发森林火灾。

（三）预防措施

《森林防火条例》已于2008 年 11 月 19 日国务院第 36 次常务会议修订通过，自 2009 年 1 月 1 日起执行。《森林防火条例》规定：森林防火工作实行“预防为主，积极消灭”的方针。森林防火工作实行各级人民政府行政领导负责制。林区各单位都要在当地人民政府领导下，实行部门和单位领导负责制。预防和扑救森林火灾，保护森林资源，是每个公民应尽的义务。森林火灾预防应做好以下工作。

（1）加强领导，发动群众，实行森林防火社会化。森林防火是关系到全社会的大事，只有在各级政府的统一领导下，调动和依靠社会力量，才能切实做好。因此，各级政府应在防火重点季节，发布森林防火命令，召开会议，周密部署，各级领导干部，应深入防火第一线，进行防火大检查，现场办公，就地解决存在的问题。同时建立健全各级政府统一领导、统一指挥的森林防火领导体制。

（2）广泛宣传，不断增强林区群众的护林防火意识。森林防火宣传，要充分利用流动和固定、城镇和乡村、临时和永久、文字与声像相结合等多种形式，大造声势，使之深入人心，从而提高群众做好护林防火工作的责任感和自觉性。

（3）严格控制火源。严格控制火源是避免发生森林火灾的关键。在防火期间，严禁有人在野外随意弄火。当必须在野外用火时，不管生产或非生产用火，都必须经有关部门批准；凡未经批准的，一律追查处理。在节日或假期，尤其是清明节前后，要加强对林区职工和居民的教育，养成上山不带火、不用火的习惯。

（4）加强火险预报。林区应设立气象站，掌握风力、湿度、温度等气象变化，及时发出火险预报，以便合理布置防火巡逻、瞭望工作和灭火准备工作。

（5）开设防火线，实现山林规范化。开设防火线是减少和控制山林火灾的一项重要措施。应有计划利用修造山林公路、开设防火线等办法，使山林条块化，既有防火隔离带，又做到山林田园式管理。

（四）处置对策

扑救森林火灾要坚持“打早、打小、打了”的基本原则。应力争主动，避免被动，采取一切积极手段，消灭火灾并应加强防护，有效地保护自己的力量。扑救森林火灾主要有两种方法，一种是人力直接扑打，一种是隔离火势蔓延。这两种办法有时结合运用，有时单独运用，扑救森林火灾应遵守以下事项：

（1）服从有扑火经验的人员指挥，注意观察周围着火环境和火势发展特点。扑火时不要在火区线内活动，要沿着火场的外围边线前进。

（2）打森林小火时，不能乱打硬拼；预防风向风速突然变化、火舌燎伤；打上山火时不要顺着火头爬山扑打，防止被火包围；打地下火时，注意不要掉进腐质层中，被火烧伤。

（3）打森林大火时，要选择火势弱的地方为突破口，不要在火势强的地方强攻，对于一时攻不上去的火，要回避火头，待机歼灭。风大、火强撤退时，要沿已灭火线返回，避开顺风火，防止被火吞没（图 1-46）。

图 1-46　扑救森林火灾

（4）以火灭火。当发生强烈的地面火或树冠火时，其他方法难以扑救时，可沿着原有防火线或临时开设的隔离带，迎着火势蔓延的方向，点燃可燃物，以防火线为依托，迫使火势向火灾方向发展，造成空间地带，两处火焰会合后自行熄灭。但这种方法危险性大，不易掌握，必须在主、客观条件充分具备时方可采用。

（5）参加扑火人员有时被火包围，可在附近先点火烧除一块空地，作为安全区，若来不及点火，要立即选择近处土坑、河滩或河沟。把衣服用水浸湿，用衣服把头包好，选择杂草矮小或好走的地方，一口气迎着火猛冲出去，也可以安全脱险。

（6）休息时，宿营地周围要打好安全防火线，以防被火包围。

第二章　交通事故

中国每年因交通事故死亡人数均超过 10 万人，居世界第一。中国的道路交通安全形势非常严峻，统计数据表明，每 5 分钟就有一人丧身车轮，每 1 分钟就有一人因为交通事故而伤残。每年因交通事故所造成的经济损失达数百亿元。

人们出门在外，无论是乘车、步行还是自己开车，只有学习交通安全常识，遵守交通安全规则，才能避免交通事故的发生。交通安全是指人们在道路上进行活动时，按照交通法规的规定，安全地行车、走路，避免发生人身伤亡或财物损失。

第一节　交通安全常识

学习交通安全常识就要了解交通安全设施，交通安全设施对于保障行车安全、减轻潜在事故危害起着重要的作用。

一、交通信号

交通信号包括交通信号灯、交通标志、交通标线和交通警察的指挥。全国实行统一的道路交通信号。

（一）交通信号灯

交通信号灯是国际统一的信号灯，由红灯（表示禁止通行）、绿灯（表示允许通行）、黄灯（表示警示）组成。

绿灯信号——绿灯信号是准许通行信号。绿灯亮时，准许车辆、行人通行，但转弯的车辆不准妨碍被放行的直行车辆和行人通行。

红灯信号——红灯信号是绝对禁止通行信号。红灯亮时，禁止车辆通行。右转弯车辆在不妨碍被放行的车辆和行人通行的情况下，可以通行。红灯信号是带有强制意义的禁行信号，遇此信号时，被禁行车辆须停在停止线以外，被禁行的行人须在人行道边等候放行。

黄灯信号——黄灯亮时，已越过停止线的车辆，可以继续通行。黄灯信号的含义介于绿灯信号和红灯信号之间，既有不准通行的一面，又有准许通行的一面。黄灯亮时，警告驾驶人和行人通行时间已经结束，马上就要转换为红灯，应将车停在停止线后面，行人也不要进入人行横道。但车辆如因距离过近不便停车而越过停止线时，可以继续通行。已在人行横道内的行人要视来车情况，或尽快通过，或原地不动，或退回原处。

（二）人行横道灯信号

人行横道灯由红、绿两色灯组成。其含义与路口信号灯信号的含义相似，即绿灯亮时，准许行人通过人行横道；红灯亮时，禁止行人进入人行横道，但是已经进入人行横道的，可以继续通过或者在道路中心线处停留等候。在红灯镜面上有一个站立的人形象，在绿灯面上有一个行走的人形象。人行横道灯设在人流较多的重要交叉路口的人行横道两端。灯头面向车行道，与道路中心垂直。

二、交通标志

在道路上，我们可以看到各式各样的交通标志。交通标志用图案、符号和文字来表达特定的含义，告诉驾驶员和行人注意附近环境情况（图 2-1）。

图 2-1　交通标志

（一）警告标志

警告标志是警告车辆和行人注意危险地段、减速慢行的标志。其形状为正三角形，颜色为黄底、黑边、黑图案。

（二）禁令标志

禁令标志是禁止或限制车辆、行人某种交通行为的标志。其形状通常为圆形，个别为八角形或顶点向下的等边三角形。其颜色通常为白底、红圈、红斜杠和黑图案，“禁止车辆停放标志”为蓝底、红圈、红斜杠。

（三）指示标志

指示标志是指示车辆、行人按规定的方向、地点行驶或行走的标志。其形状为圆形、正方形或长方形，颜色为蓝底、白图案。

（四）指路标志

指路标志是传递道路方向、地点和距离信息的标志。其形状除地点识别标志、里程碑、分合流标志外，其余为长方形或正方形，颜色一般道路为蓝底、白图案，高速公路为绿底、白图案。

（五）辅助标志

辅助标志是主标志下，对主标志起辅助说明的标志。其形状为长方形，颜色为白底、黑字、黑边框。用于表示时间、车辆类型、警告和禁令的理由、区域或距离等主标志无法完整表达的信息。

三、交通标线

道路交通标线是由标画于路面上的各种线条、箭头、文字、立面标记、突起路标和轮廓等构成的交通安全设施。其作用是管制和引导交通，可以与交通标志配合使用，也可以单独使用。交通标线按功能可分为三类：禁止标线、指示标线和警告标线（图 2-2）。

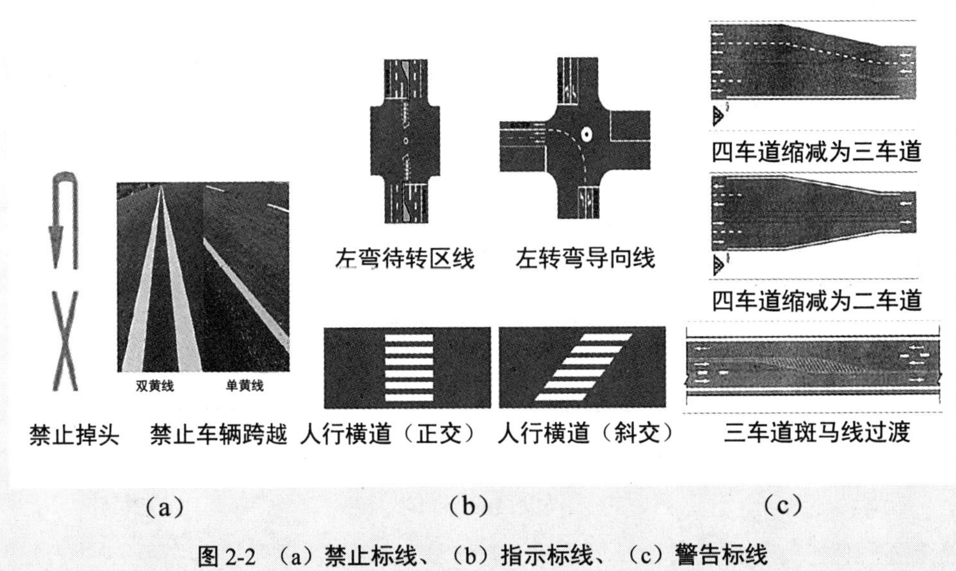

图 2-2 （a）禁止标线、（b）指示标线、（c）警告标线

（一）禁止标线

禁止标线是告示道路交通的通行、禁止、限制等特殊规定，机动车、机动车驾驶人和行人需严格遵守的标线。

（1）禁止超车线。表示严格禁止车辆跨线超车或压线行驶，用于划分上、下行方向各有两条或两条以上机动车道，而没有设置中央分隔带的道路。如中心黄色双实线，中心黄色虚实线，三车道标线，禁止变换车道线等。

（2）禁止路边停放车辆线。表示禁止在路边停车的标线。如禁止路边临时

或长时停放车辆。

（3）停止线。信号灯路口的停止线，白色实线，表示车辆等候放行的停车位置。

（4）停车让行线。表示车辆在此路口必须停车或减速，让干道车辆先行。

（5）减速让行线。表示车辆在此路口必须减速或停车，让干道车辆先行。

（6）非机动车禁驶区标线。用于告示骑车人在路口禁止驶入的范围。左转弯骑车人须沿禁驶区外围绕行，以保证路口内机动车通行空间和安全。

（7）导流线。表示车辆须按规定的路线行驶，不得压线或越线行驶，线为白色。

（8）网状线。用于告示驾驶人禁止在该交叉路口临时停车。

（9）专用车道线。用以指示仅限于某车种行驶的专用车道，其他车辆、行人不得进入。

（10）禁止掉头标记。由一个掉头箭头和一个叉形图案组成的黄色图案，表示禁止车辆掉头。

（二）指示标线

指示标线是指示车行道、行驶方向、路面边缘、人行横道等设施的标线。

（1）双向两车道路面中心线。用来分隔对向行驶的交通流。表示在保证安全的原则下，准许车辆跨越线超车。通常指示机动车驾驶人靠右行驶。线为黄色虚线。

（2）车行道分界线。用来分隔同向行驶的交通流。表示在保证安全的原则下，准许车辆跨越线超车或变更车道行驶。线为白色。

（3）车行道边缘线。用来指示机动车道的边缘或用来划分机动车与非机动车道的分界。线为白色实线。

（4）左转弯待转区线。用来指示转弯车辆可在直行时段进入待转区，等待左转。左转时段终止，禁止车辆在待转区停留。线为白色虚线。

（5）左转弯导向线。表示左转弯的机动车与非机动车之间的分界。机动车在线的左侧行驶，非机动车在线的右侧行驶。线为白色虚线。

（6）人行横道线。表示准许行人横穿车行道的标线。线为白色平行粗实线（正交、斜交）。

（7）高速公路车距确认标线。用于提供车辆机动车驾驶人保持行车安全距离的参考。线为白色平行粗实线。

（8）高速公路出入口标线。为驶入或驶出匝道车辆提供安全交汇、减少与突出部缘石碰撞的标线。包括出入口的横向标线、三角地带的标线。如直接式出口标线、平行式出口标线、直接式入口标线、平行式入口标线等。

（9）停车位标线。表示车辆停放的位置。线为白色实线。如平行式停车位、倾斜式停车位、垂直式停车位等。

（10）港湾式停靠站标线。表示公共客车通过专门的分离引道和停靠位置。

（11）收费岛标线。表示收费岛的位置，为驶入收费车道的车辆提供清晰的标记。

（12）导向箭头。表示车辆的行驶方向。主要用于交叉道口的导向车道内、出口匝道附近及对渠化交通的引导。

（13）路面文字标线。利用路面文字，指示或限制车辆行驶的标记。如最高速度、大型车、小型车、超车道等。

（三）警告标线

警告标线是促使机动车驾驶人和行人了解道路变化的情况，提高警觉，准确防范，及时采取应变措施的标线。

（1）车行道宽度渐变标线。用于警告车辆驾驶人了解路宽缩减或车道数减少，应谨慎行车，禁止超车。如三车道缩减为双车道、四车道缩减为双车道、三车道斑马线过渡等。

（2）接近障碍物标线。用于指示路面有固定障碍物的标线。如双车道中间有障碍、四车道中间有障碍、同方向二车道中间有障碍等。

（3）接近铁路平交道口标线。用于指示前方有铁路平交道口，警告车辆驾驶人谨慎行车的标线。

四、安全护栏

公路上的安全护栏是既要阻止车辆越出路外，防止车辆穿越中央分隔带闯入对向车道，又要能诱导驾驶员视线的护栏。

五、隔离栅

隔离栅是高速公路的基础设施之一，它使高速公路全封闭得以实现，并阻止人畜进入高速公路。它可有效地排除横向干扰，避免由此产生的交通延误或交通事故，保障高速公路效益的发挥。隔离栅按其使用材料的不同，可分为金属网、钢板网、刺铁丝和常青绿篱几大类。

六、道路照明

道路照明主要是为保证夜间交通的安全与畅通，大致分为连续照明、局部照明及隧道照明。照明条件对道路交通安全有着很大的影响，视线诱导标一般沿车道两侧设置，具有明示道路线形、诱导驾驶员视线等用途。对有必要在夜间进行视线诱导的路段，设置反光式视线诱导标。

七、防炫设施

防炫设施的用途是遮挡对向车前照灯的炫光，分防炫网和防炫板两种。防炫网通过网股的宽度和厚度阻挡光线穿过，减弱光束强度而达到防止对向车前照灯炫目的目的，防炫板是通过其宽度部分阻挡对向车前照灯的光束。

第二节　行人道路事故

人、车、路、环境是构成道路交通的四大要素，人是交通系统中的主体。在人的因素中除机动车驾驶员外，还有行人、乘客、骑非机动车者。由交通事故分析可知，行人交通事故所占比例很大，尤其交通事故死伤者所占更大。行人因穿越不当，贸然冲进机动车道、闯红灯、徘徊、抢行，老人反应迟钝，小孩在路上玩耍等都会造成交通事故。

一、典型案例

2005 年 11 月 14 日 5 时 40 分，山西沁源县某中学组织全校初二、初三 13 个班的 900 多名学生来到汾屯公路上跑操，在公路上掉头返回。前面 12 个班都已掉头返回，跑在最后的一个班转弯时，一辆东风带挂大货车像疯了一般突然碾压过来，在一片惊呼和惨叫声中，学生们纷纷倒地。东风带挂车“扫”倒一大片学生后，撞断路边的大树又驶上公路，斜横在路上才停下来（图 2-3）。事故导致 21 名师生死亡，另有 18 人受伤，班主任也在此次事故中丧生。

图 2-3 山西沁源县车祸现场示意图

2010 年 2 月 11 日 14 时 5 分，北京大兴区黄村镇狼各庄村儿童薛某某（女，7 岁）在由南向北步行横穿公路，适有河北省固安县解家务村司机杨某某（男，19 岁）驾驶农用四轮车由东向西驶来，农用车将薛某某撞出，薛受伤经送医院抢救无效当日死亡。

2010 年 3 月 31 日 11 时 55 分，河南省潢川县小学生杨某某（男，8 岁），在丰台区富丰桥东韩庄子路口步行由北向南横穿机动车道时，被由西向东驶来的李某某（女，24 岁）驾驶的大公共汽车当场轧死。

二、事故原因

图 2-4 行人在车道中穿行

（1）注意力不集中。这是最主要的形式，行人在走路时边走路边看书边听音乐，或者左顾右盼、心不在焉。

（2）行路过程中未走人行道而走机动车道。

（3）在路上进行球类活动。学生精力旺盛、活泼好动，即使在路上行走也是蹦蹦跳跳、嬉戏打闹，甚至有时还在路上进行球类活动，更是增加了发生事故的危险。

（4）过十字路口或铁路道口时未遵守通行信号硬闯红灯。

（5）横穿公路时未注意两边来往车辆（图 2-4）。

（6）在机动车道与人行道不分的道路上行走时，未在最边上行走。

（7）等车时，未注意过往车辆的行驶状态，未考虑突发情况下的紧急逃生。

三、预防措施

（一）道路行走事故预防

（1）行人应行走在人行道内，没有人行道的要靠边行走。

（2）通过路口或横过马路时，按照交通信号灯指示或听从交通民警的指挥通行。有交通信号控制的人行横道，应做到红灯停、绿灯行；从没有交通信号控制的路口通过时，须注意车辆，不要追逐猛跑；有人行过街天桥或隧道的须走人行过街天桥或隧道。

（3）通过没有交通信号灯或人行横道的路口，或在没有过街设施的路段横过道路时，应当注意来往车辆，看清情况，让车辆先行，不要在车辆临近时突然横穿。在确认安全后通过。

（4）学龄前儿童应当由成年人带领在道路上行走；高龄老人、行动不便的人上街最好有人搀扶陪同。

（5）不要在道路上玩耍、坐卧或进行其他妨碍交通的行为；不要钻越、跨越人行护栏或道路隔离设施。

（6）不要在道路上强行拦车、追车、扒车或抛物击车。

（7）不要进入内环路、外环路、高速公路、高架道路及行车隧道或者有人行隔离设施的机动车专用道。

图 2-5　学生出行佩戴小黄帽

（8）小学生出行时应佩戴小黄帽，促使学生养成良好的交通文明习惯并有效保证学生的交通安全（图 2-5）。

（二）穿越铁路道口事故预防

（1）行人在铁路道口、人行过道及平过道处，发现或听到有火车开来时，应立即避让到距铁路钢轨 2 米以外处，严禁停留在铁路上，严禁抢行穿越铁路。

（2）行人通过铁路道口，必须听从道口看守人员和道口安全管理人员的指挥。

（3）凡遇到道口栏杆（栏门）关闭、音响器发出报警、道口信号显示红色灯光，或道口看守人员示意列车即将通过时，行人严禁抢行，必须依次停在停止线以外；没有停止线的，停在距最外股钢轨 5 米（栏门或报警器等应设在这里）以外，不得影响道口栏杆（栏门）的关闭，不得撞、钻、爬越道口栏杆（栏门）。

（4）设有信号灯的铁路道口，两个红灯交替闪烁或红灯稳定亮时，表示火车接近道口，禁止车辆、行人通行。

（5）红灯熄、白灯亮时，表示道口开通，准许车辆、行人通行。

（6）遇有道口信号红灯和白灯同时熄灭时，需止步瞭望，确认安全后，方可通过。

（7）行人通过设有道口信号灯的无人看守道口以及人行过道时，必须止步瞭望，确认两端均无列车开来时，方可通行。

四、救助对策

（一）发生交通事故或交通纠纷的应急对策

（1）拨打“122”或“110”电话报警时，准确报出事故发生的地点及人员、车辆伤损情况。

（2）双方认为可以自行解决的事故，应把车辆移至不妨碍交通的地点协商处理；其他事故，需变动现场的，必须标明事故现场位置，把车辆移至不妨碍交通的地点，等候交通警察处理。

（3）遇到交通事故逃逸车辆，应记住肇事车辆的车牌号，如未看清肇事车辆车牌号，应记下肇事车辆车型、颜色等主要特征。

（4）遇到撞人后驾车或骑车逃逸的情况，及时追上肇事者或求助周围群众拦住肇事者。

（5）与非机动车发生交通事故后，在不能自行协商解决的情况下，应立即报警。

（二）交通事故造成人员伤亡时的应急对策

应立即拨打“120”急救电话求助，同时不要破坏现场和随意移动伤员。

（1）拨通电话后，应说清楚伤者所在方位、年龄、性别和伤情。如不知道确切的地址，应说明大致方位，如在哪条大街、哪个方向等。

（2）尽可能说明伤者典型的发病表现，如胸痛、意识不清、呕血、呕吐不止、呼吸困难等。

（3）说明伤者受伤的时间，并报告受害人受伤的部位和情况。

（4）说明您的特殊需要，了解清楚救护车到达的大致时间，并准备接车。

（5）检查伤者的受伤部位，止血、包扎或固定。

（6）注意保持伤者呼吸通畅。如果呼吸或心跳停止，立即进行心肺复苏法抢救。

第三节　非机动车交通事故

在我国，由于经济水平等因素的影响，非机动车被广泛地使用为交通工具，它给人们的生活带来了诸多方便。非机动车既有灵活、方便的一面，同时又有不稳定、危险性大的一面。相对较快、较重和较坚硬的汽车与运动速度相对较慢、没有保护而又相对不稳定的非机动车相撞，这种相撞事故的结果，通常是伴随非机动车使用者伤亡和非机动车的损坏以及汽车的轻微损坏。据调查，在我国骑非机动车人的交通事故死亡人数占交通事故死亡总数的 1/3，骑非机动车受伤人数约占 40%（图 2-6）。

图 2-6　非机动车交通事故

一、典型案例

2013 年 6 月 2 日，李某骑非机动车沿公路由北向南行驶至某村路口附近，准备从西向东横穿公路进入村中。当李某的非机动车前轮越过路东机动车与非机动车分道线时，适逢陈某驾驶两轮摩托车由南往北行驶，因躲闪不及，摩托车的前轮撞在李某的非机动车中部，两车均翻倒在地。摩托车倒地滑行六七米，陈某头部着地，经抢救无效死亡，李某未受伤。

2009 年 1 月 6 日 8 时 20 分，王某驾驶天津牌照大型客车，沿新华路由南向北行驶，行至承德道交口时，遇张某骑非机动车沿承德道由西向东行驶，王某因

车上载人过多，造成制动失效，所驾驶大客车前部与张某骑的非机动车左侧接触，导致张某受伤，经抢救无效死亡。

二、事故原因

非机动车交通事故的频频发生，使得非机动车事故形成中国交通事故的特点：在城市交通事故中的非机动车事故比例较高。非机动车发生交通事故主要有以下几种原因：

（1）非机动车突然左转弯造成的交通事故。非机动车在交叉路口或路段左转弯时，要与同方向直行和右转弯机动车行驶路径相交，要与对向直行和左转弯机动车行驶路径相交，突然猛拐，与机动车发生冲突，这是事故后果最为严重的一种非机动车交通事故，发生率较高。

（2）非机动车突然从支路驶出造成的交通事故。非机动车突然从支路快速驶出，试图横过或进入主干道，与直行的机动车行驶路径形成四个潜在的冲突点，这类交通事故要比第一类事故的发生率还高一些。

（3）非机动车驶入机动车道造成交通事故。这类事故主要有两种情况：一是非机动车与机动车同方向行驶，由于两者速度有差异，而发生追尾碰撞；二是非机动车突然逆行进入机动车道，这也是最危险的一种情况。

（4）非机动车在正常行驶中被撞的交通事故。这类交通事故主要发生在以下三种情况：一是公交车站设在路沿，公交车辆由机动车道进入公交车站时与非机动车碰撞；二是大型货车或其他车辆在非机动车道靠边停车时与非机动车碰撞；三是机动车转向或制动失控进入慢车道与非机动车相碰撞。

三、预防措施

非机动车驾驶人应当具有自身保护意识，自觉遵守道路交通管理法规，文明骑车，坚持做到“十不要”，养成良好的骑车习惯。

（1）不要闯红灯，或推行、绕行闯越红灯。

（2）不要在禁行道路、路段或机动车道内骑车。

（3）不要在人行道上骑车。

（4）不要在市区或城镇道路上骑车带人。

（5）不要双手离把或攀扶其他车辆或手中持物。

（6）不要牵引车辆或被其他车辆牵引。

（7）不要扶身并行、互相追逐或曲折行驶。

（8）不要争道抢行，急转猛拐。

（9）不要酒醉后骑车。

（10）不要擅自在非机动车上安装电动机、发动机。

四、救助对策

（1）与机动车发生事故后，非机动车驾驶人应记下肇事车的车牌号，保护现场，及时报警，等候交通警察前来处理；遇到撞人后驾车逃逸的情况，应及时追上肇事者或求助周围群众拦住肇事者。

（2）如非机动车人员伤势较重，在记下肇事车的车牌号后应立即报警，求助他人标明现场位置后，及时到医院治疗。

（3）非机动车之间发生事故后，在无法自行协商解决的情况下，应迅速报警，保护事故现场；如当事人受伤较重，求助其他人员，立即拨打 122 报警，并拨打 120 求助。

（4）与行人发生事故后，应及时了解伤者的伤势，保护事故现场并报警；如伤者伤势较重，在征得伤者同意的情况下，将伤者及时送往医院救治。

（5）骑非机动车出现意外将要跌倒时，不要勉强保持平衡，这样常常会导致严重的挫伤、脱臼或骨折等后果，应果断、迅速地把车子抛掉，人向另一侧跌倒，并将全身肌肉紧绷，尽可能用身体的大部分面积与地面接触。不要用单手、单脚着地，更不能让头部先着地。

（6）若有人员受伤，立即检查伤者的受伤部位，止血、包扎或固定；注意保持伤者呼吸通畅；如果呼吸或心跳停止，立即进行心肺复苏法抢救。

（7）发生重大交通事故时，不要翻动伤者，立即拨打 120 求助。

第四节　自驾机动车防灾避险

随着我国道路交通的发展及客货运输量的大大增加，汽车保有量也在不断增长，同时越来越多的家庭都有了自己的车辆。驾驶员在驾车过程中由于超速、操作不当、不按交通安全要求行车等导致的事故频发。

一、典型案例

案例一：2004年5月11日23时20分，演员牛某（男，48岁）驾驶“奔驰”牌小客车，在北京市海淀区西直门外大街主路白石桥下由西向东行驶时，小客车前部撞在前方同方向行驶的河北省武邑县一司机驾驶的河北省“解放”牌大货车尾部。造成牛某当场死于车内，小客车严重损坏。经提取牛某血样，其每百毫升血液中酒精含量为205毫克，牛某系醉酒驾车，大货车司机经检测无酒精反应。

2011年3月14日凌晨，海南省海口市一辆宝马轿车由滨海大道自东向西行驶，此时，一辆货车由丘海大道自北向南行驶，两车行至丘海大道及滨海大道交叉路口时发生剧烈碰撞，宝马轿车翻倒在人行道上，车辆的玻璃、车门等各种配件被严重破坏并散落一地，宝马轿车驾驶人钟某及车内同行3人当场身亡。经确认，钟某驾龄未满1年。

二、事故原因

（一）驾驶员的因素

驾驶员在行车过程中由于注意力分散、疲劳过度、休息不充分、睡眠不足、酒后驾车、身体健康状况欠佳等潜在的心理、生理性原因，造成反应迟缓，极易酿成交通事故。

引发交通事故及造成财产损失的驾驶员主要违规行为包括：疏忽大意、超速行驶、措施不当、违规超车、不按规定让行这5个因素。其中，疏忽大意、措施不当与驾驶员的驾驶技能、观察外界事物能力及心理素质等有关；而超速行驶、违法超车、不按规定让行则主要是驾驶员主观上不遵守交通法规或过失造成的。

（1）安全意识淡薄。驾驶员驾车时安全意识淡薄，开霸王车、赌气车、逆行、抢道，不遵守交通安全法规，导致道路交通事故的高死亡率。

（2）驾驶技术不熟练。驾驶员驾驶技术生疏，情绪不稳定，也会引发交通事故。同时，驾龄在 2 ～ 3 年、4 ～ 5 年的驾驶员发生交通事故次数多，死亡人数多。

（3）酒后驾车。世界卫生组织的事故调查显示，50% ～ 60% 的交通事故与酒后驾驶有关，酒后驾驶已经被列为车祸致死的主要原因，已经成为交通事故的第一大“杀手”。在我国，每年由于酒后驾车引发的交通事故达数万起。

通过对多起因酒驾造成交通事故案例进行分析， 40% 的酒后驾车者过高地相信自己的驾驶技术。这类驾车者认为自己酒量大、开车技术过硬，总想酒后驾车来炫耀自己的技术，结果造成险象环生；27% 的酒后驾车者的安全意识不强。这类人并没有意识到酒后驾车能造成非常大的安全隐患，他们觉得喝酒少了不够朋友情谊，酒过三巡后再送朋友或者自己开车回家，这样往往会造成追悔莫及的交通事故；19% 的酒后驾驶者存在侥幸心理，认为自己以前饮酒驾车从来没有出过事，也没有被抓过，而且也经常看其他人酒后驾车，于是便侥幸酒后驾车，造成惨剧。

（4）疲劳驾驶。长期用脑紧张、驾车动作单一、开夜车、睡眠不足、心情不好、心理承受能力较弱、受气候、交通状况等因素影响都极易导致疲劳驾驶。疲劳驾驶容易导致：

①疲劳发展，注意力涣散，注意范围缩小，注意的分配和转移发生困难，常丢失重要的交通信息，反常地注意次要交通信息。

②记忆力变坏，思维能力明显降低，有时忘记操作规程，违反交通规则，甚至走错路线。

③长时间驾驶，驾驶员肌肉的收缩调节机能也要降低，动作准确性下降，有时发生反常反应。

④反应时间显著增长，判断和驾驶错误增多，疲劳以后判断和驾驶错误远

比平时增多。

⑤情况严重时会导致驾驶员在行车中瞌睡。这时，驾驶员由于来自车内外的一切信息完全中断，无法进行正常的心理活动，必然诱发重大的交通事故。

（二）车辆因素

由于车况不良影响汽车安全行驶的主要因素是转向、制动、行驶和电气四个部分。机动车在长期使用过程中处于各种各样的环境，承受着各种应力，以及汽车、总成、部件等由于结构和使用条件，如道路气候、使用强度、行驶工况等的不同，汽车技术状况参数将以不同规律和不同强度发生变化，导致机动车的性能不佳、机件失灵或零部件损坏，最终成为造成道路交通事故的直接因素。

（三）道路因素

我国城市道路交通构成不合理，交通流中车型复杂，人车混行、机非混行问题严重；部分地方公共交通不发达，服务水平低，安全性差。许多城市道路结构不合理，直线路段过长，道路景观过于单调，容易使驾驶员产生疲劳，注意力分散，致使反应迟缓而肇事。汽车的转弯半径过小，易发生侧滑。驾驶员的行车视距过小，视野盲区过大；线形的骤变、“断背”曲线等线形的不良组合，易使驾驶员产生错觉，操作不当，酿成事故。

（四）环境因素的影响

天气状况主要应考虑寒、暑、雪、雾等恶劣条件的影响。雨、雪、露使路面变滑，驾驶员视线不清，不易驾驶；日光暴晒使容器压力升高发生超压爆炸，温度过高使危险品更易发生反应；地形可能影响车辆能否正常运行和司机视野，还影响到危险化学品泄漏后的流向。

三、预防措施

由于司机的疏忽大意就会造成财产损失及人身伤亡，随着车辆、交通参与者的增加，交通事故频频发生。车祸猛于虎，关键在预防。

（1）驾驶机动车在道路上行驶，要与前车保持安全车距，安全车距使你有足以采取紧急制动措施的安全距离；在高架桥上行车，一定要拉大前后车距，避免追尾。

（2）机动车在转弯及变更车道时，应提前打开转向灯，向旁边车道观察确认安全后再变更车道，不要突然变道，容易引发交通事故。

（3）控制车速，十次车祸九次快，速度要控制好，行驶到路口及人行横道要减速让行，让行人优先。

（4）开车要专心，不要干其他的事，以免分心、走神，不要接听电话，不要与人吵架，调整好自己的心态再上路。有一位司机因与副驾驶的妻子吵架，在转弯时失控冲入花坛，撞上一个电线杆，电线杆被撞断砸在车子正中间，幸好二人及时逃出车外，才避免悲剧发生。

（5）严禁酒后驾驶。据有关资料统计，在发生的交通死亡事故中，有三分之一以上是由于驾驶人饮酒造成的。酒后驾驶危害公共安全，在酒精的刺激下，大脑反应迟钝，产生困乏等现象，驾驶员根本无法采取有效的措施和反应，从而引发事故。

（6）安全带是我们生命的保障，系好安全带，驾驶员及乘车人都应做到，关键时刻它会帮助你，在一起事故当中，驾驶员开车发生侧翻，副驾驶人员因未系安全带被甩出车外，当场死亡，司机因系着安全带而无大碍。

（7）车辆停放要位置得当，到合法停车场停车，临时停车要尽量做到不妨碍其他车辆及行人，开关车门上下乘客要注意来往车辆，以免发生开关车门造成的事故。

四、救助对策

（一）车祸即将发生时自救

（1）紧紧握住面前的扶手、椅背，同时两腿微弯，用力向前蹬，这样，即使身体有被碰撞的可能，只要双手用力向前推，撞击力就消耗在手腕和腿弯之间，能缓解身体前冲的速度，可以减轻受伤害的程度。

（2）如车祸发生得十分突然，来不及做缓冲动作时，就应迅速抱住头部并缩身成球形，以此可减少头部、胸部受到撞击。

（二）驾驶汽车冲出路面时自救

（1）乘客：不要惊慌乱动，等驾驶员把车子停稳之后，再按次序下车。前轮悬空时，应先将前面人员逐个接下车；后轮悬空时，则应先让后面的人员逐个下车。

（2）司机：汽车冲下路基时，首先应使车子保持平衡，防止翻车；还要切断汽车电路，防止漏油发生火灾。紧握方向盘，与车子保持同轴滚动，使身体不在车内来回碰撞，以免严重撞伤。

（三）刹车失灵自救

（1）手刹制动。立即换挡并启用手刹。必须同时做到几件事：脚从加油踏板上抬起，打开警示灯，快速踩动脚刹（它可能仍连着），换低挡，手刹车制动，不要猛拉手刹，应由轻缓逐渐用力，直至停车。

（2）驶离车道。如果来不及做完以上整套动作，可以先从加油踏板上抬脚，再换低挡，抓手刹车制动。除非确信车辆不会失去控制，否则不要用全力。小心地驶离车道，将车停在你能走离公路的地方，最好是边坡，或者松软的上坡。

（3）求助其他车辆。如果车速始终无法控制，比如遇到了陡下坡，为了减速，还可以利用前面的车辆帮你停车——在距离许可的条件下靠近它，使用警示灯、按喇叭、闪亮前灯等手段，使前面的司机接收到你的求助信号。

（四）发生撞车时自救

（1）司机。应保持冷静，握好方向盘，减降车速，切勿猛然刹车，撞车不可避免时，如有篱笆、灌木丛等软性障碍物，可选择它们作为紧急避让的依托，尽可能将自己及他人的损失降至最低限度。安全带将阻止在紧急刹车时司机冲向挡风玻璃。没系安全带最好不要对抗冲撞，这样会造成受伤更严重。在倒向冲撞点的瞬间应尽早地远离方向盘，双臂夹胸，手抱头。

（2）副驾驶位置。实践证明副驾驶位是最危险的座位，如果坐在该处的话，应首先抱住头部躺在座位上，或者双手握拳，用手腕护住前额，同时屈身抬膝护住腹部和胸部。

（3）轿车后座乘客。轿车后座的人最好的防护办法就是迅速向前伸出一只脚，顶在前面座椅的背面。并在胸前屈肘，双手张开，保护头面部，背部后挺，压在座椅上。

（4）客车乘客。客车乘客应迅速用双手用力向前推扶手或椅背，两脚一前一后用力向前蹬，这样，撞击力消耗，缓冲身体前冲的速度，从而减轻受害的程度。若遇翻车或坠车时，应迅速蹲下身体，紧紧抓住前排座位的椅脚，身体尽量固定在两排座位之间，随车翻转。发生火灾的可能性极大，所以撞击一停止，所有人要尽快设法离开汽车。可敲碎前后车窗（网状构造的强化玻璃，敲碎一点整块玻璃全碎，应用专业锤在车窗玻璃一角的位置敲打逃生，挡风玻璃含有树脂，不易敲碎。相撞时切忌喊叫，应该紧闭嘴唇，咬紧牙齿，以免相撞时咬坏舌头。

（五）意外失火自救

（1）司机。应迅速停车，打开车门让乘车人员下车，然后切断电源，取下随车灭火器，对准着火部位的火焰正面猛喷，扑灭火焰。

（2）乘客。从附近门窗快速下车，如发生碰撞、翻车后着火，要注意周围环境是否危险，防止二次伤害。如果衣服被火烧着时，时间允许，可以迅速脱下衣服，用脚将衣服的火踩灭；如果来不及，乘客之间可以用衣物拍打或用衣物覆盖火势以窒息灭火，或就地打滚熄灭衣服上的火焰。

（六）汽车翻车自救

（1）车辆倾翻时，应尽快熄火，并紧紧抓住方向盘，两脚勾住踏板，使身体固定，随车体旋转。

（2）熄火，这是最首要的操作。

（3）车辆停止后，不急于解开安全带，应先调整身姿。具体做法是：双手先撑住车顶，双脚蹬住车两边，确定身体固定，一手解开安全带，慢慢把身子放下来，转身打开车门。

（4）注意观察，确定车外没有危险后，再从车内出来，避免汽车停在危险地带，或被旁边疾驰的车辆撞伤。

（5）逃生时，如果前排乘坐了两个人，副驾人员应先出，因为副驾位置没有方向盘，空间较大，易出。

（6）如果车门因变形或其他原因无法打开，应考虑从车窗逃生。如果车窗是封闭状态，应尽快敲碎玻璃。由于前挡风玻璃的构造是双层玻璃间含有树脂，不易敲碎，而前后车窗则是网状构造的强化玻璃，敲碎一点整块玻璃就全碎，因此应用专业锤在车窗玻璃一角的位置敲打。

（7）如果车辆侧翻在路沟、山崖边上的时候，应判断车辆是否还会继续往下翻滚。在不能判明的情况下，应维持车内秩序，让靠近悬崖外侧的人先下，从外到里依次离开。否则，车辆产生重心偏离，会继续往下翻滚。

（8）如果车辆向深沟翻滚，所有人员应迅速趴到座椅上，抓住车内的固定物，使身体夹在座椅中，稳住身体，避免身体在车内滚动而受伤。翻车时，不可顺着翻车的方向跳出车外，防止跳车时被车体挤压，而应向车辆翻转的相反方向跳跃。若在车中感到将被抛出车外时，应在被抛出车外的瞬间，猛蹬双腿，增加向外抛出的力量，以增大离开危险区的距离。落地时，应双手抱头顺势向惯性的方向滚动或跑出一段距离，避免遭受二次损伤。

（七）车辆落水自救

（1）汽车掉下水不会立即下沉，可把握时间从车门或车窗及时逃生。汽车入水过程中，由于车头较沉，所以应尽量从车后座逃生。

（2）车内入水后，不要急于打开车窗和车门，而应该关闭车门和所有车窗，阻止水涌进，以保留车厢内的空气。如有时间，开亮前灯和车厢照明灯，既能看清四周，也便利救援人员搜索。

（3）如果车门、车窗无法打开，不要急于开启，等待水从车的缝隙中慢慢涌入，车内外的水压保持平衡后，打开车门逃生。

（八）轮胎爆胎时自救

（1）发现轮胎漏气时，驾驶人应紧握方向盘，慢慢制动减速，极力控制行驶方向，尽快驶离行车道，修补或更换轮胎。

（2）高速行驶时若出现前轮爆胎，车辆会倾向爆胎那一边；如果是后轮爆胎，则车辆将可能会旋转。此时如果采取紧急制动，车辆可能向爆胎一侧滚翻。所以发现爆胎时，驾驶人应紧握方向盘，松抬加速踏板或制动踏板，千万不要紧急制动，极力控制行驶方向，必要时抢挂低速挡，平稳驶离行车道。

（九）转向失控时自救

（1）装有动力转向车辆，突然出现转向不灵或转向困难时，切不可继续行驶，应尽快减速，选择安全地点停车，查明原因。

（2）对于转向失控的车辆，最有效的控制方法是平稳制动。高速行驶的车辆在转向失控的情况下使用紧急制动，很容易造成车辆翻车。

（3）当车辆转向失控，行驶方向偏离，事故已经无可避免时，应果断地连续踩踏、松抬制动踏板，尽快减速，极力缩短停车距离，减轻撞车力度。

（十）车轮陷入泥坑自救

（1）车辆深陷泥坑，千万别踩大油门，轮胎转得越快，陷得越深。

（2）应该将油门缓缓踩下，一旦汽车能前行或后退，则保持油门踏板位置不变，以低速开出泥泞路段。

（3）如果手边有工具的话，可以将车轮前后的泥土铲去，将泥坑修成缓斜坡状。如果坑里有水，应设法将水排出。这样，汽车就很容易开出来了。

（4）如果手边没有工具，试着往泥坑里填石块、砖头、树枝等，可以增加车轮与地面的附着力，使汽车开出泥坑。对前置后驱的汽车，可以尽量使汽车重心后移，增大后轮与地面的附着力，将汽车开出泥坑。

（十一）高速公路紧急避险

（1）在高速公路上发生紧急情况，不要轻易急转方向避让，否则极易造成侧滑相撞或在离心力的作用下翻滚的事故。应首先采取制动减速，使车辆在碰撞前处于停止或低速行驶状态，以减小碰撞损坏程度。

（2）雨天在高速公路上行车，为避免“水滑”现象造成方向失控，应保持较低的车速。发生“水滑”现象时，应握稳方向盘，逐渐降低车速，不得迅速转向或急踩制动踏板减速。

（3）车辆在高速公路发生故障必须停车检查时，应逐渐向右变更车道至紧急停车带停车。停车后，立即开启危险报警闪光灯，在夜间还需开启示宽灯和尾灯，并在车辆后方150米处设立警示标志；驾驶人员不得滞留车内，应迅速转移至车辆右后侧护栏以外路边，并迅速报警等候救援。

（4）大雾天在高速公路遇事故不能继续行驶时，须开启危险报警闪光灯和尾灯，按规定设置警示标志，尽快从右侧离开车辆并尽量站在防护栏以外，驾乘人员不得在高速公路上行走。

（5）车辆在高速公路上行驶至隧道出口或山谷出口处，可能遇到横风，当驾驶人感到车辆行驶方向偏移时，应双手稳握方向盘，微量进行调整，适当减速。

（十二）人员受伤救助

（1）如果受伤者在车内，并且无法自行下车时，应尽快将其从车内移出。

（2）如果伤者在车行道上，应迅速将伤者拖离车行道，移动中要注意不要触及伤者要害部位和伤口。

（3）如果伤者由于暴力刺激大脑产生昏迷或由于天气炎热、寒冷、缺氧及各种原因中毒产生昏迷时，应立即进行抢救。

（4）如果发现受伤者无呼吸声音和呼吸运动时，应立即分秒必争地进行抢救。抢救的方法：抬起伤者下颌角使呼吸畅通无阻。如果受伤者仍不能呼吸，那就要进行口对口人工呼吸，在做人工呼吸时，要使受伤者胸腔与上腹部有规律凸起，人工呼吸才起作用。如果人工呼吸不能起作用时，就要检查受伤者嘴和咽喉中是否有异物，并设法排除后，继续进行人工呼吸，直到专业救护人员赶到为止。

（5）失血伤者的抢救。如果受伤者有人失血过多时，将会出现失血性休克等症状，严重时会危及生命。因此，迅速准确地进行止血是有效抢救伤员的重要手段。处理失血主要是通过抬高四肢，压紧血管，扎紧绷带，扎住伤口等方法实现。

（6）骨折伤者的抢救。发生交通事故有人员骨折时，首先要注意防止伤员发生休克，不要移动身体的骨折部位。如果脊柱受损时，一般不要改变受伤者姿势，对具体骨折的部位，要小心用消毒胶片包扎，并按发生后的状态保持部位静止。在没有包扎用品的情况下，可就地取材对骨折部位进行固定，以减轻伤者痛苦，便于搬送，同时可以不加重断骨对周围组织的损伤，有利于伤肢功能的恢复。

第五节　乘坐车辆事故

衣、食、住、行是人们生活中最基本的内容，其中的“行”，要涉及交通问题。人们外出、旅游，除了步行以外，主要就是乘客车、公共汽车、校车等，路程更远的，要乘火车、乘船。所以，出行交通安全问题是我们必须重视的，掌握必要的交通安全知识，确保交通安全。

一、典型案例

2012 年 8 月 26 日 2 时 40 分，陕西省延安市境内的包茂高速公路安塞县段化子坪服务区附近发生一起特大交通事故，一辆双层卧铺客车由北向南行驶至包茂高速安塞段，与一辆大型罐车（装有甲醇）追尾，造成两车起火。客车实载 39 人（包括司乘人员），事故共造成 36 人死亡（图 2-7）。

图 2-7　包茂高速公路“8•26”交通事故场景

2013 年 3 月 12 日 19 时左右，一辆从汉口返回鹤峰走马镇的长途卧铺车从荆州长江大桥上冲到了桥下的江滩上，导致车身严重变形。事故造成 14 死 9 伤（图 2-8）。

图 2-8　荆州长江大桥“3•12”交通事故场景

2012 年 12 月 24 日 9 时左右，江西贵溪滨江乡洪塘村合盘村小组发生一起面包车侧翻坠入水塘事故。车上载有 16 人（15 名幼儿园学生，1 名司

图 2-9　江西“12•24”校车侧翻事故场景

机），事故造成 11 人死亡（图 2-9）。

2011 年 11 月 16 日 9 时 40 分，甘肃省庆阳市正宁县榆林子镇发生一起重大交通事故，一辆大翻斗运煤货车与一辆榆林子镇幼儿园校车迎面相撞。该校车核载 9 人，实载 64 人。事故造成 21 人死亡，其中幼儿 19 人，另有 43 人受伤，重伤 11 人（图 2-10）。

图 2-10　甘肃“11•16”校车碰撞示意图

二、事故原因

（一）长途客（卧铺）车事故原因

长途卧铺客运在国内兴起是改革开放之初市场禁锢被打破，人流、物流开始大流动的必然产物，也是当时铁路客运和航空客运不能满足需要，民用交通网络一时难以成网的必要补充。此外，长途卧铺客车的底层通常设有空间较大的货运“肚兜”，相对于坐火车与乘飞机，乘客可携带更多随车货物和行李。据公安部交通管理局统计，2011 年，全国发生的 27 起一次死亡 10 人以上道路交通事故中，涉及跨省长途客运车辆的有 8 起，在凌晨和午后疲劳驾驶多发时段发生的有 14 起，800 千米以上超长途客运班线营运客车肇事约占重特大事故的 27.5%。超长途客车大多是卧铺客车。

1. 疲劳驾驶

在多起长途客车交通事故中，驾驶员疲劳驾驶问题普遍存在。按照规定，驾驶员工作4小时就要休息，但有些驾驶员为利益考虑，往往疲劳驾驶。

2. 易发生侧翻

卧铺客车事故之所以高发，车辆本身难辞其咎。车内一般都有上下两层卧铺，车身比一般车座位高30厘米，由于车辆重心高，紧急情况下更易发生侧翻。

3. 疏散困难

卧铺车厢内多采用单门双通道设计，空间局促，疏散率比较低，突发状况时门窗不好开，这是事故中造成伤亡惨重的主要原因。

4. 监管不力

有关部门对卧铺客车实行监管措施不力是发生事故的原因之一，如未对卧铺客车强制安装车载视频装置，未强制落实凌晨2:00～5:00临时停车休息等。

（二）公交车事故原因

1. 自然条件因素的影响

在风、雪、雾等恶劣气候条件下致使道路状况恶化、视线不良等容易造成交通事故。在遇到较为严重的自然灾害如地震、积水、暴风雨等致使车辆失去控制则更容易造成行车事故。

2. 道路状况不良

道路状况不良是导致交通事故的潜在因素。道路状况的优劣主要指道路的线形，曲线半径的大小，道路的坡度和路面宽度，路基和路面等。

3. 缺少道路安全措施

道路的安全措施主要指交通标志、信号、路面标线、照明、安全岛、安全护栏、隔离栏栅等。在急弯、窄路、陡坡、交叉路口和铁路道口等应设置警告标志，在禁止超车处、禁止掉头处、禁止鸣笛处等应有相应的禁令标志。对于限重、限速、限高、限宽处也应有明确的限令标志。应有的交通标志和设施而没有或不全容易造成行车事故。

4. 车辆技术性能不好

车辆的技术性能主要指车辆的结构、性能、强度等。经常出现故障的关键部位和系统主要有制动系统和转向系统。这些关键部位如出现故障常常会造成行

车事故。

5．驾驶人员的违章驾驶和精神不集中

驾驶人员的违章作业常常是造成交通事故的主要成因。如在不应该或不允许超车的地方强行超车，或超车不提前鸣笛，前车尚未示意让路就超车等。行车过程中精神不集中也是造成交通事故的重要因素，如有驾驶人员因家庭、工作等不顺心而思虑，因受某种刺激而过度兴奋或沮丧；在行车中吸烟、吃东西、与坐车的人谈笑或听收录机，有的因轻车熟路而麻痹大意等都能使驾驶人员精力分散，致使观察失真或不认真观察而造成事故。2008 年 9 月 6 日 13 时左右，一辆从江滨花园开往龙泾的 4 路公交车，在浦林新社路段与前方车辆发生追尾事故。按照事故原因分析，主要是驾驶员的麻痹大意和违反规定操作，在行驶中未能与前方车辆保持一定的安全距离，强行超车占道，遇险时，欲驶回本车道，由于车速过快，刹车措施不及，造成与前方车辆发生追尾，导致 1 人死亡 4 人受伤的重大交通事故。

6．公交车自燃

（1）线路老化引发公交车自燃起火。在没有任何先兆的情况下，公交车突发的自燃事故多为线路故障而引发的。由于公交车的使用年限一般比较长久，容易发生电源线路老化、短路等现象，从而引起公交车自燃起火。

（2）燃油泄漏引发公交车自燃起火。燃油泄漏是引起公交车自燃的重要原因。汽油滤清器多安装于发动机舱内，而且距离发动机缸体以及分电器很近。一旦燃油出现泄漏，混合气体达到一定的浓度，加之有明火出现，自燃事故就不可避免。

图 2-11　成都公交车纵火场景

7．人为放火或爆炸

人为放火或爆炸多为对社会不满，自感生活不如意，悲观厌世而泄愤纵火或爆炸，这是一种危害公共安全的行为。如 2009 年

6月5日8时25分，成都市北三环附近一辆9路公交车发生燃烧，造成27人死亡、76人受伤，其中有4名极危重伤员和14名危重伤员。此案是一起特大故意放火刑事案件，犯罪嫌疑人张某某已当场死亡（图2-11）。

（三）校车事故原因

校车是用于运送学生往返学校的交通工具。乘坐校车的主要是中、小学学生或幼儿园的孩子，均为未成年人，一旦发生交通事故，极易造成伤害。应加强对未成年人的交通安全教育，提高安全自救能力，减少伤害。据《中国经济周刊》不完全统计，2010年10月—2011年9月这一年内，全国各地共发生校车事故22起，死亡人数达到47人，平均每月有4名儿童惨死在上下学的路上。

（1）校车存在不少安全隐患。现在校车运营模式有自营和租用两种，而租用的数量远远超过自营。租用的车辆几乎都来自租车公司，但租车公司规模大小不一，报价不同，资质更是参差不齐。规模小、资质差的公司抵御风险的能力就会弱些。

（2）超载现象严重。“超载”似乎已经成为私立幼儿园的行业潜规则，为了节省成本，幼儿园常常仅用一辆中巴车尽可能地多装学生，孩子们像沙丁鱼罐头一样挤在一起。2011年6月浙江宁波民警曾查获一辆当地某幼儿园的校车，该车额定载客人数为19人，实际载客75人，其中72名为学龄前儿童。

（3）幼儿园孩子被遗忘在车内。通常，负责在校车接送幼儿的老师会在开车前点一遍人数，下车后再核对一遍人数。一旦疏忽，便容易发生闷死幼儿的悲惨事件。2011年9月13日，湖北省荆州市荆州区紫荆花幼儿园2名幼儿被遗忘在校车内一天，当日下午放学被人发现时，已在车内身亡。

（4）司机素质不高。司机的职业道德不高，没有尽职尽责，没有把车上的孩子当成自己的孩子。

三、预防措施

（1）不要乘坐超员超载车辆、客货混装车辆、无牌无证车辆，旅途中若发现客运车辆和驾驶人有疲劳驾驶、超速行驶、超员行驶或酒后驾驶等违法行为的，

应及时向公安交警部门举报。

（2）不准携带易燃易爆等危险物品上车。

（3）维护乘车（船）秩序，不争先恐后。

（4）汽车行驶途中，不要将头、手伸出车窗外。

（5）行驶途中，不要编织毛线。

（6）车未停稳，不要急于上、下车。

（7）乘坐小客车时，前座乘客应系好安全带。

（8）乘坐两轮摩托车必须戴安全头盔，不准倒坐和侧坐。

四、救助对策

（一）乘坐长途客（卧铺）车事故自救互救

1．保持清醒，设法逃生

（1）卧铺大巴通常有两道门，这是第一道逃生通道，车门的内外两边都有紧急放气阀，扭开它，用力推，车门就能打开。

（2）如果车辆损坏严重而无法打开车门，请千万记住：还有车窗和顶部通风窗。卧铺大巴通常有 1 ～ 2 个通风窗，有些需要按照指示标志将把手转动 90°，有些只需要向上用力撑开，就能将其打开。

（3）一般情况下，卧铺大巴车上至少有 4 ～ 6 个救生锤，挂在车窗附近，玻璃上有击打位置提示。在玻璃窗四角，用救生锤猛击，然后用手向外推开碎玻璃就能逃生。

（4）如果救生锤不够，普通铁锤、大件硬物甚至女士的高跟鞋底都能临时充当救生锤使用。

（5）客车发生侧翻或者仰翻一般是由于车辆失控引起的。一侧的车门或者车窗、天窗可能紧贴地面导致无法逃生，而散落翻乱的行李和人员也增加了行动的难度。此时乘客应手脚并用，抓住车内的硬件迅速设法摆正身体，从另一侧车窗、天窗或击碎挡风玻璃后离开车辆。

（6）同时，由于翻车极可能引起油箱泄漏，逃生后应迅速疏散。

2．遭遇火灾，正确自救

（1）遮住口鼻。车上发生火灾，烟雾中有大量塑料燃烧产生的一氧化碳和其他有害气体，吸入后容易造成窒息而导致死亡。用毛巾或衣物遮掩口鼻，不但可以减少烟气的吸入，还可以过滤微炭粒，有效防止窒息的发生。当然，毛巾洒水后遮住口鼻，效果更好。

（2）弯腰行进。车上发生火灾，因火势顺空气上升，在贴近地面的空气层中，烟害往往是比较轻的，此时千万不要“趾高气扬”，而是俯身弯腰行走，可以较好地规避烟尘，并且可以避免火焰直接灼伤。

（3）短暂屏气。车上发生火灾，由于空间狭小密闭，浓烟中一氧化碳的浓度很高，所以在冲出火灾现场的瞬间，屏气将助你安然摆脱火海。

（4）切忌喊叫。车上发生火灾，烟气的流动方向就是火焰蔓延的途径，烟雾会随着人的喊叫吸进呼吸道，从而导致严重的呼吸道和肺脏损伤。故在火灾现场不要大喊大叫，应保持沉着冷静。

（5）衣燃勿跑。当你冲出火海时发现衣服着火，此时切勿狂奔乱跑。奔跑后火焰会更大，而且还可能将火种播散，引发新的火灾。这时应当脱去燃烧的衣帽，如来不及可就地翻滚，压灭身上的火焰。

3．抢救伤员，注意安全

（1）做好充分的心理准备，切忌慌乱，听从指挥，不要因慌乱或只顾提取行李发生争先恐后、相互拥挤的现象，造成安全出口堵塞，延误自救逃生的宝贵时间。

（2）事故发生后不能只顾自己逃生，应采取相互救助、抢救伤员等应急措施，客车司机、随车人员应及时报警（交通事故报警电话：122；急救电话：120），讲明事故地点、灾情情况，留下电话号码以便进一步联系，等待救援。

（3）准确判断形势，在保证自身安全的情况下实施救援。车内人员要迅速组织分工，分头通知救护单位、设立警示标志，有急救经验的乘客要迅速开展对伤员进行抢救。

（二）乘坐公交车事故自救互救

1．找到应急开关

每辆车都有应急开关。根据不同的车型，应急开关的位置也不一样。有些在司机座位旁边，有些在车门顶部，形状大多数是扳手状，就像电扇的挡位开关（图 2-12）。这个开关主要是切断气路。而打开的方式也各不相同，有旋转的、拉出的，然后用手推车门，车门就能打开。具体操作一般在应急开关旁都有说明，乘客也可听从司机安排，沉着处置。

车门顶部设有紧急开关，在车门无法正常打开时，旋转或拉出此紧急开关就可以打开车门。

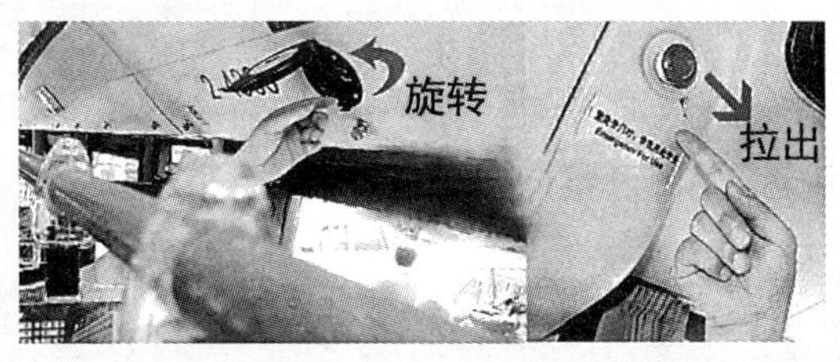

图 2-12　应急开关

2．正确使用安全锤

目前，每辆公交车上都会装有安全锤，当车门无法打开，或者由于乘客过多，一时无法及时疏散时，安全锤则成了救命关键。安全锤一般安装在车窗旁边。使用时，要用安全锤的锤尖，从边缘和四角下手，尤其是玻璃上方边缘最中间的位置，那里是车玻璃最薄弱的地方，手持尖锐的安全锤，你只需要使出两公斤的力就能把它砸烂。乘客这时需抓住车内扶手支撑身体，并用脚掌用力将碎开的玻璃踹出车外，然后跳窗逃生（图 2-13）。（如果没有安全锤，可以使用皮带扣和高跟鞋等硬物砸车窗玻璃。）

图 2-13 跳窗逃生

需要注意的是，在乘客疏散时，先逃出车厢的人员，要发挥互助精神，帮助从车窗逃生的其他人员，特别是老人、小孩以及妇女，防止在跳窗逃生时，发生二次伤害。

3. 从紧急逃生窗脱险

一般公交车车顶有两个紧急逃生出口，只是很多时候人们容易把它错认为是通风口。逃生窗上面有按钮，旋转之后把车窗整个往外推。如果无法够及逃生窗，车内人员应给予帮助，先将一人托举出去，再通过上下接力，将被困人员救出车厢（图 2-14）。

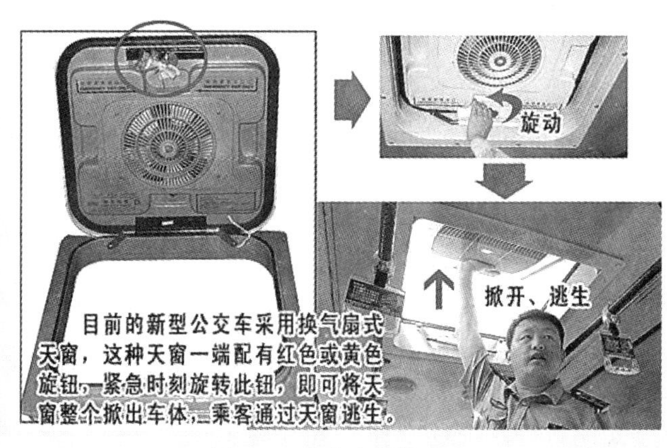

图 2-14 公交车紧急出口

4. 迅速离开车体

公交车火灾发展很快，逃出来以后要离车越远越好，因为车上大都是易燃物品，火势蔓延很快，爆炸或是高温都会使人受伤。

5. 公交车着火要及时扑灭逃生

（1）城市公交车上的灭火器，根据车辆发动机位置的不同，通常放置在司机座椅靠背后面、下客门附近以及后置发动机箱三个位置。公交车上另一个放置灭火器的地方是双层巴士的后下客门附近，这个灭火器较小，发生火灾后，乘客可打开自行灭火。

（2）如果衣服着火了，一定要把衣服脱下来用脚将火踩灭或是在地上打滚把火压灭，切忌着火乱跑，火遇到了空气会燃烧得更厉害。乘客之间可以用衣物拍打灭火，或脱下自己的衣服或其他布物，将他人身上的火捂灭。如果乘客衣服被点着，来不及脱衣服，可以用灭火器向着火人身上喷射，但切忌喷射人的面部。女孩子如果遇到了火灾时脱掉丝袜也是必要的，丝袜极易燃烧，稍有火星或火苗就可能形成人体火，造成伤害。

6. 预防中毒

车上出现火灾，烟雾中有大量一氧化碳和其他有害气体，乘客要用毛巾或衣物遮掩口鼻，减少烟气的吸入，防止窒息。在贴近地面的空气层中，烟害往往是比较轻的，要俯身低姿，可以较好地规避烟尘并且可以避免火焰直接灼伤。

7. 做到有序逃生

车上乘客男女老幼都有，有序逃离至关重要。如果起火，千万别挤在门口。如果你靠近门边，可以协助司机使用应急开关打开车门。如果车门打不开，年轻力壮的男乘客可以使用安全锤，帮助大家从车窗逃生。同时女乘客可以安抚老人和小孩。由于车上人多，司机、售票员和乘客特别要保持冷静果断，首先应考虑救人和报警。司机、售票员密切配合，打开车门，拧开门泵放气开关，切断电源，监视着火部位，有序组织逃生和扑救火灾。

（三）乘坐校车事故自救互救

家长和老师平时应该教孩子一些基本的自救方法，如果孩子不幸被困校车，应知道如何自救。

（1）汽车掉水里，两个时间段是自救“黄金点”。汽车落水后自救的最佳时机有两个：一是车辆刚落水的第一时间；二是车厢全部充满水，里外水压一样时。如果是在密闭车窗的情况下落水，水不可能一下子灌满车厢。一般来说车辆落水的短时间内蓄电池还能继续使用，这时候可以启动门窗升降系统，把车窗先打开一部分，让水先进入车内，等车内外的水压平衡后，再把门窗全部打开。如果车门窗已经无法电动或手动打开，剩下的办法就是尽可能找出铁锤之类的尖锐器械，把侧窗玻璃敲开。敲玻璃时是有技巧的，可以尝试敲打玻璃的四个角，那里最脆弱。

（2）冲出路面时，按次序下车不要乱动。汽车冲出路面千万不要惊慌乱动，应等驾驶员把车子停稳之后，再按次序下车，以免造成翻车事故。不要让坐车者在车身不稳时下车。前轮悬空时，应先将前面人员逐个接下车；后轮悬空时，则应先让后面的人员逐个下车。车上的人一定要沉着稳定。汽车冲下路基时，首先应使车子保持平衡，防止翻车；其次切断汽车电路，防止漏油发生火灾。汽车冲出路面发生翻滚时，乘车人员在意识丧失以前，应双手紧握并紧靠后背；驾驶员可紧握方向盘，与车子保持同轴滚动。

（3）被困车中时，爬到司机位使劲按喇叭。据了解，有的车子在熄火后，按喇叭也会响，只要有一丝希望，都不要错过。当被困车内时，乘客应爬到司机位，使劲按方向盘的喇叭，响声能引起人们的关注，这样就会有人来营救。即使有的车在熄火后按喇叭不会响，但是至少车前面的挡风玻璃透明度好，爬到前面容易被人发现。另外，家长应该在小孩的书包里备一瓶水，让孩子在被困时候能喝水降温。

（4）发生撞车时，两脚一前一后向前蹬。如果撞车已不可避免，为了减速，可冲向能够阻挡的障碍物。较软的篱笆比墙要好，它们可使你逐渐减速直至停车。后座的人最好的防护办法是迅速向前伸出一只脚，顶在前面座椅的背面，并在胸前屈肘，双手张开，保护头面部，背部后挺，压在座椅上。车祸时，也可迅速用双手用力向前推扶手或椅背，两脚一前一后用力向前蹬。

（5）汽车起火时，3 分钟灭不了就要远离。当汽车发动机发生火灾时，驾驶员应该马上熄火，迅速停车，让乘车人员打开车门自己下车，然后切断电源，取下随车灭火器，对准着火部位的火焰正面猛喷，扑灭火焰。如火势较大，3 分钟灭不了就要远离，以防止爆炸伤人。

（6）车辆翻车，将身体蜷缩随车翻转。如果出现车辆翻车的情况，应双手紧紧抓住前排座位或扶杆，用手抱头，用胳膊夹住两肋，将身体蜷缩，使身体夹在座椅中，利用前排座椅靠背或两手臂保护头面部，尽量稳定身体，随车翻转。一般情况下，乘客不要盲目跳车，应在车辆停下后再陆续撤离；但如果车辆翻滚的速度比较慢，可抓住时机跳出车厢，注意应向车辆翻转的相反方向跳跃。落地时，应双手抱头顺势向惯性的方向滚动或奔跑一段距离，避免遭受二次损伤。

第六节　铁路交通事故

铁路交通遇险是指人们在乘坐列车时，机车车辆在运行过程中发生碰撞、脱轨、火灾、爆炸等事故，使乘客遭遇被困、伤亡等险情。铁路发生交通事故，易造成重大伤亡。

一、典型案例

2008 年 2 月 1 日 18 时 08 分，1183 次列车计划进宣杭线十字铺站 3 道待避，因大雪影响，进路上的 9/11 号道岔无标识，该站副站长即带领 3 名车站人员到现场除雪。18 时 35 分，在返回途中，该站副站长临时决定对 17 号道岔进行清扫。18 时 59 分，一名作业人员由于下道不及，被通过的 1582 次列车当场撞死。

图 2-15　胶济铁路“4•28”列车相撞场景

2008 年 4 月 28 日 4 时 38 分，由北京开往青岛的 T195 次旅客列车运行至济南铁路局管内胶济下行线王村至周村东间，因超速，机后 9 ～ 17 位车辆脱轨，并侵入上行线。4 时 41 分，由烟台开往徐州的 5034 次旅客列车运行至胶济上行线处，与侵入限界的 T195 次第 15、16 位间发生冲突，造成 5034 次机车及机后 1-5 位车辆脱轨。事故造成严重人员伤亡，中断胶济线上下行线行车 21 时 22 分（图 2-15）。构成铁路交通特别重大事故。

二、事故原因

人为破坏、人畜违章进入行车安全区域、机动车抢越道口、行车设备损坏、自然灾害等原因都可造成列车停车、冲撞、脱轨甚至颠覆等灾难性事故。

（一）地质灾害

地质灾害是指在自然或者人为因素的作用下，因崩塌、滑坡、泥石流、地裂缝等对铁路列车造成的事故。

（二）气象灾害

气象灾害是指大气对铁路列车造成的灾害，如暴雪、洪水等。

（三）人为因素

人为因素是指人的行为对铁路列车造成的事故。如旅客和乘务人员吸烟，乱扔烟头引起火灾；旅客携带或在行李中夹带易燃、易爆及其他危险品上车引起火灾；列车工作人员操作失误等引起的事故。

（四）交通事故

在铁路道口因车辆、人员冲卡导致碰撞事故。

三、预防措施

(1)禁止携带易燃、易爆、腐蚀、毒害、放射物等危险品和管制刀具进站上车，也不得在托运的物品中夹带危险品。

(2) 登车前应在站台上安全线以内等候。

(3) 上下列车时请排队先下后上，不要拥挤。禁止在列车底下钻爬或爬上车顶、跳下站台、进入铁道线路等，禁止随未停稳的列车奔跑和抓上、抢下。

(4) 乘坐列车时，请勿挤、靠车门，不随意扳动（按下）列车上的紧急制动阀、手制动机、紧急停车按钮等安全设备。

(5) 发生危及列车、旅客安全的情况时，应听从列车工作人员指挥，保持良好的秩序，不要急于拿东西。要帮助老、幼、病、残、孕等需要帮助的人。

四、救助对策

（一）脱轨或碰撞时

（1）若座位不靠近门窗，应留在原位，抓住牢固的物体或者靠坐在坐椅上。低下头，下巴紧贴胸前，以防头部受伤；若座位接近门窗，就应尽快离开，迅速抓住车内的牢固物体。

（2）面向行车方向坐厢，马上抱头屈肘伏到前面的坐垫上，护住脸部，或者马上抱住头部朝侧面躺下。

（3）背向行车方向坐厢，马上用双手护住后脑部，同时屈身抬膝护住胸、腹部。

（4）在通道上坐着或站着应该面朝行车方向，两手护住后脑部，屈身蹲下，以防冲撞和落物击伤头。如果车内不拥挤，应该双脚朝着行车方向，两手护住后脑躺在地板上，用膝盖护住腹部，用脚蹬住椅子或车壁，同时提防被人踩踏。

（5）在厕所应坐到地板上，背靠行车方向的车壁，双手抱头，屈肘抬膝护住腹部。

（二）发生火灾时

旅客列车每节车厢长20多米，一列火车少则近10节车厢，多则近20节车厢。所以，如果行驶中有一节车厢着火，便会前后左右迅速蔓延形成一条火龙。列车中火灾的逃生方法如下。

（1）保持冷静。列车发生火灾，不要慌乱，更不能盲目地乱跑乱挤或开窗跳车。从高速行驶的列车跳下不但可能摔伤，而且在开窗的同时会造成风助火势，使得本来可以控制的小火变大。

（2）疏散人员。列车发生火灾时，乘务员应迅速扳下紧急制动闸，使列车停下来，并组织人力迅速将车门和车窗全部打开，帮助未逃离着火车厢的被困人员向外疏散。如果情况紧急，一时找不到工作人员，旅客可以先就近取灭火器实施灭火或者迅速跑到车厢两头连接处，或车门后侧拉动紧急制动阀（顺时针用力旋转手柄），使列车尽快停下来。

（3）扑灭火灾。火势较小时，不要开启车厢的门窗，以免新鲜空气的进入加速火势的蔓延。列车以 65 千米 / 小时 的时速行进时，每个车窗的进风量相当于一台 350 瓦的吹风机。因此，关闭窗户可以减缓火灾燃烧速度，为乘客逃生赢得宝贵的时间。此外，乘客应该自觉地协助列车工作人员利用列车上的灭火器材实施扑救。同时，有秩序地从座位中间的人行过道，通过车厢的前后门向相邻车厢或外部疏散。

（4）分离车厢逃生。火势如果已经威胁到相邻的车厢，应该及时采取车厢摘钩措施。如果是列车前部或中部车厢起火，首先应停车，摘掉起火车厢与后部未起火车厢之间的挂钩，列车继续前进一段距离后，再停下来，摘掉起火车厢，继续前进至安全地带。这样就将起火车厢与前后部的未起火车厢完全隔离开来。后部车厢起火时，停车后先将起火车厢与未起火车厢之间连接的挂钩摘掉，然后用机车将未起火的车厢牵引到安全地带。

（5）利用车厢的窗户逃生。旅客列车车厢内的窗户一般为 70 厘米 ×60 厘米，装有双层玻璃。在发生火灾情况下，被困人员可用坚硬的物品将窗户的玻璃砸破，通过窗户逃离火灾现场。如果车厢内火势比较大，应等列车停稳后，打开车窗或者用坚硬的物品击碎车窗玻璃从车窗逃生。

（6）利用车厢前后门逃生。旅客列车每节车厢内都有一条长约 20 米、宽约 80 厘米的人行通道，车厢两头有通往相邻车厢的手动门或自动门，当某一节车厢内发生火灾时，这些通道是被困人员利用的主要逃生通道。当列车发生火灾时，被困人员可以通过各车厢互连通道逃离火场。通道被阻时，可用坚硬的物品将玻璃窗户砸破，逃离火场。因为列车运行中，火受风影响向列车后部蔓延，所以疏散时应避开火势蔓延的方向。

（7）预防中毒。车厢内浓烟弥漫时，乘客应用湿毛巾、口罩、随身衣物捂住口鼻，并尽量低姿行走，防止吸入大量有毒气体而窒息。

第七节 地铁事故

地铁是现代化城市立体交通网络的重要组成部分，因其运量大、快速、正点、低能耗、少污染、乘坐舒适方便等优点，常被称为“绿色交通”，越来越受到人们的青睐。地铁车站及地铁列车成为人流密集的公众聚集场所，一旦发生爆炸、毒气、火灾等突发事件，人员安全及疏散问题十分严峻，社会影响力非常巨大。

一、典型案例

1995 年 10 月 28 日，阿塞拜疆巴库一组地铁因机车电路故障，诱发火灾，由于司机缺乏经验，紧急刹车把列车停在了隧道里，给乘客逃生和救援工作带来不便。火灾造成 558 人死亡，269 人受伤。

2003 年 2 月 18 日，韩国大邱市地铁发生人为纵火事件，198 人死亡，147 人受伤。起因是精神病患者金大焕放火所致。司机和综合调度室人员在火灾发生时应对不当，安全疏散导向灯和路标未起到应有作用。当时电被切断了。在一片混乱和黑暗中，乘客被关在了车厢里。一些车厢的乘客找到了应急装置，用手动方式打开了车门得以逃生，但是许多车门一直未被打开。许多乘客在逃难中窒息身亡。

图 2-16 韩国大邱“2·18”地铁火灾场景

2008 年 3 月 4 日 8 时 30 分，北京东单地铁站 5 号线换乘 1 号线通道内，载着数百名乘客的水平电动扶梯突然发出异常响声，乘客纷纷逆向逃离。这一突发情况导致部分乘客摔倒，恐慌的乘客发生踩踏，造成至少 13 人受伤。

二、事故原因

（一）人员因素

（1）拥挤。例如，2001 年 12 月 4 日晚，北京地铁 1 号线一名女子在站台上候车，当车驶入站台时，被拥挤人流挤下站台，当场被列车轧死。又如，1999 年 5 月在白俄罗斯，也因地铁车站人员过多，混乱而拥挤，导致 54 名乘客被踩死。

（2）不慎跌落和故意跳入轨道。长期以来，因人员跳入地铁轨道，造成地铁列车延误的事件屡次发生，短的一两分钟，长则三五分钟。而地铁列车只要一旦受到影响，不能正点行驶，势必影响全局，就须全线进行调整。不仅影响当事列车上的乘客，而且使整条线路甚至其他轨道交通线路上的乘客都可能被延误。

（3）工作人员处理措施不得当。例如，韩国大邱市地铁 2003 年那场大火中，地铁司机和综合调度室有关人员对灾难的发生就有着不可推卸的责任。前方车站已经发生火灾后，另一辆 1080 号列车依然驶入烟雾弥漫的站台，在车站已经断电、列车不能行驶的情况下，司机没有采取任何果断措施疏散乘客，却车门紧闭，而且仍请示调度该如何处理。更不可思议的是，在事故发生 5 分钟后，调度居然还下达“允许 1080 号车出发”的指令。

（二）车辆因素

（1）导致地铁列车事故的主要因素是列车出轨。例如，英国伦敦地铁，在 2003 年 1 月 25 日，一列挂有 8 节车厢的中央线地铁列车在行经伦敦市中心一地铁站时出轨并撞在隧道墙上，最后 3 节车厢撞在站台上，32 名乘客受轻伤。又如，2000 年 3 月在日本发生的日比谷线地铁列车意外出轨，造成了 3 死 44 伤的惨剧。

（2）其他车辆因素。例如，2003 年 3 月 20 日，上海地铁 3 号线闸门自动解锁拖钩故障，停运 1 个多小时。又如，2002 年 4 月 4 日，上海地铁 2 号线因机械故障车门无法开启，停运半小时。

（三）轨道因素

2001 年 5 月 22 日，台北地铁淡水线士林站附近轨道发生裂缝，地铁被迫减速，并改为手动驾驶，10 万旅客上班受阻。

（四）供电因素

2003 年 7 月 15 日上海地铁 1 号线莲花路到莘庄的列车突然停电，被迫停运 62 分钟。经查明，是由于地铁牵引变电站直流开关跳闸，列车蓄电池亏电过量，致使列车无法正常启动。又如，2003 年 8 月 28 日，英国首都伦敦和英格兰东南部部分地区发生重大停电事故，伦敦近 2/3 地铁停运，大约 25 万人被困在伦敦地铁中。

（五）信号系统因素

2003 年 3 月 17 日，上海地铁 1 号线信号控制系统突然发生故障，停运 8 分钟。2003 年 2 月 14 日，上海二号线中央控制室自动信号系统发生故障，停运 20 分钟。

（六）社会灾害

地铁车站及地铁列车是人流密集的公众聚集场所，一旦发生爆炸、毒气、火灾等突发事件，会造成群死群伤或重大损失，严重地影响了社会秩序的稳定。近年来世界各地地铁接连不断地发生爆炸、毒气、火灾等社会灾害。例如，1995 年 3 月 20 日日本东京地铁曾经遭受邪教组织“奥姆真理教”施放沙林毒气，夺走了 10 多条人命，5000 多人受伤，引起全世界震惊。又如，2004 年 2 月 6 日莫斯科地铁的爆炸及大火夺去了 40 人的生命，上百人受伤。

三、预防措施

（1）乘坐地铁时，要先对其内部设施和结构布局进行观察，熟记疏散通道及安全出口的位置。

（2）候车时请勿越出黄色安全线，按箭头方向排队候车，先下后上，不要推挤。

（3）如跌落物品至轨道，请联系工作人员拾取。

（4）在任何情况下，严禁擅自进入轨道。

（5）上车后请坐好，站立时请紧握吊环或立柱。列车运行过程中，请勿随意走动，以免发生意外。

（6）在列车内发生紧急事件时，请保持镇静，听从工作人员指挥，必要时使用车厢内的对讲系统与司机联系。

四、救助对策

（一）乘坐地铁遇紧急事故时

如遇紧急事故，乘客要留意车上广播，切不可慌乱，并在司机和车站工作人员的指引下，冷静有序地撤离。地铁列车车门上方的“紧急开门手柄”不能擅动。如果列车正好停靠在站台上，可拉下“紧急开门手柄”；而当列车停在隧道中时拉下，会十分危险。

（二）乘坐地铁突遇地震时

发生地震时，在地铁站内的乘客应保持镇静，就地择物躲藏，然后听从指挥，有序撤离，切忌慌乱逃生。如在车厢中，可尽量躲在座位下，等待救援。地震中，乘客不要盲目大声呼叫，可用身边的器物敲击，与外界联系，以减少体力消耗。要注意搜寻可食用的饮水和食品，延续生命，静待救援。

（三）乘坐地铁遇到停电事故时

如果遭遇停电事故，造成地铁车门打不开，没有工作人员的现场安排，乘客不要擅自扒门。

（四）乘坐地铁遭到毒气袭击时

确认地铁里发生了毒气袭击时，应当利用随身携带的手帕、餐巾纸、衣服等物品堵住口鼻、遮住裸露皮肤，有条件的话请将手帕、餐巾纸、衣物等物品浸湿。判断毒源，朝远离毒源的方向疏散，有序地到空气流通处或者到毒源上风口处躲避。到达安全地点后，用流动水清洗身体裸露部分。

（五）乘坐地铁遇到火灾时

如遇火灾，要尽可能寻找简易防护，可以用毛巾、纸巾、衣物等蒙住口鼻，有条件的话将其浸湿。在有浓烟的情况下，采用低姿势撤离，因为烟气较空气轻

而飘于上部，贴近地面逃离是避免烟气吸入的最佳方法。视线不清时，手摸墙壁缓缓撤离。在遭遇火灾等紧急情况时，乘客可打开车厢中紧急出逃窗，或用应急装置手动打开车门，或砸开未遇火的面向站台的车窗玻璃，进行撤离。火灾发生时，乘客要确定自己所处的位置、距起火点的位置及火势大小，选择正确的逃生路线。要注意背离火源，朝明亮处疏散，迎着新鲜空气跑。火灾时不可乘坐电梯或扶梯。身上着火，千万不要奔跑，可就地打滚或用厚重的衣物压灭火苗。

（六）乘坐地铁遇恐怖劫持时

遭遇恐怖分子劫持时，尽可能保持镇定。要保存体力。切忌不要意气用事，不要单靠个人力量硬拼，更不要行为失控。同时，应观察时机，发现恐怖分子的漏洞后，果断抓住战机，临机处置。密切观察恐怖分子的动静，设法传递信息。特战队员对恐怖分子发起攻击时，人质应立即趴倒在地，双手保护头部，随后迅速按特战队员的指令撤离。

（七）乘坐地铁紧急撤离时

疏散中千万不要盲目地跟从人流相互拥挤、乱冲乱撞。要注意车站广播，听从工作人员安排，循从地铁站台和通道内的疏散标志撤离。疏散过程中要注意脚下异物，严禁进入另一条隧道(地铁是双隧道)。撤离车厢时不要贪恋财物。不要因为顾及贵重物品，而浪费宝贵的逃生时间。当确定可以安全离开车厢时，青壮年乘客应帮助妇女和儿童先撤，搀扶或抬着行动困难的乘客离开现场，从而最大限度地降低人员的伤亡。

第三章　地　震

地震又称地动、地振动，是地壳快速释放能量过程中造成振动，期间会产生地震波的一种自然现象。中国地处环太平洋地震带和欧亚地震带之间，是世界上多地震灾害的国家。据中国地震资料年表，有记载的地震达 8 200 多次，其中 1 000 多次为破坏性地震。20 世纪以来，中国共发生 6.0 级以上地震近 800 次，遍布除贵州、浙江两省和香港特别行政区以外的所有的省、自治区、直辖市。因此，研究防治地震灾害对策，是我们的共同任务。

第一节　地震基本常识

地震是无法准确预报的，但是可以预防的。认识地震，了解地震，能使我们更好地掌握地震的活动规律，从而科学有效地进行防震，将生命财产的丧失降到最低点。

一、地震的产生

地震就是地球表层的快速震动，在古代又称为地动。它就像刮风、下雨、闪电、山崩、火山爆发一样，是地球上经常发生的一种自然现象。地球的结构就像鸡蛋（图 3-1），可分为三层。中心层是“蛋黄”——地核；中间是“蛋清”——地幔；外层是“蛋壳”——地壳。地震一般发生在地壳之中。地球在不停地自转和公转，同时地壳内部也在不停地变化。由此而产生力的作用，使地壳岩层变形、断裂、错动，于是便发生地震。

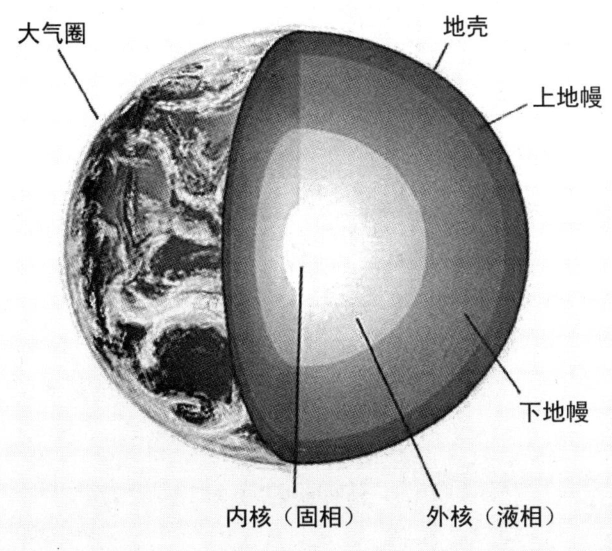

图 3-1 地球的结构

二、地震类型

引起地球表层振动的原因很多。根据地震的成因，可以把地震分为以下几种：

（一）构造地震

构造地震是构造运动引起的地震。组成地壳的岩层在地应力作用下，发生倾斜或弯曲变形，当地应力继续增强，积累到超过岩层所能承受的限度时，沿着岩层构造薄弱的地方，突然发生断裂或错位，使长期积累起来的能量急剧地释放出来，并以波的形式向四周传播而引起地面的振动（图 3-2）。这类地震发生的次数最多，破坏力也最大，约占全世界地震的 90%以上。

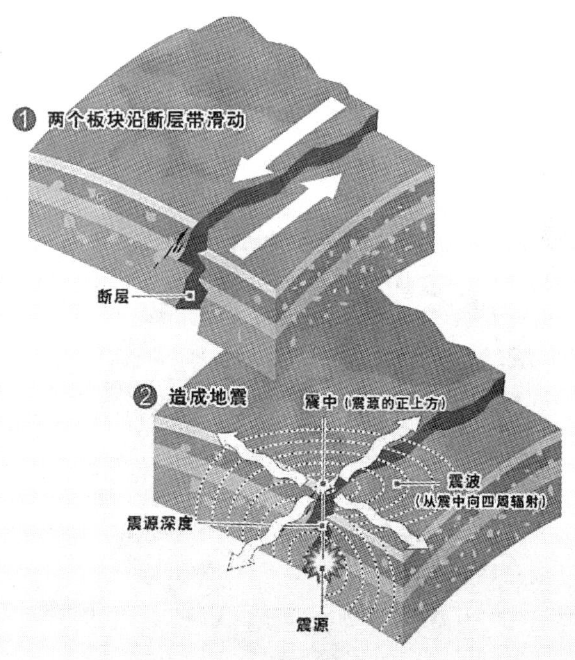

图 3-2　构造地震示意图

（二）火山地震

火山地震是由火山爆发而引起的（图 3-3）。火山地震主要有两种：一种是火山爆发时，由于岩浆冲击地壳或使局部地区岩层发生变形和变位而引起的地震。另一种是火山爆发后，由于大量岩浆损失，地下压力减小或地下深处补给不及，出现空洞，从而引起上面覆盖的岩层断裂或塌陷而产生的。只有在火山活动区才可能发生火山地震，这类地震只占全世界地震的 7% 左右。

图 3-3　火山地震示意图

（三）陷落地震

陷落地震是由于地下溶洞或矿山采空区的陷落而引起的局部地震。这类地震的规模比较小，次数也很少，即使有，也往往发生在溶洞密布的石灰岩地区或大规模地下开采的矿区。

（四）诱发地震

由于水库蓄水、油田注水等活动而引发的地震称为诱发地震。这类地震仅仅在某些特定的水库库区或油田地区发生。

（五）人工地震

地下核爆炸、炸药爆破等人为引起的地面振动称为人工地震。

三、震源、震中和地震波

震源、震中、地震波是描述地震的物理量（图 3-4）。

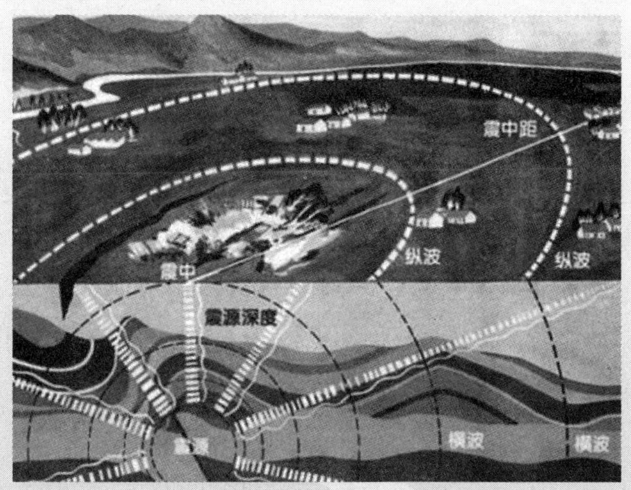

图 3-4　震源、震中和地震波示意图

（1）震源：地球内发生地震的地方。

（2）震源深度：震源垂直向下到地表的距离是震源深度。我们把地震发生在 60 千米以内的称为浅源地震；60 ～ 300 千米为中源地震；300 千米以上为深源地震。目前有记录的最深源的地震达 720 千米。

（3）震中：震源上方正对着地面称为震中。震中及其附近的地方称为震中区，也成为极震区。震中到地面上任意一点的距离称为震中距离（简称震中距）。震中距在 100 千米以内的称为地方震；在 1 000 千米以内的称为近震；大于 1 000 千米的称为远震。

（4）地震波：地震时，在地球内部出现的弹性波叫作地震波。振动方向与传播方向一致的波成为纵波（p 波），纵波引起地面上下颠簸振动。振动方向与传播方向垂直的波为横波（s 波），横波能引起地面的水平晃动。横波是地震时造成建筑物破坏的主要原因。

四、地震震级和地震烈度

（1）地震震级。指地震的大小，是表征地震强弱的量度，是以地震仪测定的每次地震活动释放的能量多少来确定的。震级通常用字母 M 表示。按震级大小可把地震划分为以下几类（表 3-1）。

表 3-1　地震震级及名称

震级	M＜1	1≤M＜3	3≤M＜4.5	4.5≤M＜7	6≤M＜7	M≥7	M≥8
名称	超微震	弱震（微震）	有感地震	中强震	大地震	大地震	巨大地震

（2）地震烈度。同样大小的地震，造成的破坏不一定相同；同一次地震，在不同的地方造成的破坏也不一样。为了衡量地震的破坏程度，科学家又“制作”了另一把“尺子”——地震烈度。我国把烈度划分为十二度，不同烈度的地震，其影响和破坏程度如下（表 3-2）。

表 3-2　地震烈度与破坏程度

烈　度	影响和破坏程度
Ⅰ度	无感，仅仪器能记录到
Ⅱ度	个别敏感的人在完全静止中有感
Ⅲ度	室内少数人在静止中有感，悬挂物轻微摆动
Ⅳ度	室内大多数人，室外少数人有感，悬挂物摆动，不稳器皿作响

烈 度	影响和破坏程度
Ⅴ度	室外大多数人有感，家畜不宁，门窗作响，墙壁表面出现裂纹
Ⅵ度	人站立不稳，家畜外逃，器皿翻落，简陋棚舍损坏，陡坎滑坡
Ⅶ度	房屋轻微损坏，牌坊、烟囱损坏，地表出现裂缝及喷沙冒水
Ⅷ度	房屋多有损坏，少数破坏路基塌方，地下管道破裂
Ⅸ度	房屋大多数破坏，少数倾倒，牌坊、烟囱等崩塌，铁轨弯曲
Ⅹ度	房屋倾倒，道路毁坏，山石大量崩塌，水面大浪扑岸
Ⅺ度	房屋大量倒塌，路基堤岸大段崩毁，地表产生很大变化
ⅩⅡ度	一切建筑物普遍毁坏，地形剧烈变化动植物遭毁灭

（3）震级与烈度统计对应关系（表 3-3）。

表 3-3 震级与烈度

震中烈度	Ⅰ	Ⅱ	Ⅲ	Ⅳ	Ⅴ	Ⅵ	Ⅶ	Ⅷ	Ⅸ	Ⅹ	Ⅺ	ⅩⅡ
震级	1.9	2.5	3.1	3.7	4.3	4.9	5.5	6.1	6.7	7.3	7.9	8.5

五、地震带以及地震分布

（一）我国地震带

我国的地震活动主要分布在 5 个地区的 23 条地震带上。

5 个地区：

西南地区，主要是西藏、四川西部和云南中西部。

西北地区，主要在甘肃河西走廊、青海、宁夏、天山南北麓。

华北地区，主要在太行山两侧、汾渭河谷、阴山—燕山一带、山东中部和渤海湾。

东南沿海的广东、福建等地。

台湾省及其附近海域。

23 条地震带：

郯城枣庐江带；燕山带；山西带；渭河平原带；银川带；六盘山带；滇东带；

西藏察隅带；东南沿海带；河北平原带；河西走廊带；天水枣兰州带；武都枣马边带；康定枣甘孜带；安宁河谷带；腾冲枣澜沧带；台湾西部带；台湾东部带；滇西带；塔里木南缘带；南天山带；北天山带。

（二）地震灾害分布

中国地处世界上最强烈的太平洋地震带和地中海—喜马拉雅山地震带的包围和影响下，其地震灾害分布广泛，周期短，强度大。

1．空间分布

中国地震灾害分布十分广泛。据国家地震部门统计，全国有 312 万平方公里的国土面积、136 个大中城市，70％百万人口以上的城市处于 7 度以上的高烈度区；2/3 的省、市、自治区在 20 世纪以来均遭受过 6 级以上地震的袭击；所有的省、市、自治区均在新中国成立后遭受过 5 级以上的地震袭击。在空间分布广泛的同时，中国西部地区尤其是云南、四川、甘肃、青海、天山地区等又是地震多发区。其中云南更是多震区和强震区，该省 90% 的国土均发生过 5 级以上的破坏性地震，震灾死亡人数仅次于河北唐山地震、四川汶川地震而居第三位。除西部地区外，东部沿海地区亦是中国的地震多发区。

2．区域分布

河北的唐山、邢台，辽宁海城，台湾等均爆发过大地震。从地震危害的区域来看，城镇尤其是大城市的灾情是山区、农村不能比拟的。中国地震灾害在分布广泛的基础上危害区域相对集中。

3．时间分布

由于各个地区地质构造活动性的差异，中国地震灾害活动周期长短是不同的。从总体上讲，东部地区（除台湾外）地震活动周期普遍比西部长。东部地区一个周期大约 300 年，西部为 100 ～ 200 年，台湾为几十年。在一个地震周期中还可进一步划分出时间更短的周期，如果以全国每年的地震次数来衡量，近几十年的记录就表明，中国的地震灾害十分频繁是毋庸置疑的。

第二节　地震灾害

地震灾害作为一种不分国界的全球性自然灾害，会在一瞬间给人类社会造成灾难。地球上每年约发生 500 万次地震，其中 1 000 次左右有破坏性，10 次左右 7.0 级以上的地震会造成较严重的灾害。地震往往突然而至，在短短几秒到几分钟的时间，就可以夺走成千上万人的生命，将一座现代化的城市毁于一旦。地震常常造成严重的建筑物坍塌、人员伤亡及财产损失，引起火灾、水灾、有毒气体泄漏、细菌及放射性物质扩散，还可能造成海啸、滑坡、泥石流、崩塌、地裂缝等次生灾害。

一、地震灾害的特点

（一）突发性强

地震发生十分突然，持续时间只有几十秒甚至十几秒钟，但在这短暂的时间内会造成建筑物倒塌，人员伤亡等灾害，人们往往从思想上到物质上都没有准备的时间，来不及采取任何措施，灾难就降临了，所以预防难度很大，后果更为严重。

（二）破坏性大

发生在人口稠密和经济发达地区的大地震往往可造成大量人员伤亡和巨大的经济损失。1976 年唐山地震死亡 24.24 万人，重伤 16 万人，有 100 多年历史的北方工业重镇唐山，在几十秒钟内被夷为平地。

（三）影响面广

强烈地震发生后，尤其是城市直下型地震（如唐山地震）发生后不但人员伤亡惨重，经济损失巨大，严重影响人们的正常生活和经济活动，而且对人们的心灵造成巨大创伤，这种创伤不是短时间内能够愈合的。人们世代劳动积累的财富毁于一旦，恢复生产、重建家园需要几代人的努力。

（四）连锁性强

地震发生后，除因建筑物破坏引发的灾害外，还会引起一系列次生灾害，如火灾、水灾、海啸、山体滑坡、泥石流、毒气泄漏、流行病、放射性污染等。特别是现代，一旦强烈地震发生，会造成供电系统破坏，交通中断，通信系统、网络系统瘫痪，供水、煤气、输油管道破裂，造成更加严重的灾害和损失，直接影响到社会的安定和人们的正常生活。

二、地震的危害

（一）造成大量人员伤亡

由于地震发生后出现大范围房屋倒塌和地面破坏，而且往往在瞬间突发，使人们来不及做出有效反应和抗御，造成大量人员埋压，或受火灾等威胁，震区灾民无法逃生，最终导致震区伤亡人数不断增加。如1976年7月28日3时42分54秒，唐山市发生7.8级强烈地震，这次地震有24.24万人死亡，重伤16万人，轻伤36万人。震后唐山一片废墟，倒塌房屋530万间，经济损失100亿元人民币。震时列车出轨，桥梁坍塌，供水供电、交通、通信等系统破坏。这是中国历史上、也是400多年来世界地震史中最悲惨的一次（图3-5）。

图3-5　唐山地震纪念馆

（二）造成巨大的经济损失

由于地震是一种地质剧变现象，瞬发时往往给地面上的建（构）筑物造成整体性破坏。地震造成震区产生断裂层错动、地面倾斜、升降和变形，导致大片居民住宅、高层建筑、城市高架、桥梁等建（构）筑物倒塌和城镇基础设施被毁。

大震级的地震还会给广大的地区造成毁灭性的灾难。如 2008 年 5 月 12 日汶川地震，直接经济损失的数据是 8 451.4 亿元人民币，其中四川的损失是最严重的，占总损失的 91.3%，甘肃占总损失的 5.8%，陕西占总损失的 2.9%，其他各省的损失之和不到 20 亿元（图 3-6）。

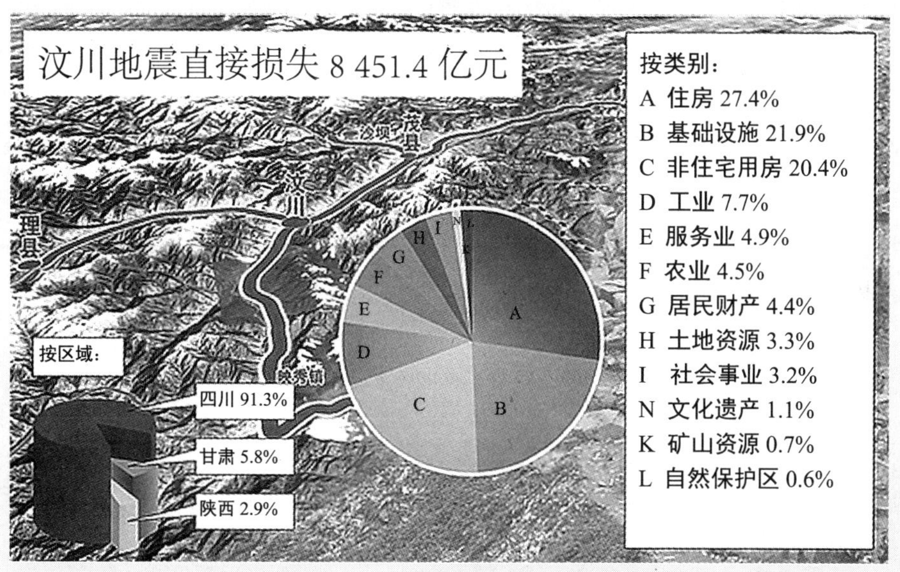

图 3-6 汶川地震损失示意图

（三）余震持续不断

地震灾害虽然瞬间爆发，但往往主震之后还有余震。且余震持续时间较长。如 1976 年唐山地震三个月后又发生了 6.9 级余震。1988 年 11 月 6 日 21 时 3 分，云南澜沧 7.6 级地震爆发后 12 分钟，又在不远的耿马、沧源两县之间发生 7.2 级地震，截至该年 12 月 12 日，共发生余震 4 160 余次，其中 1 ～ 5 级 4 ～ 140 次，5 ～ 6 级 12 次，6 ～ 6.9 级 6 次，仅 11 月 30 日发生在澜沧县竹塘乡的 6.7 级余震就波及 10 个县，造成 3 人死亡，25 人重伤，损毁房屋 15 万间，直接经济损失 1.63 亿元的严重后果，余震的持续性无疑是雪上加霜，防不胜防，更增加了灾区人民的恐惧心理。

（四）易引发次生灾害

地震灾害本身是自然灾害，却又充当着灾因，带来许多次生灾害。即地震灾害除直接摧毁各种建筑物、导致人畜伤亡等外，还可引起火灾、水灾、滑坡、泥石流、危险品的泄漏、海啸等多种次生灾害以及瘟疫等衍生灾害，有的次生或衍生灾害甚至比地震本身的危害更大，因而对经济社会的影响很大（图 3-7）。例如，1933 年 8 月 25 日，四川叠溪地震引起山崩，堵塞了岷江，余震引发的水灾淹死 2 500 多人。1966 年邢台地震中就发生火灾 422 起，烧死 39 人，烧伤 74 人，烧毁防震棚 470 座。1975 年 2 月 5 日海城地震中，鞍钢因停电而铁水冻结致使高炉停产，营口市因水电设备遭到严重破坏而使城市陷入瘫痪。1976 年的唐山大地震致使开滦煤矿矿井被淹。天津碱厂白灰捻滑坡使 30 多人丧生，化工厂阀门破坏造成溢气，死亡 5 人。1981 年陕西汉中地区和广东海丰地区，1983 年甘肃古浪地区，1984 年 2—3 月河北张家口地区，1992 年 6—7 月山东烟台地区，1993 年 2—3 月浙江宁波地区等均出现地震谣传，人们谈震色变，均造成了损失。

图 3-7　地震引起海啸和火灾

（五）引起人们恐慌

虽然地质运动是渐进的、潜在的，但地震灾害却以瞬时突变的形式造成严重损害后果。其突发性特征不仅造成伤亡人员多和财产损失大，而且加剧了人们的恐惧心理，给地震的监测、预报工作带来巨大的压力。如 1976 年四川松潘地震预报后，虽减轻了伤亡，但也出现了政治动乱、社会失控、谣言流传及人的行为失去自制的现象。1976 年 10 月西安市发布了地震短期预报，市民露宿街头，停工停产，结果地震没发生，经济损失却达几亿元，还造成了100多人由于防震棚火灾而半夜跳楼死亡。面对着由自然界地质运动瞬间导演的“屠宰”惨剧和巨额的财富损失，人们畏震、恐震并视地震为第一可怕的灾害。

三、全球以及中国著名地震

（一）全球20世纪以来的最强地震

全球十二次大地震的基本情况如下（按照震级排列）：

（1）智利大地震（1960年5月22日）：里氏8.9级（又有报为9.5级）。发生在智利中部海域，并引发海啸及火山爆发。此次地震共导致5 000人死亡，200万人无家可归。此次地震为历史上震级最高的一次地震。

（2）美国阿拉斯加大地震（1964年3月28日）：里氏8.8级。此次引发海啸，导致125人死亡，财产损失达3.11亿美元。阿拉斯加州大部分地区、加拿大育空地区及哥伦比亚等地都有强烈震感。

（3）厄瓜多尔大地震（1906年1月31日）：里氏8.8级，发生在厄瓜多尔及哥伦比亚沿岸。地震引发强烈海啸，导致1 000多人死亡。中美洲沿岸、圣弗朗西斯科及日本等地都有震感。

（4）美国阿拉斯加大地震（1957年3月9日）：里氏8.7级，发生在美国阿拉斯加州安德里亚岛及乌姆纳克岛附近海域。地震导致休眠长达200年的维塞维朵夫火山喷发，并引发15米高的大海啸，影响远至夏威夷岛。

（5）印度尼西亚大地震（2004年12月26日）：里氏8.7级，发生在位于印度尼西亚苏门答腊岛上的亚齐省。地震引发的海啸席卷斯里兰卡、泰国、印度尼西亚及印度等国，导致约30万人失踪或死亡。

（6）俄罗斯大地震（1952年11月4日）；里氏8.7级。此次地震引发的海啸波及夏威夷群岛，但人员伤亡较小。

（7）印度尼西亚大地震（2005年3月28日）：里氏8.7级，震中位于印度尼西亚苏门答腊岛以北海域，1 000人死亡，但未引发海啸。

（8）美国阿拉斯加大地震（1965年2月4日）：里氏8.7级。地震引发高达 10.7 米的海啸，席卷了整个舒曼雅岛。

（9）中国西藏墨脱大地震（1950 年 8 月 15 日）：里氏 8.6 级。2 000 余座房屋及寺庙被毁。至少有 3 300 人死亡。

（10）俄罗斯大地震（1923 年 2 月 3 日）：里氏 8.5 级，发生在俄罗斯堪察加半岛。

（11）印度尼西亚大地震（1938 年 2 月 3 日）：里氏 8.5 级，发生在印度尼西亚班达附近海域。地震引发海啸及火山喷发，人员及财产损失惨重。

（12）俄罗斯千岛群岛大地震（1963 年 10 月 13 日）：里氏 8.5 级，并波及日本及俄罗斯等地。

（二）中国史上发生的大地震

（1）1556 年 1 月 23 日中国陕西华县 8.0 级地震，死亡人数高达 83 万人。

（2）1668 年 7 月 25 日 20 时许，山东郯城大地震，震级为 8.5 级。郯城大地震波及 8 省 161 县，是中国历史上地震中最大的地震之一，破坏区域面积 50 万平方公里以上，史称“旷古奇灾”。

（3）1920 年 12 月 16 日 20 时 5 分 53 秒，宁夏海原县发生震级为 8.5 级的强烈地震。死亡 24 万人，毁城四座，数十座县城遭受破坏。

（4）1927 年 5 月 23 日 6 时 32 分 47 秒，甘肃古浪发生震级为 8.0 级的强烈地震。死亡 41 471 人。地震发生时，土地开裂，冒出发绿的黑水，硫黄毒气横溢，熏死饥民无数。

（5）1932 年 12 月 25 日 10 时 4 分 27 秒，甘肃昌马堡发生震级为 7.6 级的大地震。死亡 7 万人。地震发生时，有黄风白光在黄土墙头“扑来扑去”；山岩乱蹦冒出灰尘，中国著名古迹嘉峪关城楼被震塌一角；疏勒河南岸雪峰崩塌；千佛洞落石滚滚……余震频频，持续竟达半年。

（6）1933 年 8 月 25 日 15 时 50 分 30 秒，四川茂县叠溪镇发生震级为 7.5 级的大地震。地震发生时，地吐黄雾，城廓无存，有一个牧童竟然飞越了两重山岭。巨大山崩使岷江断流，壅坝成湖。

（7）1950 年 8 月 15 日 22 时 9 分 34 秒，西藏察隅县发生震级为 8.6 级的

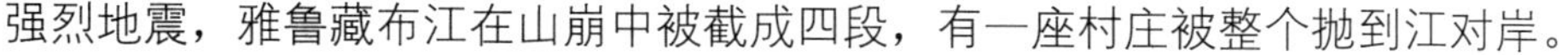

强烈地震，雅鲁藏布江在山崩中被截成四段，有一座村庄被整个抛到江对岸。

（8）邢台地震由两个大地震组成：1966 年 3 月 8 日 5 时 29 分 14 秒，河北省邢台专区隆尧县发生震级为 6.8 级的大地震；1966 年 3 月 22 日 16 时 19 分 46 秒，河北省邢台专区宁晋县发生震级为 7.2 级的大地震，共死亡 8 064 人，伤 38 000 人，经济损失 10 亿元。

（9）1970 年 1 月 5 日 1 时 0 分 34 秒，云南省通海县发生震级为 7.7 级的大地震。死亡 15 621 人，伤残 32 431 人。

（10）1976 年 2 月 4 日 19 时 36 分 6 秒，辽宁省海城市发生震级为 7.3 级的大地震。由于此次地震被成功预报预防，使更为巨大和惨重的损失得以避免，它因此被称为 20 世纪地球科学史和世界科技史上的奇迹。

（11）1976 年 7 月 28 日 3 时 42 分 54 秒，河北省唐山市发生震级为 7.8 级的大地震。死亡 24.24 万人，重伤 16.4 万人，一座重工业城市毁于一旦，直接经济损失 100 亿元以上，为 20 世纪世界上人员伤亡最大的地震。

（12）1988 年 11 月 6 日 21 时 3 分、21 时 16 分，云南省澜沧、耿马发生震级为 7.6 级（澜沧）、7.2 级（耿马）的两次大地震。相距 120 千米的两次地震，时间仅相隔 13 分钟，两座县城被夷为平地，伤 4 105 人，死亡 743 人，经济损失 25.11 亿元。

（13）2008 年 5 月 12 日 14 时 28 分，四川汶川县发生震级为 8.0 级地震，直接严重受灾地区达 10 万平方公里，造成 69 197 人遇难，374 176 人受伤，18 222 人失踪，累计解救和转移 1 485 462 人。

（三）地震三个之“最”

世界震级最大的是 1960 年 5 月 22 日的智利 8.9 级地震。

中国震级最大的是 1950 年 8 月 15 日的西藏 8.6 级地震。

死亡人数最多的是 1556 年 1 月 23 日的陕西华县 8.0 级地震，死亡 83 万人；其次是 1976 年 7 月 28 日的唐山 7.8 级地震，死亡 24.2 万人。

第三节 地震灾害的防御

随着社会经济的迅速发展与城市化及人口的高度集中，地震灾害对人类生活的影响日趋严重。地震灾害的存在和发生的不确定性，是对现代科学技术的挑战，也是对人类社会的挑战。地震作为地质运动的必然结果之一，既是有规律的又是无规律的，人类社会无论发展到什么阶段，都不可能避免地震灾害的发生。要减轻地震灾害及其危害后果，就要讲究防御之策。

一、提高建筑抗震能力

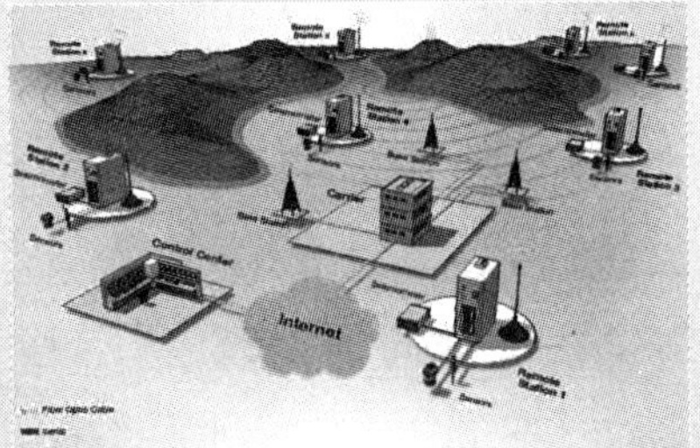

图 3-8 地震监测

根据国家地震局 1990 年颁布的《中国地震烈度区划图》，全国基本烈度大于 7 度的地区为 312 万平方公里，占中国总面积的 32.5%，这些地区的建设必须考虑防震，即建筑物应建在低烈度区，打好牢固的地基，讲求建筑物的结构合理并使用有助于抗震的建筑材料，对于旧建筑物也要进行抗震加固。福建泉州东塔和西塔均建于 1238 年，但经 1604 年的 8 级地震浩劫依然无损；山西应县木塔建于 1056 年，历经 7 次大地震的考验至今仍完好无损；而江苏溧阳市因房屋抗震性差，1979 年 7 月 9 日发生 6 级地震，倒房达 34 万多间，死亡 42 人，伤残 682 人，直接经济损失达 1.9 亿余元；1976 年唐山市刚建好的预制板楼房因抗震性能差，在唐山地震中纷纷倒塌，变成了“棺材板”。以上不同结果的原因就在于古塔塔基严实，结构科学，抗震性强。虽然工程抗震需要我们付出一定的经济代价，但房屋建筑物抗震能力的提高，将大大减轻地震伤亡和损害。

二、加强监测、预报工作

地震是地质运动的结果，虽有前兆，实难预测，但随着现代科学技术的发展，在一定程度上预报震灾不仅可能，而且在我国有过成功的记录（图 3-8）。如 1975 年辽宁海城 7.3 级地震发生在人口稠密、经济发达地区，因震前预报并采取了有力措施，人员伤亡大为减少，仅造成 2 041 人死亡（其中 713 人死于次生灾害），占受灾总人口的 0.02%，经济损失为 8 亿元。如果没有预报，按邢台、通海、龙陵和松潘这 4 个地震的平均死亡率估算，海城地震死亡人数将达 12 万人，经济损失将达到数十亿元。唐山大地震未能做到震前预报，损失惨重，就是深刻的教训。

三、做好地震科普宣传

加强地震科普宣传工作，驱除人们的恐震心理，传授地震发生时的避险方法和灾民互救、自救技巧，减轻人员伤亡。如据唐山地震后的统计资料，全市在震后有 60 多万人被埋压在废墟中，60% 以上的人是由灾区军民自救、互救脱险的，其中半小时内扒出的人员救活率为 95%，第一天为 81%，第二天为 53%，到第五天仅为 7.4%，此后几乎很少有活人了。

四、启动地震应急响应

制定地震灾害应急预案，根据地震灾害分级情况，将地震灾害应急响应分为 I 级、II 级、III级和IV级。

应对特别重大地震灾害，启动 I 级响应。由灾区所在省级抗震救灾指挥部领导灾区地震应急工作；国务院抗震救灾指挥机构负责统一领导、指挥和协调全国抗震救灾工作。

应对重大地震灾害，启动II 级响应。由灾区所在省级抗震救灾指挥部领导灾区地震应急工作；国务院抗震救灾指挥部根据情况，组织协调有关部门和单位开展国家地震应急工作。

应对较大地震灾害，启动Ⅲ级响应。在灾区所在省级抗震救灾指挥部的支持下，由灾区所在市级抗震救灾指挥部领导灾区地震应急工作。中国地震局等国家有关部门和单位根据灾区需求，协助做好抗震救灾工作。

应对一般地震灾害，启动Ⅳ级响应。在灾区所在省、市级抗震救灾指挥部的支持下，由灾区所在县级抗震救灾指挥部领导灾区地震应急工作。中国地震局等国家有关部门和单位根据灾区需求，协助做好抗震救灾工作。

地震发生在边疆地区、少数民族聚居地区和其他特殊地区，可根据需要适当提高响应级别。地震应急响应启动后，可视灾情及其发展情况对响应级别及时进行相应调整，避免响应不足或响应过度。

五、筑牢基础设施

一方面，大型水坝、桥梁、核电站、石油化工企业、卫星发射基地及军工设施等工程建筑项目应充分考虑抗震问题。如果抗震性不强，一旦受到大地震袭击，不仅造成这些工程的巨额投资化为乌有，更重要的是会带来十分严重的次生灾害和损害后果。另一方面，大型工程项目又能诱发地震，必须引起政府和社会的高度重视。例如，据不完全统计，全世界报道过的大型水库诱发地震的震例达100 多个，在中国的地震灾害中，有 15 个大型水库诱发地震灾害的震例，均造成过极大的损失。因此，加强大型工程项目的防震抗震工作，加固大型水利工程项目的堤坝，将有效地减轻地震灾害的危害。

第四节　地震时的处置对策

强烈地震发生后，将给这个地区造成巨大的人员伤亡和经济损失，若能在震前采取正确的防御措施，可避免或最大限度减轻地震造成的损失。对于维护社会稳定，构建和谐社会，将起到重要作用。

一、大地震前的处置对策

（一）大地震的最后警报

大地震的发生虽然十分突然，但在大地强烈震动之前，仍能出现一些人们能够感觉到的现象。这些在大震前短暂时间内出现、能够预示强烈地震即将到来的临震宏观现象，叫大震预警现象或地震前兆。

1. 地光

地光，明亮而恐怖，有人形容它“亮如白昼，但树无影”。

1966 年苏联塔什干发生地震后，一位工程师回忆：“听到左方传来发动机隆隆的响声，同时闪现出耀眼的白光，晃得睁不开眼，持续了 4 ～ 5 秒，接着地震来了，差点把我摔倒在地上。地震过后，光也就暗了下来。”

地震伴有发光现象并非偶然。在我国近年就至少有二三十次地震伴有地光。地光的颜色很多，有红、黄、蓝、白、紫等。其形状不一，有的呈片状或球状，也有是电火花似的。地光的出现时间一般很短，往往一闪而过。

1975 年 2 月 4 日，我国海城、营口发生了 7.3 级地震。当时震区有 90％的人都看到了地光，近处可见一道道长的白色光带，远处则见到红、黄、蓝、白、紫的闪光。此外，还有人看到从地裂缝内直接射出的蓝白色光，或从地面冒出的粉红色火球，光球像信号弹一样升起十几米到几十米后消失。

1976 年 5 月 29 日 20 时 23 分和 22 时，在云南的龙陵、潞西一带发生 7.5 级和 7.6 级两次强烈地震时，负责地震值班的同志观察到震中上空出现一条褐红色的光带，便当机立断，拉响了警报器，疏散人员，从而避免了重大伤亡。

1976 年 7 月 28 日 3 时 42 分，唐山、丰南一带发生 7.8 级大震。从北京开往大连的 129 次直达快车，满载着 1 400 多名旅客，于 3 时 41 分经过地震中心唐山市附近的古冶车站，这时司机发现前方夜空像雷似的闪现出三道耀眼的光束，他果断沉着地使用了非常制动闸，进行紧急刹车；紧接着大地震发生了，列车稳稳地停下来，避免了脱轨和翻车的危险，保证了列车和广大旅客的生命安全。

地光是地震前大自然向我们发出的警报。虽然时间很短，瞬间即逝，但当观察到这种地震前兆后，应该争分夺秒，立即采取防避措施。

2．地声

地声，强烈而怪异，例如，听到的声音“好似刮风，但树梢不动”。

在地震前数分钟、数小时或数天内，往往有声响自地下深处传来，人们习惯称之为“地声”。

据调查，1976年唐山7.8级地震距震中100千米范围内，在临震前尚未入睡的居民中，有95%的人听到地声。如在河北遵化市、卢龙县，很多人在27日23时听到远处传来连绵不断的“隆隆”声，声音沉闷，忽高忽低，延续了1个多小时。在京津之间的安次、武清等地听到的地声就像大型履带式拖拉机接连不断地从远处驶过。

根据地声的特点，能大致判断地震的大小和震中的方向。一般来说，如果声音越大，声调越沉闷，那么地震也越大；反之，地震就较小。当听到地声时大地震可能很快就要发生了，所以可把地声看作警报，立即离开房屋，采取防御措施，避免和减少伤亡。

3．地面的初期振动

地面的初期振动，表现为地面和房屋的上下颤动及水平晃动。

从唐山地震人们的感受来看，从地面开始震动到房屋倒塌，有十几秒的时间差。

在强烈地震的震中区附近，最初的颠动，是由首先到达的纵波引起的；数秒钟以后，横波就以忽上忽下、左右摇摆的运动方式到达，造成更强烈的地面垂直和水平振动，因而人们就感到像站在风浪中的船甲板上一样剧烈颠簸。这就是人们感到“先颠后晃”的原因。

4．大震的预警时间

从地震发生到房屋破坏，时间虽然短暂，只有十几秒钟，但仍可以大致划分出三个不同的阶段：

地面微动（先颠），一般是有声、光等现象，即预警现象出现。

地大动（后晃）。

房屋倒塌。

从人们发现预警现象开始到房屋倒塌，这个时间差，称为大震的预警时间。预警时间的长短，主要取决于震中距，同时也与建筑物条件、人们震时所处的状态和发现预警现象的早晚等多种因素有关。不同地震或同一地震的不同烈度区，预警时间不尽相同。

据唐山地震后的调查测算，以能够对预警时间做出估计的 177 例为依据进行统计，其中，多数被震醒的人提供的预警时间仅为数秒，而震时清醒者提供的预警时间可达十几秒，少数可达 20 秒以上。在 20 秒以内的，占 83%；平均预警时间为 13.6 秒。如按烈度区分别统计，在 11 度区（138 例），平均为 12.8 秒；10 度区（36 例），平均为 16.3 秒。由此粗略估计出唐山地震的预警时间为 10 ～ 20 秒。

大震的预警现象、预警时间的存在，是人们震时能够自救求生的客观基础，只要掌握一定的避震知识，事先有一定准备，震时又能抓住预警时机，选择正确的避震方式，就有生存的希望。

据对唐山地震中 874 位幸存者的调查，其中有 258 人采取了应急避震措施，188 人安全脱险，成功者约占采取避震行动者的 72%。

（二）判断地震的远近与强弱

地震有大有小，有远有近。不同地震造成的破坏有很大差别，采取的避震方式也不相同。随着震中距离的加大，颠与晃的时间差会逐渐加长，颠与晃的强度会逐渐减弱；在一定范围以外，人们就感觉不到颠动，而只能感到晃动了。如果地震时你感到颠动很轻，或者没有感到颠动，只感到晃动，说明这个地震离你比较远；颠动和晃动都不太强时，说明这个地震不很大或距离远。在这两种情况下，大可不必惊慌失措，只需躲在坚实家具底下暂避即可。

如果是一次强烈地震，情况就不一样了。大地震发生时，会出现许多人们平时难以想象，更难以遇到的情景，如出现强烈怪异的地声、地光；地面剧烈运动，甚至像大海的波涛起伏跌宕；建筑物随之大幅度晃动并坍塌；门、窗变形，难以开启；室内物品纷纷坠落、倾倒；晚上电灯突然熄灭，四周陷入一片黑暗；

空气中弥漫着大量烟尘、灰土，令人窒息；伴有火灾时更是烽烟滚滚、尘雾弥漫。

大地震从开始到振动过程结束（不计余震），时间十分短暂，不过十几秒至几十秒。因此，要因地制宜，立即进行紧急避震，只要坚持度过这恐怖的瞬间，就有生的希望。

（三）熟悉室内避难空间

由于预警时间很短，因此室内避震更具现实性。大量调查资料表明，房屋倒塌后所形成的室内三角空间，往往是人们得以幸存的相对安全地点。这主要是指大块倒塌体与支撑物构成的空间（图 3-9）。

室内易于形成三角空间的地方是：坚固家具附近；内墙墙根、墙角；厨房、厕所、储藏室等开间小的地方。

室内最不利于避震的场所是：附近没有支撑物的床上；吊顶、吊灯下；周围无支撑的地板上。

图 3-9 三角空间

二、震时应急避险原则

（一）沉着冷静

地震发生时应立即采取避震行动，但一定不能惊慌，不能盲动，否则将造成不必要的损失。

1995 年 9 月 20 日，山东省临沂市苍山县发生 5.2 级地震，震级不算大，震中烈度不到 6 度，震区房屋基本完好，本不应造成人员伤亡。但是，却有 300 多名小学生受伤，50 多人受重伤。原因是人们震时惊慌失措，因跳楼、拥挤而致伤。

1994 年 9 月 16 日，我国台湾海峡南部发生 7.3 级地震，福建、广东沿海受到一定程度的破坏和影响。在这次地震中，有 700 多人因震时慌乱出逃拥挤而受伤，其中多为中小学生。但在离震中较近的福建漳州市的一些学校，由于学生们在老师指挥下沉着避震，无一人受伤。

在 2008 年 5 月 12 日汶川 8.0 级大地震发生后，北川中学高三一班的老师大喊：保持镇定，大家不要慌。男同学提椅子将窗子砸开，并组织起来，有的在外

面，有的在里面，把教室里的女同学和一位女老师一个个往外扶，往外拉。终于，所有的同学都安全地撤离出教室。

诸多事例表明：沉着应震效果好，惊慌失措害处多。大多数地震是有感或具有轻度破坏的地震，所以遇震时一定要镇静，并设法躲避。在平时大家也要做好心理准备，这样才能做到临震不慌。

（二）因地制宜

震时，每个人所处的状况千差万别，避震方式不可能千篇一律，要根据具体情况进行正确的抉择。这些情况包括：住平房还是楼房，地震发生在白天还是晚上，房屋是不是坚固，室内有没有准备避震空间，你所处的位置离房门远近，室外是否开阔、安全等。

关于震时要不要从室内跑出，国内外专家都有争议。例如，建筑物抗震性能较好的，室内避震的成功率较高；建筑质量很差的平房，室内避震就有危险，如有可能则应尽量从室内跑出为好，估计跑不出去时则应就近躲藏。我国多数专家趋向于认为：震时就近躲避，震后迅速撤离到安全的地方，是应急避震较好的办法。这是因为，震时预警时间很短，由于剧烈地动，人又往往无法自主行动。但若在平房里，发现预警现象早，室外又比较空旷，则可力争跑出避震。

（三）行动果断

避震能否成功，就在千钧一发之际，容不得瞻前顾后，犹豫不决。有的人本已跑出危房，又转身回去救人，结果不但没救成，自己也被埋压。想到别人是对的，但只有保存自己，才有可能救助别人。例如，唐山地震中有一个李阿姨，她本来已经跑出门口，又想起妹妹还在睡觉，便返身回屋，结果她和妹妹都被砸伤。

（四）“伏而待定，不可疾出”

在我国史料记载中，有不少关于避震的经验。一位亲身经历过1920年海原8.5级大地震的老人，也曾向人们详细介绍了“伏而待定”的具体方法：“在屋内感觉地震时，要迅速趴在炕沿下，脸朝下，头靠山墙，两只胳膊在胸前相交，右手正握左臂，左手反握右臂，鼻梁上方两眼之间的凹部枕在臂上，闭上眼、嘴，用鼻子呼吸。”这样，既可免遭砸死，又不会窒息。

住在平房的，要充分利用这短促的时刻跑出室外，或是迅速躲在桌下、床下及紧挨墙根下，头靠近山墙根；两只手臂在胸前重叠，面朝下；趴在地上，闭目，用鼻呼吸，鼻梁上方凹部枕放臂上，降低重心，保护要害同时随手抓住纺织品、毛巾捂住口鼻，以免灰尘呛肺，窒息而死。

住在楼房的，要保持清醒和冷静的头脑，可选择管道多、整体性好、跨度小的厨房、浴室、厕所等开间小而不易塌落的空间避震，千万不可从楼上跳下。不要随便点明火，因为空气中可能有易燃易爆气体充溢。

住在高层楼房的人员，更要就近躲避。不要跑向阳台，不要站在窗边，不可使用电梯，不要乱挤乱拥。拥挤中不但不能脱离险境，反而可能因踩踏、拥挤而受伤。

就近躲避应蹲下或坐下，降低身体重心；抓住桌腿等身边牢固的物体，以免震时摔倒或因身体失控移位，暴露在坚实物体外而受伤；保护头颈部，低头，用手护住头部或后颈，有可能时，用身边的物品，如书包、被褥等顶在头上（图 3-10）；保护眼睛，低头、闭眼，以防异物伤害；保护口、鼻，有可能时，可用湿毛巾捂住口、鼻，以防灰土、毒气。

图 3-10　保护头部

三、不同场合的防震与避震

（一）家庭的防震与避震

1．协助家庭制定防震预案

在地震危险区、多震区，社区有责任让社区内的居民了解和掌握防震知识，必要时（震情紧张或当地政府发布了地震预报）还要协助各个家庭制定防震预案，做好防震准备，搞好联防训练（图 3-11）。

（1）了解致灾的原因。社区要开展有针对性的防震科普宣传活动，让各家庭的有关人员了解在家里地震造成破坏或引起死亡的主要原因。

（2）制定防震预案。针对地震可能造成灾害的原因，社区可以帮助不同家庭了解和检查住房环境，针对各家情况讨论一下居民家里有什么不利防震的隐患，找出解决的办法，然后制定一个切实可行的提高家庭抗震防灾能力的实施预案，研究有关的措施与分工。

图 3-11　家庭地震应急演练

2．做好室内防震准备

地震时，室内家具、物品的倾倒、掉落等，常常呈致人死伤的重要原因。因此，即使住房很结实，也不能忽视室内的防震措施。

（1）在平时做好室内的防震准备，有条件的可按防震要求布置一间抗震居室，一般情况应准备好紧急避震藏身的场所，如利用小开间作为避震空间。

（2）保持室内通道的畅通；室内家具不要摆放太满；房门口、内外走廊上不要堆放杂物。

（3）做好室内物品的抗震。如床的放置要考虑安全，将床放在内墙附近，要远离窗户和悬挂的灯具；在碗柜门上安装防震锁；重的物品放在低壁橱的下层架上或地下；在每个房间察看有没有易掉落的物品；个人护理用品用塑料包装好；安全存放家用化学品等。

有了这些防震准备后，若遇到地震时，就不会惊慌失措、夺路而逃，而会从容应付、择地避震、震后顺利地撤离。

3．准备必要的防震物品

为了应付震后的特殊环境，每个家庭都应当准备一些必需的用品。其中饮用水最好是矿泉水或白开水；食品是能直接食用、易保存、高营养的食品；衣物应包括鞋袜、毛毯、塑料布、可铺盖的用品、卫生纸、火柴等。

还要准备一些必要的常用药品，如治感冒、肠胃病等的药品和一般外伤用药等。震后特殊生活环境下必备的用品有应急灯、手电筒、干电池、蜡烛等；灭火器等消防器材；小工具，如钳子、改锥、小刀、钉锤；必要的身份证件等重要物品。

也可以准备一个家庭防震包，把上述重要的东西集中放在里面（图 3-12）。

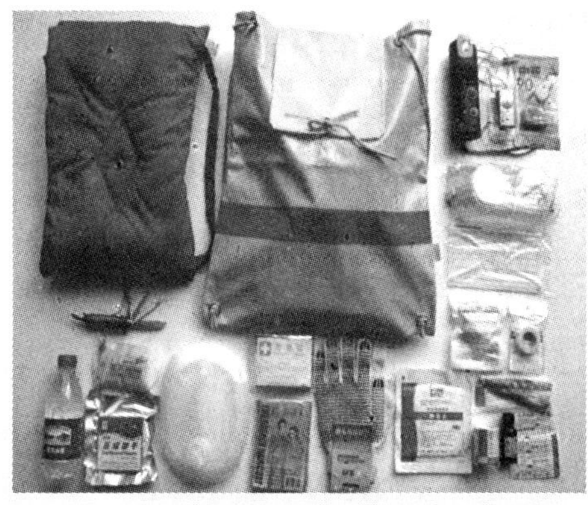
图 3-12　家庭防震包

4．进行家庭防震演练

必要时可开展社区避震、抢险、救护、消防等联防演练和家庭防震演练。其中避震抢险演练需在上级政府部署下才能进行，平时可开展救护、消防演练。

5．在家里时的避震要点

（1）家住楼房避震

①室内较安全的避震地点。牢固的桌下或床下；低矮、牢固的家具边；开间小、有支撑物的房间，如卫生间（图 3-13），内承重墙墙角，震前准备的避震空间。

图 3-13　卫生间防震

②震时要注意：千万不要滞留在床上；千万不能跳楼；不要到阳台上去；不要到外墙边或窗边去；不要到楼梯去；不要去乘电梯，如果震时在电梯里，应尽快离开；若门打不开要抱头蹲下，抓牢扶手；不要到处乱跑，特别不要到楼道等人员拥挤的地方去。

（2）家住平房避震

①有条件时尽快跑到室外避震。如果屋外场地开阔，发现预警现象早，可尽快跑到室外避震。

②室内避险较安全的地点。炕沿下或低矮、牢固的家具边；牢固的桌子下或床下。

③震时不可取的行为。滞留在床（炕）上；躲在房梁下；躲在窗户边；破窗而逃（被玻璃扎伤或摔伤）。

（二）学校的防震与避震

1．学校的防震准备

过去的一些震例表明，地震中学校最容易遭受灾难。因此，社区的大、中、小学校，幼儿园，尤其是中小学校，一定要认真做好必要的防震准备，但最主要的是防震知识准备。

（1）做好防震知识的学习和宣传，办好防震知识黑板报或墙报、开办地震知识讲座，组织师生观看有关防震的影视和录像挂图等，让同学们经常学习防震减灾知识。

（2）做好防震方案，在老师带领下熟悉校内和校外环境，认真参加学校防震演练活动（图 3-14）。

比如，在汶川特大地震中，极重灾区绵阳周边的安县桑枣中学，由于该校校长重视震前防御，加固教学楼，每周一次安全教育和每学期一次紧急疏散演习。汶川地震发生后，全校师生有组织地疏散到操场，无一伤亡。

图 3-14　地震演练

2．学校避震要点

（1）正在上课时避震

①无论教室是楼房还是平房，同学们都要在老师的指挥下，迅速躲在各自的课桌下。

②千万不要慌乱拥挤外逃，待地震过去后，在老师带领下有组织地疏散。

（2）操场或室外避震

①若在开阔地方，可原地不动，蹲下，注意保护头部（图 3-15）。

图 3-15　室外防震

②注意避开高大建筑物或危险物。

③震时千万不要回到教室去。

④不要乱跑、乱挤，待地震过去后，再按老师指挥行动。

（三）公共场所的防震与避震

1．开辟地震避难场所

避难场所是城市居民在震后居住和生活的重要临时场所，要根据地震应急预案或方案进行认真的选择，这对于有效防御和减轻地震或余震造成的损失十分重大，是社区配合上级开展防震减灾工作的一项重要内容（图 3-16）。

图 3-16　避难场所

1975 年 2 月 4 日，辽宁海城 7.3 级大地震前的当天上午，发生了一次 4.7 级地震，营口市政府在 20 分钟后召开紧急防震动员大会，果断地采取应急措施，立即组织人员疏散。为了动员居民离开住房，有的地方还放映露天电影，吸引人员到达空旷场地。由于措施得当，大大减少了地震时的人员伤亡。

1995 年 7 月 10 日，云南孟连发生 6.5 级地震，专家们到现场后根据多年积累的资料和详细的分析，认为还会发生 7 级以上地震。由于时间紧迫，他们向县政府做了汇报，预告在 3 ～ 10 天内可能还会发生更大的地震。县政府经过研究，马上组织了 25 个工作组，对所有的房屋进行检查，把公共场所和学生宿舍的学生和人员都迁到室外。7 月 12 日，7.3 级地震发生后，只死亡 11 人，伤 130 人。可见开辟避难场所，震时进行人员疏散十分重要。

开辟地震避难场所要注意：

①避难场地应是远离楼房和尚大建筑物的空旷地区。

②避难场地应是抗震性能较好的体育场馆、学校操场等场所，以利于灾民避寒、避阳、避雨等。但在避难前要对这里的建筑物进行必要的检验和鉴定。

③要确定各疏散点安置人员的数额。

④疏散地要有两个以上出入口，要保证场地周围的道路通畅。

2．公共场所的避震要点

在公共场所，当发生地震时一定要听从现场工作人员的指挥，不要慌乱，不要拥向出口，要避开人流，避免被挤到墙壁或栅栏处。

图 3-17 影剧院避震

（1）影剧院、体育馆等避震（图 3-17）

①就地蹲下或趴在排椅下。

②注意避开吊灯、电扇等悬挂物。

③用书包等保护头部。

④等地震过去后，听从工作人员指挥，有组织地撤离。

（2）商场、书店、展览馆、地铁等避震（图 3-18）

图 3-18 商场避震

①选择坚实的柜台、商品（低矮家具等）或柱子边，以及内墙角等处就地蹲下，用手或其他东西护头。

②避开玻璃门窗、玻璃橱窗或易倒柜台。

③避开高大不稳或摆放重物、易碎品的货架。

④避开广告牌、吊灯等高耸悬挂物。

（3）行驶的电（汽）车内避震

①抓牢扶手，以免摔倒或碰伤。

②降低重心，躲在座位附近。

③地震过去后再下车。

（四）其他场合的避震要点

1．户外避震（图 3-19）

图 3-19 户外避震

发生地震时如果你恰逢在户外，则要就地选择开阔地避震，并注意以下避震要点：

（1）蹲下或趴下，以免摔倒。

（2）不要乱跑，避开人多的地方。

（3）用书包等保护头部。

（4）不要随便返回室内。

（5）避开高大建筑物或构筑物（如楼房，特别是有玻璃幕墙的建筑，过街桥、立交桥、高烟囱、水塔等）。

（6）避开危险物、高耸或悬挂物（如：变压器、电线杆、路灯、广告牌、吊车等）。

（7）避开其他危险场所（如：狭窄的街道，危旧房屋、危墙，女儿墙，高门脸，雨篷、砖瓦、木料等物的堆放处）。

2．野外避震

（1）避开山边的危险环境

①避开山脚、陡坡，以防山崩、滚石等。

②避开陡峭的山坡、山崖，以防地裂、山崩等。

（2）躲避山崩

图 3-20　野外避震

遇到山崩，要向垂直于滚石前进的方向跑，切不可顺着滚石方向往山下跑（图 3-20）；也可躲在结实的障碍物下，或蹲在地沟、坎下特别要保护好头部。

3．不同时段的避震

（1）地震发生在白天

汶川大地震就是在白天发生的。当感觉到发生地震时，先别慌，要稳定情绪，注意观察。如果只是感到轻微的上下跳动，然后左右摆动，根据前面介绍的知识可判断出地震不会很大且很可能离自己比较远，不会造成建筑物破坏，所以不必惊慌外逃。如果感到上下跳动十分强烈，而人正在高层楼房内，那么靠门的人应立刻到走廊去，屋内的人迅速靠墙根或立刻躲在桌子旁边，蹲下闭眼抱头。在室

外的人可原地蹲下不动，双手保护头部。应尽量避开高大的建筑物，千万不可在大地颤动时进入室内取财物或者救人。

正在家里的人，地震时应立即躲到厨房或卫生间，注意远离玻璃窗，不要慌忙外逃，更不可盲目跳楼。也可趴在床旁边，利用床沿构成一个安全三角区。由于床板经不起重物的撞击，千万不要钻到床下边。

（2）地震发生在夜间

唐山大地震就是在夜间发生的。当夜间发生地震时，要赶紧清醒过来，迅速逃生。不要因为寻找衣服和穿衣服而耽误时间。

应抓紧选择正确的避震方式和避震空间，比如迅速进入卫生间、厨房、厕所、过道等一些跨度较小的三角空间去避震，或趴到床边用枕头护住头部。千万不要去开门或往楼道、电梯跑，更不要在已转移到安全地点后再返回取衣物。

（五）遇到特殊危险时的避震要点

（1）地震时遇到燃气或毒气泄漏时，要用湿毛巾捂住口鼻，迅速向上风方向撤离，并尽快向有关部门报告。

（2）遇到火灾时，要用水浸湿衣服或把被子等披在身上，用湿毛巾捂住口鼻，低姿撤离现场。

（3）遇到地震引发的海啸和洪水时，要远离海岸，避开山涧、谷底和河流，选择在河流两侧的斜坡、山丘上避难，在城市里可以到坚固高大的建筑物上躲避。

（六）地震防护口诀

大震来时有预兆，地声地光地颤摇，虽然短短几十秒，做出判断最重要。

高层楼撤下，电梯不可搭，万一断电力，欲速则不达。

平房避震有讲究，是跑是留两可求，因地制宜做决断，错过时机诸事休。

次生灾害危害大，需要尽量预防它，电源燃气是隐患，震时及时关上闸。

强震颠簸站立难，就近躲避最明见，床下桌下小开间，伏而待定保安全。

震时火灾易发生，伏在地上要镇静，沾湿毛巾口鼻捂，弯腰匍匐逆风行。

震时开车太可怕，感觉有震快停下，赶紧就地来躲避，千万别在高桥下。

震后别急往家跑，余震发生不可少，万一赶上强余震，加重伤害受不了。

四、震后自救与互救

（一）震后自救措施

图 3-21 等待救援

自救是指被埋压人员尽可能地利用自己所处环境，创造条件及时排除险情，保存生命，等待救援（图 3-21）。

1. 被埋压时自救

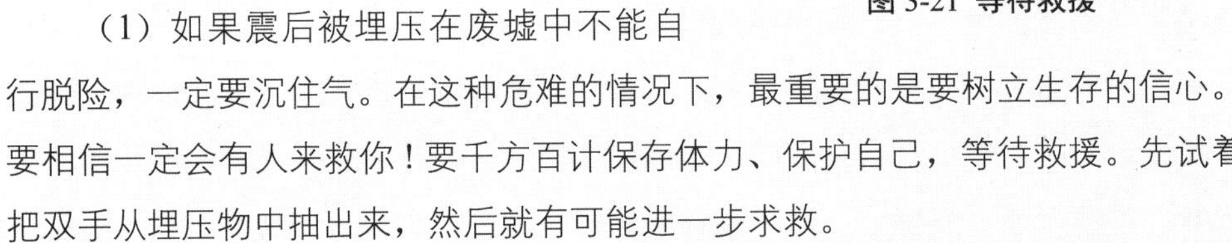

（1）如果震后被埋压在废墟中不能自行脱险，一定要沉住气。在这种危难的情况下，最重要的是要树立生存的信心。要相信一定会有人来救你！要千方百计保存体力、保护自己，等待救援。先试着把双手从埋压物中抽出来，然后就有可能进一步求救。

（2）保护自己不受新的伤害。首先，要保持呼吸畅通。尽量挪开脸前、胸前的杂物，清除口、鼻附近的灰土。其次，闻到煤气及有毒异味或灰尘太大时，应设法用湿衣物捂住口、鼻。然后，设法避开身体上方不结实的倒塌物、悬挂物。最后，扩大和保护生存空间。另外，不要随便动用室内设施，包括电源、水源等；也不要使用明火，因为空气中可能有易燃气充溢。

（3）设法与外界联系。仔细听听周围有没有其他人，听到人声时用石块敲击铁管、墙壁，以发出求救信号。与外界联系不上时可试着寻找通道。观察四周有没有通道或光亮；分析、判断自己所处的位置，从哪个方向有可能脱险；试着排开障碍，开辟通道；若开辟通道费时过长、费力过大或不安全时，应立即停止，以保存体力。

（4）如果暂时不能脱险，要耐心保护自己，等待救援。保存体力，不要大声哭喊，不要勉强行动，以延缓生命；寻找食物和水，食物和水要节约使用，无饮用水时，可用尿液解渴；如果受伤，想办法包扎，尽量少活动。

（5）被救出后要听医生的话，以免遭受新的伤害。按医生要求保护眼睛，长期处于黑暗中的眼睛避免强光的刺激；进水进食要听医嘱，以免肠胃受到伤害。

2. 自行脱险后救助

震后，若能自行脱离危险，应立即按下述要求行动：

图 3-22 参与救助

①迅速从各种危险环境中撤出。从危房中撤出，到开阔的地方去。临走前灭掉明火，关闭煤气开关，切断电源、火源。在有关人员指挥下撤离，千万不要拥挤。尽快离开室外各种危险环境，遇到特殊危险时要注意保护自己。不要轻易回到危房中去，谨防余震随时发生。

②尽快与社区、家人、有组织的疏散地点取得联系。

③在有关人员的指导下积极参加互救活动，按科学的方法救助他人（图3-22）。

（二）震后互救措施

1. 震后互救的原则

互救是指灾区幸免于难的人员对亲人、邻里和一切被埋压人的震后救助，因为被埋压的时间越短，被救者的存活率越高。外界救灾队伍不可能立即赶到救灾现场，在这种情况下，为使更多被埋压在废墟下的人员获得宝贵的生命，灾区群众积极投入互救，是减轻人员伤亡最及时、最有效的办法，也体现了“救人于危难之中”的崇高美德。因此在外援队伍到来之前，家庭和邻里之间应当自动组织起来，开展积极的互救活动。救助工作的原则是：

（1）先抢救建筑物边沿瓦砾中的幸存者，及时抢救那些容易获救的幸存者，以扩大互救队伍。

（2）应当首先抢救医院、学校、宾馆、招待所等人员密集地方的伤员。

（3）先救近，后救远；先救易，后救难。

（4）救援要快，时间就是生命。据统计，受灾人员被困 72 小时后生存的可能性仅有 10% 左右。

图 3-23 专业救援

2. 震后互救的要领

震后救人，环境、条件十分复杂，应因地制宜地采取相应的办法，关键是保障被救人的安全（图 3-23）。

（1）定位。先仔细倾听有无呼救信号，也可用喊话、敲击等方法询问埋压物中是否有待救者。如果听不到声音，可请其家属或邻居提供情况。根据现场情况，分析被埋压人员可能的位置。

（2）扒挖。使用工具扒挖埋压物时，一定要注意安全，当接近被埋压人时，不可用利器刨挖。扒挖时要特别注意分清哪些是支撑物，哪些是一般的埋压物，不可破坏原有的支撑条件，以防对人员造成新的伤害。扒挖过程中应尽早使封闭空间与外界沟通，以便新鲜空气注入。扒挖过程中灰尘太大时，可喷水降尘，以免被救者和救人者窒息。扒挖过程中可先将水、食品或药物等递给被埋压者使用，以增强其生命力。对难扒挖者，可作一个记号，以利于专业救助人员施救。

（3）施救。先将被埋压者头部暴露出来，清除口、鼻内的尘土，再使其胸腹和身体其他部分露出。对于不能自行出来者，应使其尽量暴露全身再抬救出来，不可强拉硬拖。

（4）护理。对于在黑暗、窒息、饥渴状态下埋压过久的人，救出后应给予必要的护理使其避免强光的刺激。不可突然接受大量新鲜空气，不可一下子进食过多。要避免被救人情绪过于激动。对受伤者，要就地作相应的紧急处理。

（5）运送。对救出的重伤员，应送往医疗点救治。对骨折伤员、危重伤病员，运送中应有相应的护理措施。对伤员的进一步医治和护理，则由接受医院负责。

应特别提醒的是，救人中一定要特别注意安全。千万不要对被埋压者造成新的伤害。地震中，曾发生过救人时踩塌被埋压者头上的房盖，使本来可以获救者不幸身亡的事情。扒挖时，用工具、利器伤人致命的事，也时有发生。因此，在参加抢救他人时，既要有热情，也要讲科学，千万不能鲁莽从事。

为了提高社区内震后互救的效果和效率，有必要在震前进行有针对性的救

助演练。普及救助知识，震后要尽可能组织这些训练有素者开展互救工作。

3．抢救伤员的注意事项

强烈地震在一瞬间便可以造成山崩地裂、房倒屋塌等灾害。各单位应在震前组织以医务人员为骨干的抢救队伍，以便一旦地震发生，就能及时地进行救护工作。

（1）细心搜寻伤员。要根据当时当地的实际情况，尽快研究出安全而又迅速的方法，可以根据呼救声或周围群众的反映，立即组织挖掘抢救。在接近伤员时，最好多用双手刨土或清除垃圾，避免使用铁器造成不应有的误伤。

（2）正确识别伤情。救援人员把伤员救出以后，应该立即检查有无呼吸道阻塞；有无休克现象；伤员精神状态如何；有无胸腔、腹腔或盆腔的内脏损伤；有无脊柱骨折脱位，引起脊髓损伤的截瘫；有无四肢骨折或关节脱位。以便正确判断伤情。

（3）迅速、及时、正确处理伤情。救援人员根据检查情况，迅速、及时、正确地做出相应处理。

（4）救援人员要随身携带简易抢救用品。如急救包，内装止血带、消毒纱布、棉垫、剪刀、绷带、胶布、针灸医针、镊子、注射器、急救药品及小夹板等。

五、震后预防疾病

（一）搞好临时环境卫生

地震后，粪便的处理是人们生活中的突出问题。最重要的是不能随地大小便，不能随便丢弃腐烂变质的食品，因为它们都会给我们的环境带来危害。要在卫生防疫人员的指导下，协助建起简易的公共厕所。厕所要加盖，四周挖排水沟，外围草帘。还要建临时垃圾坑及污水坑，定期喷洒杀虫剂。除自己遵守卫生公约外，还要对同事和亲友做好宣传工作。

（二）大力杀灭蚊蝇

地震后，由于厕所、粪池被震坏，下水管道断裂，污水溢出以及大批尸体腐烂，形成了大量蚊蝇孳生地，在短时内可繁殖大批蚊蝇，传播病菌，威胁人们的身体健康，所以必须采取一切有效措施，大力杀灭蚊蝇（图 3-24）。

（三）防止各类疾病

地震发生后，容易引发细菌性痢疾、霍乱、炭疽病、流行性感冒、肠道传染病、流行性乙型脑炎等，要在卫生防疫部门的指导下进行防疫和及时医治（图 3-25）。

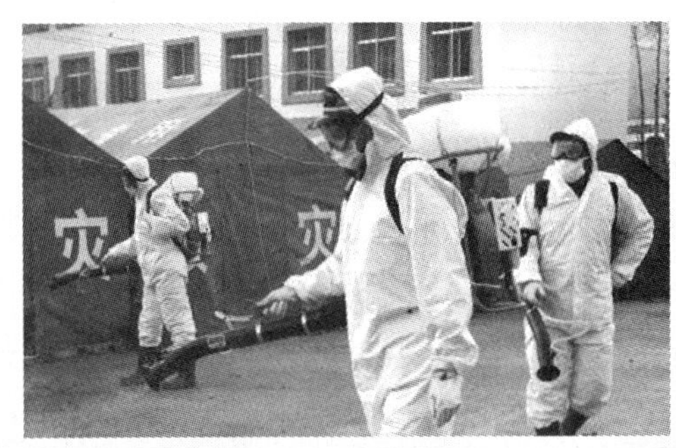

图 3-24 杀灭蚊蝇

图 3-25 预防疾病

六、震后临时防震棚的搭建

一次强烈地震发生后，往往伴随着大量余震的发生。在震情危险并未解除时，必须在屋外搭盖临时棚舍以供居住，此时要注意以下几个问题：

（1）棚舍最好搭在离开附近建筑物高度两倍远的地方，以免房屋倒塌伤人，也不要搭在高压电线的下面，以免线断触电；同时，也不要阻塞交通。

（2）棚顶上面不要压砖头、石块或其他笨重物体，以免坠落砸人。

（3）要注意管好照明灯火、炉火和电源，以免引起火灾，因为搭盖棚舍用的材料，如油毡、木材、篷布、塑料制品等都是易燃品，容易着火。

（4）在雨汛期间，临时棚舍不要搭在河边、湖边或地势低洼、容易积水的地方，以免岸垮堤塌，造成水灾，损伤人员和物资。

（5）在夏天，特别要搞好环境卫生，保持饮水清洁，处理好粪便和垃圾，注意防潮、防暑，防止疾病蔓延。

（6）在冬天的北方，棚舍内烧煤取暖时，不仅要注意防火，还必须注意防止煤气中毒。

（7）临时棚舍是我们在地震期间工作、学习和生活的地方，要尽可能保持环境的安静，带小孩的人员要教育和照管好孩子，以免影响正常的工作和学习。

七、震后心理救护

（一）地震发生后人的心理经历

一般来说，人们在强大的自然灾害过后，心理上主要会经历以下三个阶段：

（1）惊吓期。在这一阶段，容易对发生过的灾难和经受的身心创伤丧失知觉，就像人们常说的“失魂落魄”那样，灾害过去后，往往不能完整地回忆起事情的许多方面。

（2）恢复期。到这一阶段，会出现焦虑、紧张、失眠、注意力下降等症状，这一情况相当于人们常说的“后怕”。也可能变得容易发脾气，缺乏耐心，容易与人发生冲突。一般来说，恢复期包括“否认—愤怒—讨价还价—抑郁—接纳”五个阶段。

（3）康复期。过了这一阶段，心理重新达到平衡，重新回到正常的生活状态中。

（二）学会照顾好自己的心灵

作为地震的幸存者，每个人心里都留下了创伤，治疗创伤的最好医生是自己。

1．请尝试面对你的痛苦

（1）在面临重大的丧失时，如此痛苦是正常的，而非表示你心理有问题。

（2）你已经很了不起了，尝试着面对这么巨大的悲伤。

（3）你会痛苦表示你还活着，还有能力应付这考验。

（4）此刻只要体会感受就好，稍后再来学如何处理它们。

（5）过一阵子你就会知道，你不会永远停留在这些感觉里的。

（6）当你体会到自己的感觉之后，更重要的是去表达它们，但不要因此去伤害自己与他人。

2．接受你的悲伤，说出你的感觉

（1）就算你不相信，它已经真实地发生了。

（2）接受它，这是一个重大的可怕的丧失。

（3）很多人可能叫你不要难过，要你振作，他们是好意，不忍心看你痛苦。

（4）一段时间的悲伤和沮丧是正常的、自然而必要的，你有理由有悲伤的感觉。

（5）哭泣是疏通、减轻悲痛的好方法，请尽情地哭吧！

（6）你有权利悲伤和哭泣，即使我们并未亲身经历你的不幸，我们仍会陪伴你共同哭泣。

（7）暂时的悲伤是有帮助的，只要它不变成慢性的自怜或永久性的自伤。

（8）请不要隐藏你的感觉，试着说出你的感觉，你的所见、所闻、所思、所受，试着向周围的人表达你的需要。

（9）把悲痛诉说出来，这样会让你感到比较好过，也可以帮助你的心灵更快恢复。要知道，你说出内心感受，周围的人可以一起分担你的悲痛。

3．如果心中有隐隐的害怕感，请深呼吸

（1）小心应对你的罪恶感。

（2）准备好经历情绪的起伏。

（3）多留意自己的身心状况，适时让自己休息。

（4）接受他人诚心提供的帮助支持。

（5）给自己一点时间。

（6）换一个角度看看不幸。

（7）尽量让你的生活作息恢复正常。

（8）做些可以放松和快乐的事。

（9）不要因为不好意思或忌讳而不谈论这次经历。

（10）健康心态纪念逝者。

（三）克服恐惧和悲伤，勇敢面对现实

1．身体疾病的处理

人身安全受到威胁后，会引发心理的不适，导致焦虑、忧郁、紧张等症状。因此，心理救护的第一步便是检视自己的身体状况，如有疾病，立即向医疗人员求助。

2．舒缓情绪

要把积压在心里的东西表达出来，舒缓情绪。在适当的环境下，用哭泣、呐喊或向人倾诉等方法，可以疏解累积的压力，避免陷入更深的痛苦。

3．有规律地作息

既然脱离了险境，就应尽快让生活恢复原来的秩序。最好能充分休息一段时间，规律而正常的生活作息制度有助于内心恢复平静。

4．寻求支持力量

得到安全感是心理疗伤的重要内容，亲情与友情的温暖会让你觉得舒服些。对于失去双亲的少年儿童，除了物质上的支援之外，还要在社会的帮助下联络外地或者本地幸存的亲友，尽快得到精神上的安全抚慰。

5．保持良好的心态

生存危机的巨大压力，会让人产生一些不舒服的症状。只要这些症状随着时间流逝而逐渐改善，就无须过度担心，过度担心反而会更令人难过。

6．找心理治疗专业人士讨论

如果你已经尝试过前面的方法，仍然无法改善目前的状况，建议你与就近的心理治疗专业人士联系，他们会提供更进一步的建议或安排必要的治疗（图 3-26）。

图 3-26 心理咨询队

（四）怎么安慰自己的朋友和家人

假如你的朋友或家人有恐惧感而又未立即求医，那么即使是非专业人员的你，你的关怀接纳对他们来说也十分有效，但必须具备以下的态度：

1．无言的陪伴

这是恐惧者最重要的药方。很多人以为帮助别人需要说一些话来安慰他以使他觉得好一点，但根据心理师所说，这是极错误的做法，因为这时候你所说出的话，其实大部分是为了减低自己内心焦虑的话，对恐惧而言其实都是废话。真正有效的，是你的存在及陪伴，对他们而言，无言的陪伴产生极大的安抚作用。

2．一杯温水

心理治疗师面对个案叙述痛苦时候，曾说一杯温水胜于千万言语，手中感觉热水的温暖及眼见你关怀的动作，这才是他们最需要的。

3．一张面纸

对于哭诉者，最错误的做法，是叫他们不要难过。这只是你害怕别人哭泣为自己说的话，假如你能够按住自己内心的恐惧，给他一张面纸，他会感觉被你接纳，终于有人可以让他大哭一场，心中刺痛便得以疏解。

4．大耳朵少嘴巴

打开你的耳朵，闭起你的嘴巴，聆听他说故事！这就是目前风行世界的心理治疗派别（Narrative 述事派）的做法。

5．说停就停

不要逼他说，他不想说就让他停在那里，受苦的人承受不起别人的催逼。

（五）怎样帮助灾区儿童

人类遇到大灾难，无论大人或小孩，都会产生强烈的惧怕和惊恐，这是生命的自然现象，也是人承受的压力极限的表露。所以我们要认识到：

（1）把恐惧视为身心自然的反应，要设法纾解而不是压抑。

（2）要避免把自己的害怕和不安的想象传输给孩子，而加深其惧怕的心理。

（3）引导孩子表达恐惧和不安，进而引导孩子认清过度不安的不合理，让惧怕得到缓解。

(4)教孩子面对现实，越能了解真实，越不容易受制于非理性的惧怕（图 3-27）。

(5)关怀孩子，愿意聆听他们的忧虑、不安和困扰，并设法解释和安慰。

图 3-27　关爱儿童

(6)正确的行动会带来积极的想法，

同时也引发好的情绪反应。

八、域外经验

（一）美国人的地震自救

美国国际救援小组（ARTI）的首席救援者、灾难部的经理、曾经和来自60多个不同国家的各种救援小组一起工作过、曾在875个倒塌的建筑物里爬进爬出的道格·库普向我们提供了在地震中挽救生命的信息：

当建筑物倒塌时，落在物体或家具上的屋顶的重力会撞击这些物体，使得靠近它们的地方留下一个空间。这个空间被称作“生命三角”。物体越大、越坚固，它被挤压的余地就越小。而物体被挤压得越小，这个空间就越大，于是利用这个空间的人免于受伤的可能性就越大。

(1)当建筑物倒下时，每个只是简单地“蹲下和掩护”的人都被压死了，每次，毫无例外。而那些躲逃到物体如桌子或汽车下的人也总是受到了些伤害。

（2）猫、狗和小孩子在遇到危险的时候，会自然地蜷缩起身体。地震时，你也应该这么做。这是一种保护自身安全的本能。而且你在一个很小的空间里就可以做到。靠近一个物体，一个沙发或一个大件家具，它仅受到了略微的挤压，但在靠着它旁边的地方留下了一个空间。

（3）在地震中，木质建筑物最牢固。木头具有弹性，并且与地震的力量一起移动。如果木质建筑物倒塌了，会留出很大的生存空间。而且，木质材料密度最小，重量最小。砖块材料则会破碎成一块块更小的砖。砖块会造成人员受伤，但是，被砖块压伤的人远比被水泥压伤的人数要少得多。

（4）如果晚上发生了地震，而你正在床上。你只要简单地滚下床。在床的周围会形成一个安全的空间。

（5）如果地震发生了，而你正在看电视，不能迅速地从门或窗口逃离，那就在靠近沙发或椅子的旁边躺下，然后蜷缩起来。

（6）当大楼倒塌时，很多人在门口死亡了。怎么回事？如果你站在门框下，当门框向前或向后倒下时，你会被头顶上的屋顶砸伤。如果门框向侧面倒下，你会被压在当中，所以，不管怎么样，你都会受到致命伤害！

（7）千万不要走楼梯，楼梯与建筑物摇晃的频率不同（它们和建筑物的主体部分分别晃动）。楼梯和大楼的结构物发生不断地碰撞，直到楼梯发生构造问题。人在楼梯上时，会被楼梯的台阶割断，这是很恐怖的毁伤！就算楼梯没有倒塌，也要远离楼梯。楼梯就像大楼一样会被损坏。哪怕不是因为地震而倒，也会因为承受过多的人群而坍塌。所以，我们应该首先检查楼梯的安全，甚至建筑物的其他部分有没有被损坏。

（8）尽量靠近建筑物的外墙或离开建筑物。靠近墙的外侧远比内侧要好。你越靠近建筑物的中心，你的逃生路径被阻挡的可能性就越大。

（9）当发生地震时，在车内逃生的人会因路边坠落的物体砸伤，这正是尼米兹高速路上所发生的事情。旧金山市地震中的无辜受害者都待在车内。其实，他们可以简单地离开车 辆，靠近车辆坐下，或躺在车边就可以了。所有被压垮的车辆旁边都有一个近1米高的空间，除非车辆是被垂直落下的物体压垮。

（10）在报社或办公室里堆有很多报纸的地方，通常会好些，因为报纸不受挤压。你在纸堆旁可找到一个比较大的空间。

（二）日本人的成功经验

1. 日本人的应急“百宝箱”

作为经常发生地震的岛国，日本在防震方面，确有很多值得我们学习的经验。

比如，在日本的各个大公司，员工桌下都有免费配置的防灾应急箱，就是很有特色的对抗地震的手段（图3-28）。

图3-28 应急“百宝箱”

这种防灾应急箱体积不大，内部配置略有差别，但是大体可以满足地震发生时幸存人员的自救需要，可以最大限度地延长等待救援时间。那么，这种箱中究竟有哪些物品呢？这种应急箱是日本使用最为普遍的样式，由硬纸制成，打开后可见一张清单，列举其中物品，包括：

（1）附有加强橡胶指垫的棉线手套一副。遭到地震后，自救逃生是一项艰巨的任务，特别是被砖石杂物困住时，单靠自己双手很难脱险。而戴上这种手套，可以一定程度上提高挖掘砖石瓦砾的能力，增强自己挖掘出险的可能。同时，这种手套戴上后还可以防滑，如果脱险时需要攀爬也可以起到很好的帮助作用。

（2）应急食品两罐，内容包括每罐110克有盐压缩饼干、冰糖糖块和熟花生米，这些食物的味道并不好吃，但是热量很高，可以有效补充体力和矿物质。按照说明，这两罐食品，在静止不动时能够满足一个成年人坚持4天的营养需要，加上人自身在断粮情况下有一定的自持时间，这将大大提高受灾者等待救援的时间。

（3）饮用水两罐，每罐340克。由于人对于水分的需要更甚于食品，所以在防灾应急箱中的水用双层金属罐包装，以尽量避免在地震中遭遇挤压损坏。遵照医学研究的结果，这种饮用水中不掺杂果汁等添加材料，据说这样是最能保障饮用水发挥救生效率的做法。同时，不掺杂添加材料，在必要时还可以用这种纯净水清洗伤口，避免感染。

（4）经过特殊处理的蜡烛两根，火柴一盒。在一些应急箱中，也有放置应急灯的，但大多数日本的应急箱放置蜡烛。这是因为蜡烛可以不怕潮湿影响，品质可靠，除照明外还可以充当火种和判断氧气含量。这种通过特殊处理的蜡烛，可以连续燃烧4.5小时，比大多数应急灯能够提供的照明时间都要长。

（5）超薄保温雨衣一件。这种银色的保温雨衣是高科技产品，整件雨衣折叠后和一条手帕的体积不相上下，重量极轻，却可以连头包裹一个壮年大汉。这种雨衣采用了类似美国阿波罗飞船宇航员太空服的材料，可以有效隔热并有较好的韧性。在遭遇地震灾害时，很多人在废墟残骸中等待救援时面临体温下降的问题，这种雨衣可以有效地保存体温，增加生存的希望。必要时也可用它制成简易的储水器，来保存雨水以供饮用。

（6）高强度尼龙携行袋一个，使用者可以用这种携行袋将箱内物品全部装入随身携带。在地震中，脱离危险地带后，往往当地还有无水无电、交通中断的阶段。那时，随身携带应急箱中的食品饮水，就很有价值了。

有的应急箱中还有药品，绷带等，有的还带有逃生的绳梯等工具。这种应急箱很多日本家庭也有预备，值得一提的是，日本商场上这种最好的应急箱，却是中国制造的。

2．充分的准备

除了应急箱，日本在防震的其他方面，也有较为充分的准备。例如，日本的房屋设计，对抗震有非常严格的标准，在2007年，就有建筑工程师因为忽视这种标准，尽管没有造成损失依然被判罪入狱；日本的电缆线路，为了避免地下管线在地震中容易损坏而难以维护的缺点，一律采用空中架线，因此电线杆林立，对市容颇有破坏也在所不惜；日本的居民区，都设置有固定的“防灾避难地”，多在开阔的学校操场、公园等地，旁边有醒目的标志提醒人们在地震发生时到此逃避。

3．居委会的作用很重要

如果10万灾民各自独立行动或只是等待救援的话，10万人都只是受害者。如果大家共救的话，10万人就能发挥几倍于10万人的力量。

（1）可考虑征集建筑工程人员

中林一树是日本一位地震防灾对策专家。看了电视上转播的四川汶川地震画面后，他告诉《国际先驱导报》：“这次四川灾区建筑主要是钢筋水泥或者砖瓦等重构造房屋。如果光靠手工来救灾的话，还是很困难的。救灾时需要很多建筑机器，比如电钻、起重机、发电机等。在目前机械不足的情况下，可以考虑从各地广泛征集有过建筑工地工作经验的工人参与救援，因为他们最懂如何撬起瓦砾和钢筋。”

（2）民众应树立“共救”意识

日本在最近20年来发生的地震中总结了许多教训，其中重要的一点就是不能单纯依靠中央政府的行政力量和自卫队救援的“公救”，受灾者自身要超越受

灾意识，主动团结起来，互助“共救”。

1995年阪神地震时，消防队的电话很难打通，从燃烧的房屋中救出受灾群众的、克服困难进行灾后建设的大部分力量来自民间，特别是“自治会”、“町内会”（类似于中国的街道办事处，居委会），这些组织成了抗灾救灾的核心力量。

比如这条街上谁饭做得好，就请他为大家做饭，其他人有什么特长也都各自贡献出来。大家过集体生活，一个人或一个家庭做不到的事，邻居间互相帮助，就能办到了。

正是依靠这种共救意识，日本才克服了救灾和重建等难关。

（3）对付流言要发动社会力量

四川地震发生后，国内一些地方曾出现“短期内还会发生大地震”的传言。其实日本地震时，也出现过这种情况。

如何对付类似传言呢？居委会可以发挥沟通行政机构和地区灾民之间的桥梁作用，及时向灾民传达正确的信息，安慰大家情绪。如果几百受灾群众中有一两个领导的话，就比较容易对灾民情绪进行管理了。

在日本的地震救灾中，除了居委会发挥了重要作用外，很多受人尊敬的学者教师等也主动站出来稳定大家的情绪。

（4）精神呵护也很重要

地震刚刚发生后，大家都想着互相帮助，所以都非常有精神。但是一周后，疲劳和不安就达到了顶点。震灾后人们的精神压力都很大，就算关系好的家庭或者朋友也会因此而争吵。震灾后，日本展开了多项针对灾民的精神救助，比如派出专家对震后幸存者进行心理咨询等。

（三）国外学校的地震教育

越来越多的国家意识到，抗灾教育始于学校，必须从各个方面进行相关的抗灾减灾教育和培训。

1. 学生教育篇

孟加拉国：“了解灾害＝化解灾害”

地处南亚的孟加拉国是一个自然灾害频繁的国家，在各种灾害中，儿童所受的伤害最为严重。

为了使儿童了解自然灾害，掌握应对自然灾害的措施，尽可能地降低因自然灾害所带来的损失与风险，孟加拉国提出了“了解灾害=化解灾害”的减灾教育口号。他们根据当地的实际情况设计了首套用孟加拉文写成的儿童减灾学习手册，帮助学生了解自然灾害，学习如何采取有效的减灾手段，并通过学生将这套学习手册推广到整个社区当中，使更多的人能够了解灾害，并学会应对自然灾害的技能。

自2006年初以来，该学习材料已经在孟加拉国26所中小学进行试验和推广，在那些自然灾害最为频繁的地区，该学习材料已经成为中小学正式课程的一部分。

减灾学习手册中，除文字介绍和说明外，还设计了一些游戏，帮助儿童进行学习和实践，并鼓励家长和教师参与到防灾教育的演练和模拟当中。

2. 教师培训篇

斯里兰卡：危机处理从教师培训开始

同样处于南亚印度洋沿岸的斯里兰卡也是一个易于遭受诸如洪水、飓风、海啸等自然灾害的国家。在经历了2004年印度洋大海啸的惨剧之后，斯里兰卡政府开始推行“灾难危害管理”计划，试图通过教育系统构建一种安全文化，为教师和学生构建起一套“灾难危害管理”课程，训练他们能够充分处理各种灾难。为了达到这一目的，斯里兰卡政府派遣一些优秀教师到印度接受减灾安全教育培训，帮助斯里兰卡发展教师培训课程，推进国家减灾安全教育。

这套培训课程的内容包括：总体认识斯里兰卡减灾教育所面临的形势和挑战；了解政府的各种减灾教育计划；认识教育部门在政府“灾难危害管理”计划中的重要地位；发展教师绘制学校逃生地图的能力；培育教师基本的社会精神，并对他们进行急救、搜寻和援救能力的培训；帮助教师发展基于本校的“灾难危害管理”计划。

接受过这些培训课程的教师将成为斯里兰卡学校减灾教育的管理者和负责人，负责开展学校的“灾难危害管理”计划，它大大提升了政府“灾难危害管理”计划在斯里兰卡学生、教师和教育行政部门中的地位。

3. 学校建设篇

日本：不遗余力建设坚固校园

日本地处太平洋板块、北美板块、非洲板块和菲律宾板块的交界处，地震时有发生，并已成为了日本最大的灾难隐患。为了使学校建筑成为孩子以及社区的临时庇护所，日本加强了对安全校园的建设，出台了一系列方针与政策，大刀阔斧地对中小学的建筑设施进行改建。

2003年7月，日本文部科学省颁布了《促进学校建筑抗震指南》，描述了学校建筑的基本概念，并列出了设计抗震学校建筑的方法。随后，政府出台了《改造学校建筑手册》，具体给出了学校改建措施方案，将可能在地震中易倒塌或严重损坏的学校建筑列为重点对象进行改造，比如加入钢架，增加防震墙，给柱子加上大梁等具体方法。

为了配合这项政策实施，日本文部科学省拨出大约1 000亿日元（约7.9亿美元）用于改进学校建筑，并指出在2007财政年度市政府应拨出1 140亿日元（约9亿美元）用于抗震改建。

通过持续不断的努力改进，日本学校建筑抗震改建工作取得了巨大的进展，2007年4月文部科学省的调查显示59%的日本中小学建筑已经完成了防震改造，达到了安全校园建筑标准。

4. 公众教育篇

哥斯达黎加：减灾融入国民教育计划

由于独特的地理位置和地质环境，中美洲南部国家哥斯达黎加经常会遭受到诸如火山爆发、地震等自然灾害的侵袭。因此，抗灾教育一向被视做哥斯达黎加的国家发展战略，并通过国民教育计划与教育系统融为一体。

哥斯达黎加国民减灾教育计划发展由来已久，早在1986年就已经作为非正式计划在农村地区特别是那些易受火山和地震侵袭的地区实施。进入21世纪以来，这项计划得到了进一步的强化和拓展，目前已经开始被引入私立教育领域。

目前，哥斯达黎加已经形成了完善的减灾教育管理体制，他们采用综合性的主题方式，发展减灾教育课程，注重学校与社区之间的联系，力图创造出一种重视减灾、了解减灾和预防灾害的社会文化环境。哥斯达黎加以学校为减灾教育基地，扩大减灾教育的社会影响，让社区成员参与到教育和管理当中，使减灾教育持久进行。

经过多年的实践和探索，哥斯达黎加形成了重视减灾教育的良好社会氛围，并建立起了政治、法律、行政、技术协同机制，为减灾教育的发展提供了广阔的空间，深得联合国国际减灾策略机构的赞赏与推荐。

第四章　水旱灾害

水旱灾害是水灾和旱灾的统称。因暴雨、山洪、融雪洪水、冰凌洪水、溃坝洪水等引起的灾害统称为水灾；因气候严酷或不正常的干旱而形成的气象灾害称为旱灾。水旱灾害威胁人民生命安全，造成巨大财产损失，并对社会经济发展产生深远的不良影响。防治水旱灾害虽已成为世界各国社会安定和经济发展的重要公共安全保障事业，但根除是困难的。水旱灾害至今仍是世界上一种影响较大的自然灾害。为此本章以水旱灾害为主题，理论和实际相结合，科学、全面地分析了水旱灾害的成因、危害、发生规律、发展趋势，并在总结我国以往防灾减灾经验的基础上，提出了今后防治水旱灾害的对策和措施。

第一节　暴雨灾害

暴雨是一种灾害性天气，往往造成洪涝灾害和严重的水土流失，导致工程失事、堤防溃决和农作物被淹等重大经济损失。特别是对于一些地势低洼、地形闭塞的地区，雨水不能迅速排泄造成农田积水和土壤水分过度饱和，会造成更多的地质灾害。暴雨一般指每小时降雨量 16 毫米以上，或连续 12 小时降雨量 30

毫米以上，或连续24小时降雨量50毫米以上的降水。由于各地降水和地形特点不同，所以各地暴雨洪涝的标准也有所不同。

我国气象学上规定，24小时降水量为50毫米或以上的强降雨称为暴雨。按其降水强度大小又分为三个等级，即24小时降水量为50～99.9毫米称“暴雨”；100～250毫米为“大暴雨”；250毫米以上称“特大暴雨”。国家建立有洪涝灾害预防和预警机制，根据防汛特征水位，将暴雨对应划分预警级别，通常由重到轻分为一、二、三、四共4个等级，分别用红、橙、黄、蓝色表示。蓝色预警：12小时内降雨量将达50毫米以上，或者已达50毫米以上且降雨可能持续。黄色预警：6小时内降雨量将达50毫米以上，或者已达50毫米以上且降雨可能持续。橙色预警：3小时内降雨量将达50毫米以上，或者已达50毫米以上且降雨可能持续。红色预警：3小时内降雨量将达100毫米以上，或者已达100毫米以上且降雨可能持续。

一、典型案例

2012年7月21日，北京遭遇特大暴雨。一天内，市气象台连续发布5个暴雨预警，暴雨级别最高上升到橙色。全市平均降雨量164毫米，为61年以来最大。最大降雨点房山区河北镇达460毫米。由于降雨频繁、雨势较大，北京大部分山区土壤含水量接近饱和，局地暴发山洪泥石流灾害的可能性增大。24日18时起，位于城市北部和东部的多个地区和首都机场等，汛情预警均由蓝色升级为黄色。暴雨造成多条地铁停运，数百乘客被困高架桥上，交通堵塞，首都机场航班208个架次延误或取消，受灾面积达1.6万平方千米，受灾人口190万人（图4-1）。截至8月7日，暴雨造成77人遇难，损失超过百亿元。

图4-1　北京暴雨场景

2013年6月1日—7月11日，四川省共出现5次强降雨过程，平均降水量308.4毫米，较常年同期偏多41.1%，为1957年以来历史同期最多。7月7日—

11日，都江堰幸福镇累计降雨量达1 151毫米，相当于当地年均降雨量（1 240毫米），为百年一遇。持续强降雨造成四川多地发生山洪、滑坡、泥石流灾害，岷江、沱江、涪江、青衣江等出现超警以上洪水，死亡或失踪人数超200人（图4-2）。

图4-2　四川洪水场景

2013年7月19日，云南昆明持续降雨9个小时193.5毫米的降雨量，昆明主城区道路基本都被淹，北站隧道水深高达3米；菊华立交桥下水深2米；昆明水文站监测到盘龙江历史最高水位。昆明北市区北京路一片汪洋，无法通行，昆明市区多条道路拥堵，许多老小区均出现了水淹的情况（图4-3）。从18日晚至19日的暴雨天气导致16个小区12 700户居民停电。19日上午，昆明供电局接到配电室被水淹情况报告28起。

图4-3　昆明暴雨场景

二、形成原因及危害

（一）形成原因

暴雨形成的过程相当复杂，产生暴雨的主要条件是充足的源源不断的水汽、强盛而持久的气流上升运动和大气层结构的不稳定。大气中充足的水汽在强烈的上升运动过程中，被迅速向上输送，云内的水滴受上升运动的影响不断增大，直到上升气流托不住时，就急剧地降落到地面，从而形成暴雨。大、中、小各种尺度的天气系统和下垫面特别是地形的有利组合可产生较大的暴雨。大气的运动和流水一样，常产生波动或涡旋。当两股来自不同方向或不同温度、湿度的气流相遇时，就会产生波动或涡旋，其大的达几千千米，小的只有几千米。在这些有波动的地区，常伴随气流运行出现上升运动，并产生水平方向的水汽迅速向同一地区集中的现象，形成暴雨中心。

（二）暴雨危害

暴雨通常来得快，雨势猛，尤其是大范围持续性饱和集中的特大暴雨，它不仅影响工农业生产，而且可能危害人民的生命，造成严重的经济损失。暴雨的危害主要有以下两种。

（1）渍涝危害。由于暴雨，容易使很多城市发生严重内涝，道路积水，影响交通，主干道积水拥堵，部分环路断路，公交运营线路无法正常行驶，地铁停运，机场航班受影响。由于暴雨急而大，排水不畅易引起积水成涝，土壤孔隙被水充满，造成陆生植物根系缺氧，根系生理活动受到抑制，使作物受害而减产。

（2）洪涝灾害。由暴雨引起的洪涝淹没作物，使作物新陈代谢难以正常进行而发生各种伤害，淹水越深，淹没时间越长，危害越严重。特大暴雨易引起江河泛滥，不仅危害农作物、果树、林业和渔业，而且还冲毁农舍和工农业设施，甚至造成人畜伤亡，经济损失严重。

三、预防措施

（一）科学规划设计

一是合理布局排涝设施，排水系统标准要适当，尽可能保留原有河（沟）系；二是运用生态方法改善雨水系统条件，建设地下蓄水池、雨水利用系统，铺装人行道采用透水砖，增加透水层，减少硬质铺装等，减轻排水管网压力；三是严禁占用河道，河道沟渠要及时清淤，保证排水顺畅，要加强水务应急体系的建设并保障其正常运转。

（二）加强监测预警

一是系统分析影响本地区暴雨天气灾害发生规律，并建立暴雨天气数据库和灾情库，及时为领导决策和采取措施提供准确的气象参数。二是做好暴雨“落区”和“定点”预报预警，并迅速将暴雨天气可能出现的预报通过广播、电视、

手机短信、室外电子显示屏等各种发布渠道及时传递至各有关地区、有关单位和广大市民，以便相关部门及时启动应急预案和在暴雨天气出现以前提前采取诸如预降内河水位、人员撤离等必要的防灾措施。

（三）防御措施得当

（1）注意收听、收看有关气象灾害预警信息，科学应对气象灾害，主动减灾。暴雨天气发生时，常伴随大风、雷电等天气，容易造成进水、积水、树木折断、房屋倒塌和雷击灾害，公众尽可能停留在室内或者安全场所避雨，要有“闻雷即进屋”的习惯，远离易折断的树木、广告牌、危房以及容易进水、淹没的地区等。同时要关注暴雨发生和发展动向，随时掌握家庭及周边环境可能存在的灾害风险隐患，便于暴雨灾害发生时应急采取自救互救和正确逃生的方法。

（2）低洼、易受水淹的居民住宅区、地下室或地下车库、地下通道，遇暴雨天气，水容易进入，造成积水，因此在暴雨袭击之前要及早做好相关防范工作。可因地制宜地采取“小包围”预防措施，例如砌围墙、门口放置挡水板、沙袋、配置抽水泵等；在低洼、易受水淹的农田要开好排水沟、沟系配套，确保排水畅通，尽可能缩短作物受淹的时间，因为水淹时间越长，对农作物的影响也越大，容易造成烂根死苗。

（3）城市居民不随意将垃圾、果皮、杂物丢入河道、下水道、路边进排水口，避免发生暴雨时出现人为的积水成灾，居住在底层的居民，家中电器插座、开关等应移装在离地 1 米以上的安全地带，一旦室内进水，应立即切断电源，防止触电伤人。如遇暴雨路面出现积水，行走时，需看清路面上的窨井、坑、洞、高低不平处，要留意附近有无电源线断落在水中，防止人身伤害事故发生和扩大；易受暴雨侵害的学校、幼儿园和户外作业（如建筑、运输装卸、农事活动）需采取专门的保护措施，必要时果断停课、停业。

四、救助对策

（1）水中行，避井坑。出行遇到暴雨引起大面积积水，特别是儿童、妇女、老人要注意观察四周有关警示标志，注意路面，防止跌入窨井、地坑、沟渠等之中（图 4-4）。

图 4-4　暴雨中避井坑

（2）多观察，防触电。暴雨袭来，猝不及防。切记留心观察，远离电线、电器等设施，以防漏电致伤亡。

（3）遇积水，车绕行。驾驶员行车过程中，突遇暴雨，当心路面或立交桥下积水过深，尽量绕行，切莫强行通过。

（4）砌土坎，防内涝。为防止暴雨发生时雨水灌入室内，居民可因地制宜采取放置挡水板、堆砌土坎或其他有效措施，将其拒之门外。

第二节　山洪灾害

山洪是指山区溪沟中发生的暴涨洪水。山洪具有突发性强、水量集中、流速大、冲刷破坏力强的特点，水流中挟带泥沙甚至石块等，常造成局部性洪灾。

在各种自然灾害中，山洪是最常见且又危害最大的一种。我国山洪灾害的类型多，分布广，出现频率高，波及范围广。山洪水量大，流速快，常裹带大量石块和泥沙，经常冲垮公路桥梁、毁坏村庄建筑，来势凶猛，破坏性极强。洪水不但淹没房屋和人口，造成大量人员伤亡，而且还卷走人类居留地的一切物品，并淹没农田，毁坏作物，导致粮食大幅度减产，从而造成饥荒。洪水还会破坏工厂厂房、通信与交通设施，从而造成对国民经济的破坏。

一、典型案例

2010 年 7 月 13 日 4 时许，云南省昭通市巧家县小河镇突降暴雨，引起山洪暴发和小河炉房沟水位急剧上涨，倾泻而下的洪水和泥石流导致集镇富民街居民生命财产遭受严重损失。洪灾导致 22 人遇难，23 人下落不明，43 人受伤，其中重伤 11 人，受灾人数达 1 200 余人。另外，洪灾造成 16 户 128 间房屋被冲毁，32 辆摩托车、8 辆汽车被冲走，沿街 80 余间店面损毁严重。据初步统计，洪灾造成当地直接经济损失达 1.75 亿元人民币（图 4-5）。

图 4-5　巧家县山洪场景

2013 年 7 月 9 日云南省昭通绥江县遭山洪灾害，致使该县 5 个乡镇 31 个村 7 000 余人受灾，农业、交通、市政、通信、水利以及民房不同程度受损，直接经济损失达 2 218.45 万元，还造成 4 人不幸遇难、1 人轻伤。县城兴汶社区、华峰社区、五福社区因排水沟严重堵塞而变成“泽国”（图 4-6）。

图 4-6　云南绥江山洪场景

二、形成原因及危害

（一）形成原因

山洪主要影响因素有地形条件、森林覆盖条件和水源条件。成因除山体结构条件外，主要是喇叭形河口地形所致，形成短历时雷暴雨，引发山洪。水体既是山洪的组成部分，又是激发因素，主要来自降雨。暖湿气流遇山体阻挡，产生暖湿气流上升运动，在山顶和迎风坡形成冷暖锋面产生雷暴雨。由于山体的中上部伸入云层，地面还是十分闷热，山雨欲来风满楼时，山体的中上部早已处于两层之中。所以往往地面降雨不久，山洪就暴发了。

（1）地形条件。山洪灾害的发生有其内在因素，但外界条件的变化往往使灾害进一步加剧。近年来由于全球气候变暖，极端天气变化，山洪暴发的频率也在不断增加。一般形成山洪的地形特征是中高山区，相对高差大，河谷坡度陡峻。暖湿气流遇山体阻挡，产生暖湿气流上升运动，在山顶和迎风坡形成冷暖锋面产生雷暴雨。

（2）森林覆盖条件。大范围树林、毛竹覆盖，当暖湿空气携带大量水汽，到达林区上空，与林区温度偏低、相对湿度偏大的冷空气交锋，易造成大的局部降水形成山洪。

（3）水源条件。降雨激发山洪的现象，一是前期降雨和一次连续降雨共同作用，二是前期降雨和最大一小时降雨量起主导激发作用。山顶土体含水量饱和，土体下面的岩层裂隙中的水体压力剧增。当遇暴雨，能量迅速累积，致使原有土体平衡破坏，土体和岩层裂隙中的压力水体冲破表面覆盖层，瞬间从山体中上部倾泻而下，造成山洪。

（二）山洪危害

（1）造成人员伤亡。洪水造成的最严重的破坏莫过于家破人亡、流离失所，而这些主要是由纯粹的流水力量导致的。在洪水中，15 厘米高的水流就可以将人冲倒，60 厘米多高的水流所产生的力量则足以冲走汽车。最危险的洪水是山洪暴发，它们是由突然、急剧汇集的水量导致的。山洪暴发可以在水量开始汇集（无论是过多降雨还是其他原因）后不久就袭击附近地区，因此很多时候人们根本看不到它们的到来。当大暴雨将大量雨水瞬间倾泻在山上时，暴发的山洪会极具破坏性。

（2）损毁建筑。由于一个地区内聚集了大量的水，山洪暴发时的急流往往在流动时带有巨大的冲击力，除了能够冲走行人、汽车，甚至还能冲毁房屋。另外，洪水中夹杂的淤泥和碎片也会对建筑物和物品造成损坏。

（3）经济损失巨大。洪涝灾害冲毁农田，造成农业大量减产甚至绝收，有时造成连续多年的减产减收；冲塌房屋，居民财产被吞没，使人们财产遭到严重

损失；造成城镇受淹，工矿企事业单位被淹停产停业，各单位的财产损失十分严重；毁坏铁路、公路和城镇基础设施；破坏水利设施等。

（4）造成交通中断。山洪破坏基础设施，造成铁路、公路以及桥梁等毁坏，使交通陷于瘫痪，电力、通信线路中断。特大山洪灾害往往冲毁渠道、桥梁、涵闸等水利工程，有时甚至导致大坝、堤防溃决造成更大的破坏，直接影响政治、经济以及人民的正常生活秩序。

（5）引发次生灾害。洪涝灾害还常常伴随泥石流、滑坡、山崩，以及化工设施毁坏后所产生的化学事故和灾后出现的瘟疫、饥荒等次生灾害，使灾情趋于复杂化、扩大化。洪涝引起的山区泥石流突发性更强，一旦发生，人民群众往往来不及撤退，造成重大伤亡和经济损失。

三、预防措施

（1）科学预测、及时预报。山洪灾害突发性强，防御难度大，认真研究山洪灾害发生的特点和规律，科学、合理地谋划防治对策、方案以及防御应急预案，科学防御突发性的自然灾害。在雨季来临前，水利、气象、水文等部门应加强与国土资源部门的协作，做好雨情、水情的预测工作，及时做出强降雨和洪水预报，并报告当地人民政府（及其防汛防旱指挥部）和地质灾害防治的主管部门及有关单位，遇紧急情况要以最快速度通知到各有企事业单位和广大群众，有险情征兆时提前组织群众转移，确保人民群众生命安全，减轻山洪灾害损失。

（2）加大宣传力度，普及防灾常识。预防山洪灾害较为行之有效的方法就是要加大山洪灾害的相关常识和防御山洪灾害知识的普及工作。增强广大群众的自我防护能力和意识。让群众用科学实用的防洪知识来避灾、救灾，这是最好的手段。群众有了自我防护意识，了解了山洪形成的原因，了解了山洪的特征，就会提高警觉性。

（3）加大执法管理，规范工程建设。首先要避免因筑路、挖渠等活动影响山体稳定，人为造成山洪地质灾害隐患。避免把房屋修建在山洪灾害易发区、沿河（溪）低洼地带等危险区域，切实减轻山洪灾害损失。

（4）建立完善预警体系。首先要落实防灾巡查员，加强对他们进行山洪灾害的相关常识及预警报告知识培训，配备相应的通信工具，使他们具备一定的防灾知识，拥有能够及时沟通联络的工具。其次，各巡查员在发现突发短时暴雨和山洪灾害时，要立即向防汛防旱指挥部和下游群众报警。防汛防旱指挥部接到报警后，立即会商，及时启动预警预报体系和防灾预案，制定切实可行的救灾应急措施。从而为紧急撤离群众、减少人员伤亡和财产损失等救灾工作取得主动权，从而最大限度地减轻灾害损失。

（5）加大水保工作的监督管理，从源头上降低山洪灾害发生。首先要加强对在建工程的监督，若在建工程没有采取切实可行的措施，就会造成大量水土流失，只有切实加强监督，促使各单位按水保方案做好水土保持工作，才能有效地减少水土流失。其次要恢复山区被破坏的植被，提高山区雨水涵养能力，减慢降雨后形成地表径流的速度，大力开展植树造林、封山育林、退耕还林等工作，尽最大的努力降低山洪灾害的发生。

四、救助对策

（一）遭遇山洪

一定要保持冷静，迅速判断周边环境，尽快向山上或较高地方转移。如一时躲避不了，应选择一个相对安全的地方避洪。

（1）受到洪水威胁时，应该有组织地迅速向山坡、高地处转移。来不及转移的人员要就近迅速向楼房、避洪台等地转移，或者立即爬上屋顶、楼房高层、大树、高墙等高的地方暂避，等待救援人员的到来。

（2）当突然遭遇山洪袭击时，要沉着冷静，千万不要慌张，并以最快的速度撤离。脱离现场时，应该选择就近安全的路线沿山坡横向跑开，千万不要顺山坡往下或沿山谷出口往下游跑。

（3）山洪流速急，涨得快，不要轻易游水转移，以防止被山洪冲走。山洪暴发时还要注意防止山体滑坡、滚石、泥石流的伤害。

（4）突遭洪水围困于基础较牢固的高岗、台地或坚固的住宅楼房时，在山

丘环境下，无论是孤身一人还是多人，只要有序固守等待救援或等待陡涨陡落的山洪消退后即可解围。

（5）如措手不及，被洪水围困于低洼处的溪岸、土坎或木结构的住房里，情况危急时，有通信条件的，可利用通信工具向当地政府和防汛部门报告洪水态势和受困情况，寻求救援；无通信条件的，可制造烟火或来回挥动颜色鲜艳的衣物或集体同声呼救。同时要尽可能利用船只、木排、门板、木床等漂流物，做水上转移。

（6）发现高压线铁塔歪斜、电线低垂或者折断，要远离避险，不可触摸或者接近，防止触电。

（7）被山洪困在山中，应及时与当地政府防汛部门取得联系，报告自己的方位和险情，积极寻求救援。

（8）如洪水继续上涨，暂避的地方已难自保，则要充分利用准备好的救生器材逃生，或者迅速借助一些门板、桌椅、木床、大块的泡沫塑料等能漂浮的材料进行逃生。

（二）落水自救

（1）如已被卷入洪水中，一定要尽可能抓住固定的或能漂浮的东西，寻找机会逃生。

（2）万一掉进水里，要屏气并捏住鼻子，避免呛水，试试能否站起来。

（3）如水太深，站不起来，又不能迅速游到岸上，就踩水助游，或抓住身边漂浮的任何物体。

图 4-7 山洪自救

（4）如会游泳，就游向最近而且容易登陆的岸边。如不会游泳，千万不要慌乱，可按以下两种办法行动：一是面朝上，头向后仰，双脚交替向下踩水，手掌拍击水面，让嘴露出水面，呼出气后立刻使劲吸气；二是迅速观察四周，看是否有露出水面的固定物体，并向其靠拢（图 4-7）。

第三节 融雪洪水

融雪洪水是由积雪融化形成的洪水，简称雪洪，其主要补给源为冰融水和雪融水。融雪洪水主要分布在我国东北和西北高纬度山区如新疆阿勒泰等地区，河流冬季的积雪较厚，随着春季气温大幅度升高，各处积雪同时融化，江河流量或水位突增形成融雪洪水。这种洪水一般发生在4—6月，洪水历时长，涨落缓慢，洪水过程受气温影响而呈锯齿形，具有明显的日变化。洪水大小取决于积雪面积、积雪深度和融雪率。

融雪洪水分为两大类：一类是积雪融水洪水。在一些中高纬地区和高山地区，如中国东北、西北地区冬季漫长而严寒，积雪较深，来年春、夏季气温升高超过零摄氏度，积雪融化形成雪洪有平原型和山区型。有些高山（如天山、喜马拉雅山）等地区，当夏季气温较高且持续时间较长时，永久积雪和冰川也发生融化形成夏汛，它与冬季积雪融水洪水相比，涨落较缓，洪水总量则受控于消融范围。有些地区，如帕米尔和昆仑山北坡，还有永久积雪和冰川融水与夏季降雪融水的混合洪水。另一类是积雪融水与降雨混合洪水。融雪同时降雨所形成的洪水，情况比较复杂。如果降雨情况相同，若积雪场较干、微冻则部分雨水将滞留在冰粒间和冻结在雪盖内，加之冰层促使雨水侧渗构成栖留水体，而雪盖内和雪盖下面又缺渗径、沟槽，于是融水和雨水汇流较漫，洪峰流量较低而洪水历时较长。若积雪场比较暖湿，则汇流较快，洪峰流量较高而洪水历时较短。

融雪洪水有如下几个特点：

（1）出现时间集中，规律性强。据统计，融雪洪水出现时间大多集中在3月5日—4月20日，最大洪峰出现时间多集中于3月底至4月初。

（2）持续时间长。融雪洪水的一个突出特点在于持续时间长，大多在30天左右，持续时间最长的达40天，最短者也达10多天。

（3）量级多变，相差极大。融雪洪水虽然在出现时间上比较集中，表现出

一定规律性特征，然而，年际融雪洪水的大小、河道来水量的多寡则变化不定，不同年份的来水量有时相差几十倍。除了洪峰流量、最大日均流量多变，汛期河道来洪总量上也变化很大，十分复杂。融雪洪水年际来洪量的多变性以及洪水总量上的极大差异，显示了洪水形成及预报的复杂性。

一、典型案例

2010 年新疆阿勒泰地区降雪量较历年平均值高出约 40%。随着气温升高，积雪迅速融化形成洪水，青河县、哈巴河县、布尔津县、富蕴县、吉木乃县、阿勒泰市和喀纳斯景区不同程度受灾，大量房屋、棚圈倒塌受损，部分农田和道路被冲毁，数千牲畜死亡。截至 4 月 30 日，频发的融雪性洪水已造成 1 266 间房屋倒塌、12 372 间房屋受损；冲毁道路 58.34 公里；冲毁桥梁 28 座；1 547 座棚圈倒塌、611 座棚圈受损；3 826 头（只）牲畜死亡；冲毁农田 6 350 余亩；110 座设施农业大棚受损，直接经济损失达 8 133.64 万元。在受灾最严重的哈巴河县，融雪性洪水已导致 2.44 万人受灾，240 户 706 间房屋倒塌，1 831 户 5 086 间房屋损坏，955 头（只）牲畜死亡，累计造成经济损失 2 740 万元。

2011 年 3 月 28 日，来势凶猛的融雪性洪水突袭了乌鲁木齐市米东区和小地窝堡勤坪街等地，1 人被卷走；29 日，伊犁特克斯县发生融雪性洪水，1 人死亡；同日，国道 315 线新疆若羌至青海段公路突遭融雪性洪水袭击，近 500 米路基被损毁，百余台车辆被迫受阻。乌鲁木齐周边乡村也发生了多起融雪性洪水事件，位于伊犁河谷的特克斯县巴喀勒克沟同样突发融雪性洪水。

图 4-8 融雪性洪水

2012 年 3 月 12 日，乌鲁木齐市米东区芦草沟河发生融雪性洪水，大量融冰随洪水而下堆积在河道中，致使该河道五七公路桥阻塞 500 米长。由于洪水不能及时排除，河道两侧多家单位被淹。河道中满是重达数吨的巨型冰块，冰块堆积超出芦草沟河近3米高。由于河床被巨型冰块阻塞，冰川融水不能及时通行，导致洪水漫堤外流（图4-8）。

二、形成原因及危害

（一）形成原因

融雪洪水的形成主要有两个方面的原因：一是当地本身所处的地理位置以及气候环境条件使该地区在冬季可以贮存较丰富的季节性积雪，它们是春季融雪洪水形成的主要物质；二是冬季降水以积雪形式贮存于山区，当春季到来，热力条件及高空零度层的稍微变化，即零度层的抬升，便会影响该地区大面积积雪消融。加之前山带具有增温快的特点，积雪消融迅速，汇流快，洪水直泻而下。融雪洪水的形成机理、发生发展过程不同于其他类型洪水，因而其出现时间、表现形式等方面与暴雨洪水、冰川湖突发洪水等相比具有其独自特点。

（二）融雪洪水危害

（1）融雪洪水大，河道来水量多变，如积雪消融迅速、汇流快，洪水直泻而下，冲毁河道、桥梁，造成交通中断，人民生命财产受到威胁（图4-9）。

图4-9　融雪性洪水冲毁道路

（2）和普通洪水不同的是，融雪型洪水当中会夹杂大量的冰凌，所到之处，带来的破坏性也大，阻塞河道，撞毁船舶。

三、预防措施

（1）加强领导，落实责任。及早安排，周密部署，切实贯彻落实制度和措施，时刻保持高度警觉，积极排查隐患，清淤除险、破冰排洪。

（2）深化预警，提高防范。各级气象、水利部门加强水、雨情监测预报和

会商工作。气象部门提高天气预报通报密度，及时提供天气变化信息；水利部门加大对重点流域、重点冲洪沟的监测力度，发现异常情况，及时上报汛情、工情、险情、灾情及应急处置有关信息。对重要天气和洪水过程，实施各部门联合监测、滚动分析，为科学快速决策提供依据。

（3）完善预案，做好准备。做好防洪抗洪物资储备，清查储备物资库存情况，及时补充应急物资。加强应急救援队伍建设，开展应急抢险训练，确保每位抢险人员能及时到位。一旦发生洪水灾害，各级领导要在第一时间赶赴现场靠前指挥，各种救灾力量要迅速到位，确保人民群众的生命和财产安全。

（4）强化值守，信息畅通。坚持24小时值班制度，及时准确上报洪水信息，坚决杜绝迟报、瞒报、漏报等情况的发生。

四、救助对策

（1）保持冷静，迅速判断周边环境，尽快向高地转移；如一时躲避不了，应选择一个相对安全的地方避洪。

（2）融雪洪水发生时，不要沿着行洪道方向跑，而要向两侧快速躲避，千万不要轻易涉水过河。

（3）如果发生人员被困，应及时与当地政府防汛部门取得联系，寻求救援（图4-10）。

（4）调集大型机械设备对河岸堤坝进行加固，并安排相关人员巡逻。

（5）及时清除积雪，密切关注当地气象、水文部门的最新消息。

图4-10　营救被困儿童

第四节 冰凌洪水

冰凌洪水是河流中因冰凌阻塞和河道内蓄冰、蓄水量的突然释放，而引起的显著涨水现象。大量冰凌阻塞形成冰雪或冰坝，使上游水位显著升高。当冰雪融化，冰坝突然破坏时，河槽蓄水量下泄，形成洪水。冰凌洪水往往造成严重灾害。我国危害比较大的冰凌洪水主要发生在黄河干流上游宁蒙河段、下游山东河段及松花江哈尔滨以下河段。

一、典型案例

1996 年 1 月 16 日开始，新疆特克斯河部分河道被冰层堵塞，冰冻达 20 千米，河面冰层厚度达 80 厘米，加上河水中夹带的冰块，使主河道堵塞处的冰冻厚度达到 3 米之高，以致形成冰坝，造成主水头偏移，河水上溢漫滩，向巩留县阿克塔木草原溢流。1 月 18 日，冰水淹没草原。由于溢口多，溢水流量大，加上天气寒冷，地层被冻，冰水不能沿自然沟畅流，而是水流蔓延处随即冻结，阻断道路。这次冰洪造成居住在 9 000 平方千米草原上的 660 余户牧民、62 万头牲畜受到不同程度的危害，截至 1 月 24 日阿克塔木草原已有 5 000 平方千米 草原被水淹没，310 户 2.7 万头牲畜棚圈被水浸泡或被水围困与外界隔绝，其中 150 余间房屋、50 余座棚圈进水，90 余间房屋、50 余座棚圈倒塌，直接经济损失达 250 万元以上。

图 4-11 新疆察布查尔冰凌洪水场景

2008 年 2 月 10 日，新疆伊犁河北岸伊宁市段冰凌性洪水漫堤，随着冰凌灾害的加剧，水面浮冰不断增加，河水将长达 800 米的防洪堤冲毁倾泻而下，淹向附近的农田和树林，造成4千米防洪堤几乎报废。灾害波及当地周边33户居民，196人紧急转移（图4-11）。

2012年1月28日新疆伊犁河谷遭遇较为罕见的持续低温天气，导致伊犁河发生冰凌性洪水，部分居民房屋、草场被淹。伊犁河霍城县、察布查尔锡伯自治县段近10千米水面封冻，并形成冰凌阻塞河道，致使河水溢出，引发严重的冰凌性洪水。在察布查尔县绰霍尔乡清水湾段至托布种羊场河段，近3千米长的铁石笼防洪堤冰凌堆积溢堤，危及40余户牧民的财产和房屋安全。据统计，23户房屋进水，大片草场、次生林被淹没（图4-12）。

图4-12 新疆伊宁冰凌性洪水冲毁防洪堤场景

二、形成原因及危害

（一）形成原因

冰凌洪水是冰川或河道积冰融化形成的洪水。在河道封冻期间冰盖下形成的冰基、冰絮等，堵塞了部分过水断面，上下断面过流失去平衡，河槽内积蓄的水量，随时间延长而增加。在解冻开河时，这部分积蓄的水量，急剧释放下泄，自上而下沿程流量递增，水位也相应上涨，加之冰凌卡塞，形成“冰凌洪水”，或“凌汛洪水”。冰凌洪水主要发生在黄河、松花江等北方江河上。由于某些河段由低纬度流向高纬度，在气温上升、河流开冻时，低纬度的上游河段先行开冻，而高纬度的下游河段仍封冻，上游河水和冰块堆积在下游河床，形成冰坝，也容易造成灾害。在河流封冻时也有可能产生冰凌洪水。

按洪水成因，冰凌洪水可分为冰塞洪水、冰坝洪水和融冰洪水三种。

（1）冰塞洪水。河流封冻后，冰盖下冰花、碎冰大量堆积，堵塞部分过水断面，造成上游河段水位显著壅高。当冰塞融解时，蓄水下泄形成洪水过程。

（2）冰坝洪水。冰坝一般发生在开河期，大量流冰在河道内受阻，冰块上爬下插，堆积成横跨断面的坝状冰体，严重堵塞过水断面，使坝的上游水位显著壅高，当冰坝突然破坏时，原来的蓄冰和河槽蓄水量迅速下泄，形成凌峰向下游推进（图 4-13）。

（3）融冰洪水。封冻河流或河段主要因热力作用，使冰盖逐渐融解，河槽蓄水缓慢下泄而形成的洪水。

（二）冰凌洪水危害

冰凌洪水突发性强，危害性大，发生前无任何征兆，暴发突然，来势凶猛。冰流洪峰量可以在几分钟内迅速猛增到每小时几百立方米。洪水突发性强，预警时间短，防不胜防，破坏性极大。

三、预防措施

江河冰凌的预防则要针对不同情况，采取相应措施。

（1）河流、湖泊、港口封冻，影响航运交通，可用破冰船进行破冰，或在港岸和船闸附近设置空气筛等防冻措施。

（2）水电站的引水渠或拦污栅易被冰凌堵塞，影响发电出力，可在结冰前抬高渠道中水位，使流速变缓，促进提前形成冰盖，防止产生水内冰；各种泄水建筑物的闸门被冻结，影响启闭运用，一般采用加热措施。

（3）流冰撞击水工建筑物，多采用局部加固或破碎大块流冰等措施。冰体膨胀力对建筑物的荷载，应在设计建筑物时给予考虑。

（4）在建筑物的迎水面，设置表底水流交换器防冻；安放圆浮筒，减少冰压力的传递等。

（5）组织防凌队伍，防守大堤。利用封冻河段上游的水库，在封冻前，调放较大流量，抬高冰盖；在解冻前的适当时机，调节水库下泄流量，使不致形成水鼓冰开，一拥而下的开河形势。

（6）利用沿河两岸的分凌分水工程，分泄凌洪，以保障两岸大堤的安全。在解冻前的适当时机，对容易形成卡冰结坝的弯曲狭窄河段或已形成的冰坝河段进行爆破，以利来水来冰的顺利下泄。

图 4-13　内蒙古河套段冰坝场景

（7）进行河道整治，把容易形成卡冰结坝的弯曲狭窄河段进行裁弯取直扩宽，避免卡冰结坝。

（8）做好有关河段气象、水情的观测和预报，及冰情观测和预报工作。要做好滩区及分泄凌洪区居民的迁移安置等项工作。

四、救助对策

（1）根据当地电视、广播等媒体提供的洪水信息，结合自己所处的位置和条件，冷静地选择最佳路线撤离，避免出现“人未走水先到”的被动局面。

（2）认清路标，明确撤离的路线和目的地，避免因为惊慌而走错路。

（3）沿河居住或洪水多发区内的居民，平时应尽可能多地了解洪水灾害防御的基本知识，掌握逃生自救的本领。

（4）要观察、熟悉周围环境，预先设定紧急情况下避险的安全路线和地点。

（5）一旦发现情况危急，及时向相关部门报警并告知周边邻里，先将家中老人和小孩及贵重物品转移到安全处。

（6）防汛主管部门统一调度时，要服从指令，不得擅自行动。

第五节　溃坝洪水

堤坝或其他挡水构筑物瞬时溃决，发生水体突泄所形成的洪水称为溃坝洪水，其破坏力远远大于一般暴雨洪水或融雪洪水。因地震、滑坡或冰川堵塞河道壅高水位后，堵塞处突然崩溃引发的洪水，也常划入溃坝洪水（图 4-14）。

图 4-14　水库溃坝

一、典型案例

1975 年 8 月河南省南部淮河流域，受台风尼娜影响造成的特大暴雨，导致 60 多座水库溃坝，近 1 万平方千米受灾的事件。《中国历史大洪水》记载，河南省驻马店地区板桥、石漫滩两座大型水库，竹沟、田岗两座中型水库，58 座小型水库在短短数小时内相继垮坝溃决。河南省有 30 个县市、1 780 万亩农田被淹，1 015 万人受灾，超过 2.6 万人死难，倒塌房屋 524 万间，冲走耕畜 30 万头，纵贯中国南北的京广线被冲毁 102 千米，中断行车 16 天，影响运输 46 天，直接经济损失近百亿元，成为世界最大的水库垮坝惨剧。8 月 5 日晨，板桥水库水位开始上涨，到 8 日 1 时涨至最高水位 117.94 米、防浪墙顶过水深 0.3 米时，大坝在主河槽段溃决，6 亿立方米库水骤然倾下。据记载，溃决时最大出库瞬间流量为 7.81 万米^3/秒，在 6 小时内向下游倾泻 7.01 亿米^{3}洪水。溃坝洪水进入河道后，又以平均 6 米 / 秒的速度冲向下游，在大坝至京广铁路直线距离 45 千米之间形成一股水头高达 5 ～ 9 米、水流宽为 12 ～ 15 千米的洪流。石漫滩水库 5 日 20 时水位开始上涨，至 8 日 0 时 30 分涨至最高水位 111.40 米、防浪墙顶过水深 0.4 米时，大坝漫决。入库洪水总量 2.24 亿米^3，在 5 个半小时内全部泄完，最大垮坝流量 3 万米^3/ 秒，下游田岗水库随之漫决。沙河、洪河下游泥河洼、老王坡两座滞洪区，最大蓄洪量为 8.86 亿米^3，此时超蓄 4.50 亿米^3，蓄洪堤多处漫溢决口，失去控制作用（图 4-15）。

图 4-15 板桥水库受灾现场

二、形成原因及危害

（一）形成原因

溃坝洪水分自然和人为两大因素。如超标准洪水、冰凌、地震等导致大坝溃决属于自然因素。设计不周、施工不良、管理不善、战争破坏等导致大坝溃决属于人为因素。

（二）溃坝洪水危害

（1）猝发性强。溃坝的发生和溃坝洪水的形成属于非正常和难于预测的事件。形成通常历时短暂，往往难以预测。洪水波常以立波或涌波形式向下游急速推进，下游临近地区，难以从容防护。

（2）破坏性大。其破坏能力与水库蓄水体、坝前上游水深、水头、溃决过程及坝址下游河道的两岸地形有密切关系。溃前库蓄水体越大，坝址水头越高，破坏力也越大。溃坝洪水造成的灾害往往是毁灭性的。

（3）峰高量大。洪峰流量比寻常雨洪的流量大得多立波的波峰在传播初期很高，立波经过处的河槽水位瞬息剧涨，水流汹涌湍急。溃坝洪水的洪峰流量、运动速度、破坏力远远大于一般暴雨洪水或融雪洪水。

（4）水量集中。洪水过程变化急骤。最大流量即产生在坝址处，出现时间在坝体全溃的瞬间稍后，库内水体常常在几小时内泄空。突然失去阻拦的水体常以立波的形式向下游急速推进，水流汹涌湍急，时速常达 20 ～ 30 千米以上。

三、预防措施

（一）天气监测与降雨预报

上游天气监测与降雨预报对溃坝事件的处理非常重要，采用在地面设置雨量计连续监测所在位置的降雨量，每日定时讯取数值；或根据空中雨滴，云团中水汽凝结物对雷达发射的电磁波的反射强度来测量降雨中心位置、强度、移动速度。或在气象卫星云上装有可见光和红外及微波辐射仪器，从而可以得到卫星云图，根据云图的连续变化了解气旋，降雨和暴雨云团等天气系统的演变情况。

（二）库区水情监测

水情测报是将野外观测到的河、湖、水库等水体的水位，流量及冰情，水库，闸坝的闸门关闭，放水泄流等水情资料，借助于各种通信工具（有线、无线通信、遥测、卫星等）传递到各级水情管理和防汛抗旱部门，或者资料处理中心，经过人工和计算机处理，绘制成各种图表简报，并根据已收集的信息，利用各种预报方法和流域水文模型对未来形势做出预测，预报的工作，为洪水预报提供重要依据。

（三）正确评估

快速评估下游区域电子地形图，水库工程基本资料如水库水位库容关系曲线，水库泄流设施关系曲线等。采取简易方法估计可能溃坝的部位，规模；估算可能溃坝最大流量及量化过程；简易评估下游流量传播范围，以减轻次生灾害损失。

四、救助对策

（1）洪水到来时，来不及转移的人员，要就近迅速向山坡、高地、楼房、避洪台等地转移，或者立即爬上屋顶、楼房高层、大树、高墙等高的地方暂避。

（2）如洪水继续上涨，暂避的地方已难自保，则要充分利用准备好的救生器材逃生，或者迅速找一些门板、桌椅、木床、大块的泡沫塑料等能漂浮的材料

扎成筏逃生。

（3）如果已被洪水包围，要设法尽快与当地政府防汛部门取得联系，报告自己的方位和险情，积极寻求救援。千万不要游泳逃生，不可攀爬带电的电线杆、铁塔，也不要爬到泥坯房的屋顶。

（4）如已被卷入洪水中，一定要尽可能抓住固定的或能漂浮的东西，寻找机会逃生。

（5）发现高压线铁塔倾斜或者电线断头下垂时，一定要迅速远避，防止直接触电或因地面“跨步电压”触电。

（6）洪水过后，要做好各项卫生防疫工作，预防疫病的流行。

第六节　旱　灾

旱灾是指因气候严酷或不正常的干旱而形成的气象灾害。旱灾，是由于土壤水分不足，不能满足农作物和牧草生长的需要，造成较大的减产或绝产的灾害。旱灾是普遍性的自然灾害，不仅农业受灾，严重的还影响到工业生产、城市供水和生态环境。因土壤水分不足，农作物水分平衡遭到破坏而减产或歉收从而带来粮食问题，甚至引发饥荒。同时，旱灾亦可令人类及动物因缺乏足够的饮用水而致死。此外，旱灾后容易发生蝗灾，进而引发更严重的饥荒，导致社会动荡。仅仅从自然的角度来看，旱灾和干旱是两个不同的科学概念。干旱通常指因长期少雨而空气干燥、土壤缺水、淡水总量少，不足以满足人的生存和经济发展的气候现象。干旱一般是长期的现象，而旱灾却不同，它只是属于偶发性的自然灾害，甚至在通常水量丰富的地区也会因一时的气候异常而导致旱灾。中国通常将农作物生长期内因缺水而影响正常生长称为受旱，受旱减产三成以上称为旱灾。

中国大部属于亚洲季风气候区，降水量受海陆分布、地形等因素影响，在区域间、季节间和多年间分布很不均衡，因此旱灾发生的时期和程度有明显的地区分布特点。我国比较通用的定义是：

（1）气象干旱：不正常的干燥天气时期，持续缺水足以影响区域引起严重水文不平衡。

（2）农业干旱：降水量不足的气候变化，对作物产量或牧场产量足以产生不利影响。

（3）水文干旱：在河流、水库、地下水含水层、湖泊和土壤中低于平均含水量的时期。

旱情严重程度的四项指标是降水量、土壤湿度、作物生长状况以及地下水埋深。因而在生产实践中，旱情监测内容就是对雨情、土壤墒情、作物苗情以及地下水埋深的测定。干旱预警信号分二级，分别以橙色、红色表示。干旱指标等级划分，以国家标准《气象干旱等级》（GB/T 20481—2006）中的综合气象干旱指数为标准。干旱等级划分：

小旱：连续无降雨天数，春季达 16 ～ 30 天、夏季 16 ～ 25 天、秋、冬季 31 ～ 50 天。

中旱：连续无降雨天数，春季达 31 ～ 45 天、夏季 26 ～ 35 天、秋、冬季 51 ～ 70 天。

大旱：连续无降雨天数，春季达 46 ～ 60 天、夏季 36 ～ 45 天、秋、冬季 71 ～ 90 天。

特大旱：连续无降雨天数，春季在 61 天以上、夏季在 46 天以上、秋、冬季在 91 天以上。

一、典型案例

新中国成立后，也曾发生过三次规模较大的旱灾，并被纳入近 50 年来我国“十大灾害”之列。第一次是 1959—1961 年，历史上称为“三年自然灾害时期”。干旱严重的 1959 年、1960 年、1961 年全国受旱面积都超过 4.5 亿亩，且成灾面积超过 1.5 亿亩。全国连续 3 年的大范围旱情，使农业生产大幅度下降，市场供应十分紧张，人民生活相当困难，人口非正常死亡急剧增加，仅 1960 年统计，全国总人口就减少 1 000 万人。

第二次是 1978—1983 年，全国连续 6 年大旱。累计受旱面积近 20 亿亩，成灾面积 9.32 亿亩。持续时间长，损失惨重，北方是主要受灾区。1978 年全国受旱范围广、持续时间长，旱情严重，一些省份 1—10 月的降水量比常年少 30% ～ 70%，长江中下游地区的伏旱最为严重，全国受旱面积 6 亿亩，成灾面积 2.7 亿亩，是有统计资料以来的最高值。

第三次是 2009 年，河南、安徽、山东、河北、山西、陕西、甘肃等小麦主产区受旱 953.3 公顷，其中严重受旱 379.5 公顷。2010—2012 年，云南连续三年干旱，仅昆明全市 48.8 万人 、23.7 万头大牲畜饮水困难，47 条河道断流，93 座水库干涸，14 495 口机耕井出水不足。农作物受灾 9.2 公顷，其中小春粮食作物受灾 7.8 公顷，占栽种面积的 78%，林业受灾 2.7 公顷（图 4-16）。

图 4-16　云南旱灾场景

2013 年江西降水量 1 359 毫米，较常年同期偏少 16%。尤其是 7—10 月，江西大部降水较常年同期偏少 2 ～ 5 成，中北部偏少 5 ～ 8 成。监测显示，鄱阳湖水域面积缩小明显，11 月 4 日鄱阳湖水域面积仅为 1 375 平方千米，比去年同期偏小 272 平方千米，与历史同期相比偏小 32%，是近 10 年同期最小。11 月 13 日湖口水位仅有 7.8 米，也是近 10 年来最低水位（图 4-17）。

图 4-17　鄱阳湖江西都昌城西港口场景

二、形成原因及危害

（一）形成原因

（1）地壳板块滑移漂移，导致表层水分渗透流失转移，使地表丧失水分。

（2）水土流失，植树被破坏。

（3）天文潮汛期所致。

（4）水利工程缺乏或者水利基础设施脆弱，没有涵养水源。

（5）没有顺应洪涝和干旱汛期规律，做到洪涝时蓄水涵养，干旱期取水调水。

（6）没有遵循自然规律，促进水资源动态平衡。

（二）灾情危害

旱灾的发生及其危害的程度，主要与大气降水和土壤水的有效贮存量的多少密切相关，此外还与气温高低，干热风状况，耕作技术和作物种类、品种、生长期以及生长状况等有关。干旱的直接危害是造成农牧业减产，人畜饮水发生困难，农牧民群众陷于贫困之中。干旱的间接危害是引发其他自然灾害的发生。

（1）危害农牧业生产。气象条件影响作物的分布、生长发育、产量及品质的形成，而水分条件是决定农业发展类型的主要条件。干旱由于其发生频率高、持续时间长、影响范围广、后续影响大，成为影响我国农业生产最严重的气象灾害；干旱是我国主要畜牧气象灾害，主要表现在影响牧草、畜产品和加剧草场退化和沙漠化。

（2）促使生态环境进一步恶化。气候暖干化造成湖泊、河流水位下降，部分干涸和断流。由于干旱缺水造成地表水源补给不足，只能依靠大量超采地下水来维持居民生活和工农业发展，然而超采地下水又导致了地下水位下降、漏斗区面积扩大、地面沉降、海水入侵等一系列的生态环境问题。干旱导致草场植被退化。由于气候环境的变迁和不合理的人为干扰活动，导致了植被严重退化，进入21世纪以后，连续几年，干旱有加重的趋势，而且是春夏秋连旱，对脆弱生态系统非常不利，亦加剧了土地荒漠化的进程。

（3）引发其他自然灾害发生。冬春季的干旱易引发森林火灾和草原火灾。自2000年以来，由于全球气温的不断升高，导致北方地区气候偏旱，林地地温偏高，草地枯草期长，森林地下火和草原火灾有增长的趋势。

三、预防措施

（1）兴修水利，发展农田灌溉事业，是预防旱灾的根本途径。

（2）改进耕作制度，改变作物构成，选育耐旱品种，充分利用有限的降雨。

（3）不破坏植被，植树造林，改善区域气候，减少蒸发，降低干旱风的危害。

（4）研究应用现代技术和节水措施，例如人工降雨、喷滴灌、地膜覆盖、保墒，以及暂时利用质量较差的水源，包括劣质地下水以至海水等（图4-18）。

（5）多管齐下，防止水土流失，防止土地沙化，沙地不种植农作物，尽量种植草和树。

（6）防止土壤板结，多用农家肥尽量少用无机肥，少用或不用含磷化肥。

四、救助对策

（一）寻找水源的方法

（1）在干枯的河床外弯最低点、沙丘的最低点处挖掘，可能寻找到地下水。采用冷凝法获得淡水。具体方法是在地上挖一个直径90厘米左右、深45厘米的坑，用塑料布覆盖其上。坑里的空气和土壤迅速升温，产生蒸汽。当水蒸气达到饱和时，会在塑料布内面凝结成水滴，滴入下面的容器，使我们得到宝贵的水。在昼夜温差较大的沙漠地区，一昼夜至少可以得到500毫升以上的水。用这种方法还可以蒸馏过滤无法直接饮用的脏水。

图4-18　防旱措施

（2）根据动植物来寻找水源。大部分的动物都要定时饮水，食草动物不会远离水源，它们通常在清晨和黄昏到固定的地方饮水，一般只要找到它们经常路过踏出的小径，向地势较低的地方寻找，就可以发现水源。发现昆虫是一个很好的水源标志，尤其是蜜蜂，它们离开水源不会超过 6.5 千米，但它们没有固定的活动时间规律。大部分种类的苍蝇活动范围都不会超过离水源 100 米的范围，如果发现苍蝇，有水的地方就在你附近。

（二）饮水安全常识

（1）树立保护水源的意识，清除水源周围的垃圾及其污染物，将人畜饮用水源分开，保证饮水卫生安全。

（2）饮用水源的选择要远离厕所、牲畜圈、垃圾堆，水源周围禁止排放人畜粪便及其他污染物。无自来水供应的地方应优先选用泉水或井水。

（3）启用新的水源时应对水质进行检测，水质应符合农村生活饮用水卫生标准方可饮用。

（4）做到喝开水，不喝生水。饮用水之前必须将水进行消毒。采用煮沸消毒法、氯化消毒法。

（5）如需要远距离运水时，要注意防止运水过程造成饮水的污染。送水工具在使用前必须彻底清洗消毒。

（6）备用水源点要设立保护区，禁止排放有毒物质，如废水、废渣、垃圾、粪便等污染物。

（7）干旱造成生活饮用水匮乏，导致洗手、蔬菜清洗困难等问题，很容易引起痢疾、霍乱、甲型肝炎、伤寒及其他感染性腹泻等疾病的传播。因此，如出现身体不适时请及时到当地医院诊治。

第五章 滑坡与泥石流

滑坡与泥石流是自然灾害中较为严重的灾害。滑坡与泥石流的关系也十分密切，滑坡的物质经常是泥石流的重要固体物质来源，易发生滑坡的区域也易发生泥石流，只不过泥石流的暴发多了一项必不可少的水源条件。滑坡还常常在运动过程中直接转化为泥石流，或者滑坡发生一段时间后，其堆积物在一定的水源条件下生成泥石流。即泥石流是滑坡的次生灾害。滑坡与泥石流有着许多相同的促发因素。

第一节 滑 坡

滑坡是指山体斜坡上的土体或岩体，受降水、河流冲刷、地下水活动、地震及人工切坡等因素的影响，在重力的作用下失稳，沿着坡面内部的一个（或多个）软弱面（带）发生剪切而产生的整体或分散地顺坡向下滑动的现象，俗称“走上”、“垮山”、“地滑”、“土溜”、“山剥皮”等（图 5-1）。从滑坡灾害发生的频率及危害后果来看，它在中国的灾害中，是一个主要灾种，而且是仅次于地震灾害的地质灾害。

滑坡根据不同的研究角度和分类标准有多种分类方法。

（1）根据滑坡体体积分：小型滑坡，中型滑坡，大型滑坡，特大型滑坡（巨型滑坡）。

（2）根据滑坡的滑动速度分：蠕动型滑坡，慢速滑坡，中速滑坡，高速滑坡。

（3）根据滑动力学特征分：推落式滑坡，平移式滑坡，牵引式滑坡，混合式滑坡。

图 5-1　山体滑坡

（4）按滑动面与层面关系分：均质滑坡，顺层滑坡，切层滑坡。

一、典型案例

据中国科学院成都山地灾害与环境研究所提供的最新资料表明，中国已发现新老滑坡近 30 万处，其中灾害性滑坡 1.5 万处，每年因滑坡灾害造成的经济损失 10 多亿元。从 66 个大型滑坡灾害出现的周期性规律上看，越接近现代，周期就越短。如公元前 780 年—公元 1500 年的 2 280 年中仅出现大型滑坡灾害 12 次，周期为 100 ～ 150 年，平均 190 年出现一次；而历史进入 20 世纪 50 年代以后，平均 3 年就会发生一次，其中 80 年代仅 9 年时间就出现 7 次。

1933 年，四川叠溪地震，造成滑坡，死难者达 800 多人。

1935 年 11 月 24 日，金沙江畔鲁车渡渡口山崖崩落江中，上游水位猛涨，致使江北（四川会理县）、江南（云南元谋县）淹死 280 余人。

1943 年 2 月 7 日，青海共和县发生滑坡，滑坡总体积达 2.7 亿立方米，是 20 世纪以来黄土高原最大的一个滑坡体。瞬间毁灭了两个村庄，活埋了 213 人，毁耕地 1 000 多亩。

1961 年 3 月 6 日，湖南安化县柘溪水库滑坡，死亡达 40 多人，损失及治理

费用达数百万元。

1964 年 7 月 20 日，甘肃兰州市西固洪水沟发生滑坡，埋没 20 栋平房，死亡 157 人，冲淹了陈官营火车站及 3.4 千米铁路，造成兰新铁路中断 36 小时，毁坏农田 600 余亩的恶果。

1965 年 11 月 22—30 日，云南禄劝县接连发生 3 次山崩滑坡，4 个村庄被击碎覆没，死亡 651 人，成为新中国成立以来迄今为止伤亡人员最多的滑坡灾害。

1972 年 6 月 18 日，弹丸之地的香港九龙新界观塘秀茂坪发生滑坡，死亡 71 人；同一天黄昏，香港岛半山区宝珊道又发生滑坡，推倒一幢 12 层楼房，毁坏 38 幢楼房，死亡 67 人。一天之内，香港有 138 人死于滑坡。

1973 年，甘肃庄浪县滑坡造成水库溃坝，冲淹农田 3 000 多亩，毁房 3 000 余间，死亡 500 多人。

1974 年 9 月 14 日，四川南江县发生高速大型滑坡，造成 159 人死亡，毁灭耕地 1 000 多亩。

1980 年 6 月 3 日，湖北远安县盐池河谷滑坡，摧毁了整个矿山，除 3 人恰在边缘被压缩空气甩出而幸存外，共有 318 人遭活埋死亡，经济损失 500 多万元。

1981 年 7 月 11 日，中国—尼泊尔边界滑坡，造成 200 多人死伤；同年 8 月，陕西汉中地区遭特大暴雨袭击，造成多起滑坡灾害，死难者 183 人，倒塌房屋 1.6 万多间，宝成、阳安铁路及 4 条公路干线路基被毁，经济损失达 10 亿元。

1983 年 3 月 7 日，甘肃东乡县发生洒勒山大滑坡，埋没 4 个村庄和 1 个小水库，体积近 5 000 万立方米的滑体覆盖了 3 平方公里的土地，埋在土下的 277 人全部丧生，毁坏耕地 3 000 多亩，压埋牲畜 400 多头，直接经济损失超过 300 万元。

1985 年 6 月 12 日 3 时 45 分，长江西陵峡北岸的湖北秭归县新滩镇发生大滑坡，3 000 多立方米滑体顷刻间摧毁了整个新滩镇和一个村庄，其中 200 多万立方米滑体涌入长江，土石堵塞长江水面的 1/3。尽管滑区内的 457 户、1 371 人因事先已转移而未造成人员伤亡，但家园、田园却毁于一旦，摧毁房屋 1 569 间，农田 780 亩，毁坏柑橘 3.45 万株，柑橘苗 50 万株，冲翻长江船只 77 艘，死亡船民 12 人，伤多人，直接经济损失达 900 多万元。新滩又成为长江航道上的险滩。

1987 年 9 月 1 日，四川巫溪县城南发生山体崩滑，砸死 98 人，受伤多人，摧毁了一栋宿舍楼和两座小旅馆，财产损失达 200 多万元。1988 年 1 月 10 日，四川巫溪县西宁区中阳村又发生一起大型滑坡，滑体堵断了西溪河，造成一个场镇和小水电站被淹，死亡 26 人，直接经济损失 700 万元。

1989 年 7 月 10 日，四川华蓥山暴雨引发滑坡，冲毁厂溪口镇马鞍坪村和山脚的汽车队、机修厂、红岩煤矿等 6 家企业，这场惨案造成 293 人死亡，直接经济损失达 600 多万元。

1991 年 6—9 月，中国接连发生两起大滑坡灾害。其中 6 月 29 日 4 时 58 分，湖北秭归县郭家坝镇鸡鸣寺发生大型滑坡，埋没农田 105 亩、房屋 78 间及 1.2 万多株果树，虽因前期有预报而无人伤亡，但经济损失仍达 150 多万元；9 月 23 日 18 时刚过，云南昭通市盘河乡头寨沟又发生大型滑坡，长 4 千米、宽 300 米、厚 20 米的滑体瞬间覆盖在 106 户人家的村庄上面，当即压死 216 人，伤多人，直接经济损失达 100 多万元。

2013 年 1 月 11 日 8 时许，云南昭通市镇雄县果珠乡高坡村赵家沟发生山体滑坡，16 户村民被埋。该村民小组共有 16 户 67 人，被山体滑坡掩埋的 46 人全部遇难（图 5-2）。

上述资料表明，制造活埋惨剧的滑坡灾害够触目惊心的了。至于造成数十人伤亡，数十万元财产损失的滑坡灾害（含崩塌），更是不胜枚举。

图 5-2　赵家沟山体滑坡场景

二、形成原因及危害

（一）形成原因

发生滑坡灾害的主要条件，不外乎以下二条：一是地质条件和地貌条件；二是内外营力和人为作用的影响。一方面，中国地域辽阔，地层岩性复杂，构造运动多变，同时，中国属多山之国，山地面积占国土面积的2/3，地势起伏，山体结构脆弱，加之山区多暴雨、久雨天气，形成了滑坡多发的自然原因；另一方面，中国近几十年的大规模建设如兴建铁路、公路、水库，矿山开采，水资源开发，农田水利设施增加，城镇扩建，“三废”排放不当等，形成了滑坡多发的社会原因。因此，部分地区滑坡灾害的有利生成条件，使中国成了多滑坡灾害的国家。

1．地质、地形条件

（1）地质条件。岩、土体是产生滑坡的物质基础，滑坡要求岩、土体结构松软，其地层易于滑动。组成斜坡的岩体只有被各种构造面切割分离成不连续状态时，才有可能向下滑动。同时，构造面又为降雨等水流进入斜坡提供了通道。故各种节理、裂隙、层面、断层发育的斜坡，特别是当平行和垂直斜坡的陡倾角构造面及顺坡缓倾的构造面发育时，最易发生滑坡（图5-3）。

图5-3　断层发育的斜坡

（2）地形条件。只有处于一定的地貌部位，具备一定坡度的斜坡才可能发生滑坡。一般江、河、湖（水库）、海、沟的岸坡，前缘开阔的山坡，铁路、公路和工程建筑物边坡等，都是易发生滑坡的地貌部位；坡度大于10度、小于45度，下陡中缓上陡，上部成环状的坡形是产生滑坡的有利地形（图5-4）。

图 5-4　陡峭的斜坡

2. 自然诱发条件

具有有利的地质、地形条件还不一定会产生滑坡，各种滑坡灾害的记录均表明它的发生还需要有一定的诱发因素才能促成，包括自然诱发条件和人为诱发条件。自然诱发条件包括降水、地下水活动、地震、流水冲刷和淘蚀、融雪等，这些因素突出的作用就是对滑面（带）的软化和降低强度，直接引发滑坡灾害。

3. 人为诱发条件

（1）开挖坡脚。修建铁路、公路、依山建房、建厂等工程，常常因使坡体下部失去支撑而发生下滑。例如，在斜坡上修建公路、铁路，依山建房、建厂等工程，常常因使坡体上部失去支撑而发生下滑，中国西北、西南地区的一些铁路、公路因修建时大力爆破、强行开挖，事后陆续发生滑坡，给道路的施工和运营带来了极大的危害。据统计，宝成铁路有滑坡 101 处，成昆铁路有 183 处，鹰厦铁路有 48 处，每年用于整治滑坡的费用均在 5 000 万元以上（图 5-5）。

图 5-5　铁路工程滑坡

图 5-6　开挖土体滑坡

（2）蓄水、排水。水渠和水池的漫溢和渗漏，工业生产用水和废水的排放、

农业灌溉等，均易使水流渗入坡体，加大孔隙水压力，软化岩、土体，增大坡体容重，从而促使或诱发滑坡的发生（图 5-6）。水库的水位上下急剧变动，加大了坡体的动水压力，也可使斜坡和岸坡诱发滑坡发生。

此外，厂矿废渣的不合理堆弃，使斜坡支撑不了过大的重量，失去平衡而沿软弱面下滑而产生滑坡；劈山开矿的爆破作用，可使斜坡的岩、土体受震动而破碎产生滑坡；在山坡上乱砍滥伐，使坡体失去保护，有利于雨水等水体的入渗从而诱发滑坡等。如果上述的人类作用与不利的自然作用相互结合，就更容易促进滑坡的发生。

值得指出的是，滑坡的发生除具备必要的地质、地形条件外，对外部诱发条件并不要求全都具备，而是具备其中的一项（或自然诱发条件中的一项，或人为诱发条件中的一项）就可能造成滑坡，诱发滑坡的外部因素越强，滑坡的活动强度就越大，如强烈地震、特大暴雨所诱发的滑坡多为规模较大的高速滑坡。总之，滑坡灾害的发生及其强度，是若干因素综合作用的结果。

（二）滑坡的危害

1．滑坡灾害的时空分布

由于滑坡的发生需要有一定的生成条件，故滑坡灾害的发育和分布又是有规律可循的。

（1）时间分布。在时间分布上，滑坡表现出常发性。因为诱发因素很多。在一年四季每时每刻均有可能发生；同时，它又带有与诱发因素的作用同时发生或稍晚于诱发因素作用时间的滞后性规律，即均以外界诱发因素为引发条件。具体而言，滑坡一般发生在雨季或春季冰雪融化时，尤其是大雨、暴雨、久雨中发生的滑坡更多，如 1981 年 7 月，川西北特大暴雨中就发生滑坡 6 万多处；1982 年川东发生大暴雨，仅据忠县、万县、云阳、奉节 4 县统计，滑坡就有 6.4 万起。值得指出的是，滑坡在发生前也常常有前兆现象，如泉水干枯或复活，前缘坡脚土体凸起、动物惊恐异常、四周岩（土）体出现小型坍塌和松弛现象、树木枯萎或歪斜等。

（2）空间分布。在空间分布上，如果按地势划分，可以大兴安岭一太行山一巫山—雪峰山为界线，此线以东为中国地势的第三阶梯。这一阶梯以平原、丘陵为主，滑坡较少。此线以西为中国地势的第一、二阶梯，以高原、山地为主，滑坡较多。如果按气候带进行划分，则可以大兴安岭—河北张家口—陕西榆林—甘肃兰州—新疆昌都一线为界，此线西北为干旱、半干旱地区，气候干燥少雨，滑坡分布较少，仅在高山冰缘作用带内发育有融冻滑坡；此线东南为湿润气候带，雨量丰富，滑坡分布较多。如果按地质条件划分，则地质构造复杂区内的滑坡多，反之则少。如川滇构造带、秦岭构造带、喜马拉雅山构造带等就是滑坡多发区。如果按地层条件划分，易滑地层分布区滑坡多，反之则少，如青海、川西南、成都平原、黄河中游、北方诸省等就相当密集，而东北、长江中下游等地区则较少。

2. 滑坡发生的时间规律

滑坡的发生时间主要与诱发滑坡的各种外界因素有关，如地震、降雨、冻融、海啸、风暴潮及人类活动等。大致有如下规律：

（1）同时性。有些滑坡受诱发因素的作用后，立即活动。如强烈地震、暴雨、海啸、风暴潮等发生时和不合理的人类活动，如开挖、爆破等，都会有大量的滑坡出现。

（2）滞后性。有些滑坡发生时间稍晚于诱发作用因素的时间。如降雨、融雪、海啸、风暴潮及人类活动之后。这种滞后性规律在降雨诱发型滑坡中表现最为明显，该类滑坡多发生在暴雨、大雨和长时间的连续降雨之后，滞后时间的长短与滑坡体的岩性、结构及降雨量的大小有关。一般讲，滑坡体越松散、裂隙越发育、降雨量越大，则滞后时间越短。此外，人工开挖坡脚之后，堆载及水库蓄水、泄水之后发生的滑坡也属于这类。由人为活动因素诱发的滑坡的滞后时间的长短与人类活动的强度大小及滑坡的原先稳定程度有关。人类活动强度越大、滑坡体的稳定程度越低，则滞后时间越短。

从总体上讲，滑坡灾害主要发生在中国的山区，西北、西南地区为中国滑坡灾害的重灾区。目前，全国有 20 个省、自治区的 300 多个县、350 万人口、100 多万间住房、300 多万亩良田、1 000 多座大小矿山、1 500 多个区乡小镇遭受着滑坡灾害的袭击或直接威胁，其中四川、云南、陕西、甘肃、宁夏、青海、山西、

贵州、西藏、湖北8省2区只占全国国土面积的40%，而滑坡灾害却占全国的85%。以云南为例，全省境内规模较大的滑坡灾害点1 827处，分布及成灾点多面广，灾害严重。全省有41个县级以上城镇、54个乡镇、94个矿山、328公里铁路、6 708公里公路、7 000多座大小型水电站、450多座中小型水库受到滑坡灾害的威胁和损坏。每年都有上万户农户人民生命财产受到滑坡的威胁，1 000多条渠道遭破坏，上万亩农田被毁埋，水库河流淤积，降低了江河防洪能力，严重影响经济发展和社会稳定。

3. 滑坡的危害

中国自古以来就是多滑坡灾害的国家。滑坡造成的危害后果既有直按成灾，又有间接成灾，有时还与地震、洪水相伴成灾或引发泥石流灾害，它不仅会掩埋村镇，堵塞江河、损坏道路、毁坏耕地，而且制造了许许多多的活埋人畜的惨剧。因此，滑坡灾害的成灾形式多样，危害后果相当严重。

图5-7 埋没村庄

（1）滑坡对人们生命财产的危害。滑坡对人们生命财产的危害是相当严重的。1943年正月初三，黄河上游龙羊峡查纳村发生巨型高速滑坡，体积近2.7亿立方米，埋没查纳村，造成213人死亡，毁耕地1 200多亩，前部滑入黄河，堵断黄河近1小时（图

图5-8 毁坏房屋

5-7）；1965 年 11 月 22 日，云南省禄劝县老深乡发生特大型滑坡，埋没 4 个村庄，死亡 440 多人，毁地 1 000 多亩。

（2）滑坡对房屋的危害。滑坡对房屋的危害非常普遍，也很严重。房屋无论是在滑体上，还是在滑体前沿外侧的稳定岩土上，都会遭到毁坏（图 5-8）。1972 年 6 月 16—18 日，暴雨倾盆，18 日 13 时 10 分，香港东九龙秀茂坪一近 40 米高的逐层碾压风化花岗岩填土边坡迅速下滑淹没了位于坡脚下的安置区，造成 71 人死亡，60 人受伤；同日 21 时，港岛宝珊道上方一陡峭斜坡破坏，推毁了一栋 4 层楼房和一栋 15 层综合楼，致使 67 人丧生。在这次暴雨中，由于滑坡泥石流灾害造成的伤亡总数达 250 人，成为香港历史上滑坡泥石流灾害最惨痛的一页。

（3）滑坡对江河的危害。滑坡对江河的危害，主要表现在以下三个方面：

图 5-9　堵断江河

①滑坡体下滑，堵断江河，形成土石坝；回水对上游产生淹没危害，溃坝后对下游两岸产生强烈冲刷（图 5-9）。如 1989 年重庆市巫溪县中阳村滑坡阻断西溪河，回水淹没坝上游下堡镇和一个小型发电厂。2000 年 4 月 19 日，在西藏林芝地区发生的易贡扎木隆巴大滑坡堵断易贡湖口，形成高 100 多米的土石坝，回水淹没坝上游的茶厂和数万亩菜园，60 天后溃决，冲毁 318 国道和数万亩森林，洪峰直达印度北部，造成了很大的危害。

②滑坡前部伸入江河中，阻碍航运。著名的新江滑坡和鸡爪子滑坡前部都伸进长江航道中，使河床形成了险滩，给航船通行造成困难。

③毁坏沟河两岸建筑设施。沟河两岸滑坡，首先是破坏沟河两岸的原始地

貌环境，及建设在沟河两岸的各类建筑物。

（4）滑坡对森林生态的危害。西部山区森林植物大多比较好，一旦发生滑坡，对其危害也是相当大的。1996 年 9 月 18 日，中国科学院成都山地所科学家在四川省西昌市关把河进行地质灾害考察时，大暴雨骤然来临，突然见到大片森林向关把河方向运动，他们立即停下脚步往下看，前部的泥土已向沟冲来，见到前部一中部的树木依次倒下，十多分钟后后部的森林也全部向一个方向倒下，沟里堵成高 30 米的土坝。

（5）滑坡对道路交通的危害。滑坡对铁路交通运输的危害主要表现在以下几方面：

①破坏线路、中断行车。缓慢移动的滑坡常常造成路基和线路上拱、下沉、外挤、挡墙变形及破坏，滑坡体一旦滑下，则掩埋路基、推毁线路设备。路基部分或整体滑动的路堤滑坡使线路悬中，难易修复。成昆铁路铁西车站内 1980 年 7 月 3 日 15 时 30 分发生的滑坡，可以说是迄今为止发生在我国铁路史上最严重的滑坡灾害，被称为“铁西滑坡”。该滑坡位于四川省越西县凉山牛日河左岸谷坡上。滑坡体从长 120 米，高 40 ～ 50 米的采石场边坡下部剪切滑出。剪出口高出采石场坪台和铁路路基面 10 米。滑坡体填满采石场后，继续向前运动，掩埋铁路涵洞、路基，堵塞铁西隧道双线进洞口，堆积在路基上的滑坡体厚达 14 米，体积为 220 万立方米。越过铁路达 25 ～ 30 米，掩埋铁路长 160 米，中断行车 40 天，造成的经济损失仅工程治理费就达 2 300 万元。

②危害站场、砸坏站房。山区铁路，要在深山峡谷中找一段地势较平坦能设站的地方是很不容易的，而那些峡谷中的宽谷段，又常常是古老滑坡发育的地方。如宝成线的西坡、淡家庄、白水江等滑坡；成昆线的甘洛、乃托、红石岩、铁西等滑坡；贵昆线的大海哨滑坡，均位于车站上。由于场站挖土方较多，常促使古老滑坡复活。在施工期间曾为整治这些滑坡花费了巨大投资，运营以后尚未稳定的滑坡也一直威胁站场的安全。

③桥梁墩台推移，隧道明洞摧毁。滑坡对山区桥梁、隧道、明洞也带来了严重破坏。如 1966 年 8 月成昆线的会仙 4 号桥，在铺轨架桥前，由于滑坡病害

使桥台推移38厘米，7号桥墩被推移了7厘米，当时无法铺轨架桥，用军用钢桥通过。又如贵昆线格里桥通车后，由于滑坡灾害推动了桥台，并把桥墩推断，最后只得把桥填死改成了路堤。其他如梅大支线的大深桥，成昆线的玉田三线桥、耳足桥、铁西双线桥、贵昆线的树舍桥等均受到滑坡的破坏和威胁，不得不作抗滑工程来保证桥梁的安全。

④造成行车事故，人身伤亡严重。1974年9月成昆线弯高滑坡造成一列货车颠覆（图5-10）。1981年8月16日在宝成线丁家坝一大滩间，因山体滑塌造成812次货车颠覆7辆，电力机车翻入嘉陵江中，中断62小时。1981年9月4日宝成线军师庙K313崩塌性滑坡，摧毁工棚，13名职工殉难。给国家和人民生命财产造成了巨大的损失。

图5-10 滑坡造成列车颠覆

⑤中断交通运输，影响国计民生。滑坡除了直接破坏线路、路基、桥梁、隧道外，还有一种间接破坏，就是为泥石流提供了物质来源。几乎所有的泥石流沟的上流补给区都是崩塌滑坡的活动区。特别当滑坡阻断沟中水流、破坏线路、路基、桥梁、隧道外，还有一种间接破坏，就是为泥石流提供了物质来源。几乎所有的泥石流沟的上流补给区都是崩塌滑坡的活动区。特别当滑坡阻断沟中水流形成“滑坡坝”和“滑坡湖”时，一旦水位抬高，产生溃坝时，就形成了强大而急剧的泥石流，其危害性更大。

图5-11 中断公路交通

破坏线路、中断交通、严重影响人民生活和国民经济（图 5-11）。

⑥增加基建投资、加大维修费用。滑坡除了破坏工程设施和中断运输造成的直接损失外，为整治它常常要增建排水、支挡、减重等大量工程，不仅增加了基建投资，而且增加了维修费用。整治一个大中型滑坡，往往需要数十万、百余万，甚至上千万元的投资，如铁西滑坡的处理费用就达 2 300 万元。由此可见，滑坡给人类活动的各个方面造成的损失是极为严重的。随着人们对这一不良自然地质现象的规律性的认识逐渐深化，治理滑坡灾害的能力也在不断提高。

4. 滑坡的次生灾害

滑坡除直接成灾外，还常常造成次生灾害。最常见的次生灾害是：为泥石流累积固体物质源，促使泥石流灾害的发生；或者在滑动过程中在雨水或流水的参与下直接转化成泥石流。

滑坡另一常见的次生灾害是：堵河断流形成天然坝，引起上游回水，使江河溢流，造成水灾，或堵河成库形成堰塞湖（图 5-12），一旦库水溃决，便形成泥石流或洪水灾害。滑坡体落入江河之中，可形成巨大涌浪，击毁对岸建筑设施和农田、道路，推翻或击沉水中船只，造成人员伤亡和财产损失；落入水中的土石有时形成激流险滩，威胁过往船只，影响或中断航运；落入水库中的滑坡体可产生巨大涌浪，有时涌浪翻越大坝冲向下游形成水害。

图 5-12　形成堰塞湖

三、预防措施

与其他自然灾害一样，滑坡灾害也是可以被认识和防御的，日本就曾成功地实施过减轻滑坡灾害的计划。在中国，国家对滑坡的防治还是相当重视的。中国科学院于 1966 年就建立了成都山地灾害与环境研究所，主要以滑坡等灾害的考察、研究和防治为主攻方向。其他一些地质研究部门也十分注重对滑坡灾害的研究。铁路、公路、水利、电力、矿山、城建等国民经济部门在滑坡灾害的治理方面做了许多工作。全国每年用于治理铁路滑坡的投资就达 2 亿多元，并建有治滑机构和专门的施工队伍，积累了宝贵的经验。所有这些，均表明在中国减轻滑坡灾害具有较好的基础。

（一）重视滑坡灾害的调查、预测和预报工作

新中国成立以来，中国地质科技工作者对滑坡灾害的研究做了许多工作，在了解灾情的基础上才有可能有效地减轻灾情；同时，加强对滑坡灾害的预测、预报工作十分必要。实践证明，对滑坡灾害的预测，预报是可能的，中国已经有过成功的先例。例如，1985 年 6 月 12 日，湖北境内的新滩滑坡由于预报及时，政府通知让群众迁移，新滩镇上 457 户居民 1 371 人无一人伤亡，避免了一场特大灾难的发生。1991 年 6 月 29 日，湖北秭归鸡鸣寺发生大滑坡，但由于事先的准确预报和有效防治，险区内 1 126 人无一人伤亡，减少经济损失 100 万元以上。因此，加强预测，及时预报，撤离措施得力，就会将滑坡的危害减少到最低限度（图 5-13）。

图 5-13　滑坡监测

（二）消除和减轻地表水和地下水的危害

滑坡的发生常和水的作用有密切的关系，水的作用，往往是引起滑坡的主要因素。因此，消除和减轻水对边坡的危害尤其重要，其目的是：降低孔隙水压力和动水压力，防止岩土体的软化及溶蚀分解，消除或减小水的冲刷和浪击作用。具体做法有：防止外围地表水进入滑坡区，可在滑坡边界修截水沟；在滑坡区内，

可在坡面修筑排水沟（图 5-14）。在覆盖层上可用浆砌片石或人造植被铺盖，防止地表水下渗。对于岩质边坡还可用喷混凝土护面或挂钢筋网喷混凝土。排除地下水的措施很多，应根据边坡的地质结构特征和水文地质条件加以选择。

图 5-14　修筑排水沟

常用的方法有：水平钻孔疏干，垂直孔排水，竖井抽水，隧洞疏干，支撑盲沟。

（三）改善边坡岩土体的力学强度

通过一定的工程技术措施，改善边坡岩土体的力学强度，提高其抗滑力，减小滑动力。

1．削坡减载

用降低坡高或放缓坡角来改善边坡的稳定性。削坡设计应尽量削减不稳定岩土体的高度，而阻滑部分岩土体不应削减。此法并不总是最经济、最有效的措施，要在施工前作经济技术比较。

2．边坡人工加固

（1）修筑挡土墙、护墙等支挡不稳定岩体。

（2）钢筋混凝土抗滑桩或钢筋桩作为阻滑支撑工程。

（3）预应力锚杆或锚索，适用于加固有裂隙或软弱结构面的岩质边坡。

（4）固结灌浆或电化学加固法加强边坡岩体或土体的强度（图 5-15）。

图 5-15　固结灌浆

（5）SNS 边坡柔性防护技术等。

（四）绿化山坡

采取绿化山坡，种树植被等措施来稳定滑坡。

（五）加强滑坡灾害科普宣传

掌握滑坡灾害有关常识，以便人们在遇灾之时能有效地保护自己。因为中国山区面积大，滑坡多发区多，仅靠科技人员来防控是难以达到减灾目标的，故而还必须群策群力，如在滑坡多发区域印发科普读物，教会人们如何识别并防治滑坡灾害，以达到减灾的目的。

四、救助对策

（一）自救互救

1．滑坡发生前兆

不同类型、不同性质、不同特点的滑坡，在滑动之前，一般都会显示出一些前兆。归纳起来，常见的有如下几种：

（1）滑坡滑动之前，在滑坡前缘坡脚处，堵塞多年的泉水有复活现象，或者出现泉水（井水）突然干枯，井、泉水位突变或混浊等类似的异常现象。

（2）在滑坡体中部、前部出现横向及纵向放射状裂缝，它反映了滑坡体向前推挤并受到阻碍，已进入临滑状态（图 5-16）。

图 5-16　滑坡临滑状态

（3）滑坡滑动之前，滑坡体前缘坡脚处，土体出现隆起（上凸）现象，这是滑坡体明显向前推挤的现象。

（4）滑坡滑动之前，有岩石开裂或被剪切挤压的音响，这种现象反映了深部变形与破裂。

（5）滑坡在临滑之前，滑坡体周围的岩（土）体会出现小型崩塌和松弛现象。

（6）如果在滑坡体有长期位移观测资料，在滑坡滑动之前，无论是水平位移量或垂直位移量，均会出现加速变化的趋势。这是临滑的明显迹象。

（7）滑坡后缘的裂缝急剧扩展，并从裂缝中冒出热气或冷风。

（8）动物惊恐异常，植物变形。会出现猪、狗、牛等家畜惊恐不宁、不入睡，老鼠乱窜不进洞，树木枯萎或歪斜等现象。

滑坡是否发生，不能靠单一个别的前兆现象来判定，有时可能会造成误判。因此，发现某一种前兆时，应尽快对滑坡体进行仔细查看，迅速做出综合的判定。

2．注意观察山坡的变化

（1）土质滑坡张开的裂缝延伸方向往往与斜坡延伸方向平行，弧形特征较为明显，其水平扭动的裂缝走向常与斜坡走向直接相交，并较为平直。

（2）岩质滑坡裂缝的展布方向往往受到岩层面和节理面的控制。

（3）当地面裂缝出现时，有可能发生滑坡。

3．注意观察周围事物的变化

（1）当斜坡局部沉陷，而且该沉陷与地下存在的洞室以及地面较厚的人工填土无关时，将有可能发生滑坡。

（2）山坡上建筑物变形，而且变形构筑物在空间展布上具有一定的规律，将有可能发生滑坡。

（3）泉水、井水的水质浑浊，原本干燥的地方突然渗水或出现泉水蓄水池大量漏水时，将有可能发生滑坡。

（4）地下发生异常响声，同时家禽、家畜有异常反应，将有可能发生滑坡。

4．正确选择临时避灾场地

（1）应在滑坡隐患区附近提前选择几处安全的避难场地，提前搬迁到安全场地是防御滑坡灾害的最佳办法。

（2）避灾场地应选择在易滑坡两侧边界外围。在确保安全的情况下，离原居住处越近越好，交通、水、电越方便越好。

5．身处非滑坡山体区的应对

（1）及时报告对减轻灾害损失非常重要。

(2) 不要慌张，尽可能将灾害发生的详细情况迅速报告相关政府部门和单位。

(3) 做好自身的安全防护工作。

6．身处滑坡山体区的应对

(1) 沉着冷静，不要慌乱。

(2) 向滑坡方向的两侧逃离，并尽快在周围寻找安全地带(图5-17)。

(3) 当无法继续逃离时，应迅速抱住身边的树木等固定物体。

图 5-17　滑坡逃生

7．山体崩滑时的逃生

(1) 遇到山体崩滑时，可躲避在结实的遮蔽物下，或蹲在地坎、地沟里。

(2) 应注意保护好头部，可利用身边的衣物裹住头部。

(3) 一定不要顺着滚石方向往山下跑。

8．驱车经过滑坡区时的应对

(1) 严密观察，注意安全行驶（图5-18）。

(2) 注意路上随时可能出现的各种危险，如掉落的石头、树枝等。

(3) 察看清楚前方道路是否存有塌方、沟壑等，以免发生危险。

图 5-18　滑坡提示

(4) 一定不要不探明情况，便驱车通过，或刚刚发生滑坡，便通过此地区。

9．野外露宿时避免遭遇滑坡

(1) 野外露宿时应避开沟壑和陡峭的悬崖。

(2) 野外露宿时避开植被稀少的山坡。

(3) 非常潮湿的山坡也是滑坡的可能发生地区。

（4）一定不要在已出现裂缝的山坡宿营，或在余震多发时期进入滑坡多发区。

10．外出时避免遭遇滑坡

（1）尽量避免在震后或雨季前往滑坡多发地区。

（2）非要外出时，一定要远离滑坡多发区。

（3）一定不要在余震未停或雨季随意外出。

11．正确选择撤离路线

（1）必须经过实地勘察，确定正确的撤离路线。

（2）由地质专家实地进行考察勘测后再行撤离。

（3）听从统一安排，按规定路线撤离。

12．发生滑坡后的应对

（1）不要再闯入已经发生滑坡的地区找寻损失的财物。

（2）参与营救其他遇险者。

（3）不要在滑坡危险期未过就回发生滑坡的地区居住，以免再次滑坡发生带来危险。

（4）滑坡已经过去，在确认自家的房屋远离滑坡区域、完好安全后，方可进入生活。

13．滑坡过后房屋的检查

（1）仔细检查房屋各种设施是否遭到损坏（图 5-19）。

图 5-19　检查受损房屋

（2）在重新入住之前，应注意检查屋内水、电、煤气等设施是否损坏，管道、电线等是否发生破裂和折断，如发现故障，应立刻修理。

14．抢救被滑坡掩埋的人和物

（1）应从滑坡体的侧面进行挖掘。

（2）将滑坡体后缘的水排干。

（3）从滑坡体的侧面开始挖掘。

（4）先救人，后救物。

15．注意观察房屋及周边环境变化

（1）检查房屋地下室的墙上是否存有裂缝、裂纹。

（2）观察房屋周围的电线杆是否有朝向一方倾斜的现象。

图 5-20　不要强运财物

（3）房屋附近的柏油马路是否已发生变形。

（4）房屋面临滑坡时，人员应立即撤离，不要贪念财物（图 5-20）。

（二）专业救援力量救援

1．力量调集

根据现场情况调集照明、防化救援、抢险救援、后勤保障等消防车辆和大型运载车、吊车、铲车、挖掘车、破拆清障车等大型车辆装备，以及检测、防护、救生、起重、破拆、牵引、照明、通信等器材装备，并派出指挥员到场统一组织指挥。如果现场情况严重，仅仅依靠消防力量无法完成时，应及时报请政府启动应急预案，调集公安、安监、卫生、地质、国土、交通、气象、建设、环保、供电、供水、通信等部门协助处置，必要时请求驻军和武警部队支援（图 5-21）。

图 5-21　滑坡救援

2．现场警戒

救援人员到场后，要及时与国土资源局的工程技术人员配合，根据滑坡体的方量及危害程度，来确定现场警戒的范围。同时立即发布通告，对滑坡体上下一定范围路段实行交通管制，禁止人员、车辆进入警戒区域；通过电话、VHF、

扩音器等多种形式通知滑坡体上下一定范围内的人员立即撤离；启动应急撤离方案，在当地政府领导下组织人员、财产撤离。

3．侦察监测

山体滑坡事故发生后，往往还会发生二次或多次山体滑坡。救援人员到达事故现场时，首先要对山体滑坡的地质情况进行侦察，确定可能再次发生山体滑坡的区域，对其进行不间断监测，确保救援人员的生命安全。

对山体滑坡监测方式有三种：

（1）宏观监测，在地方行政管理和专业部门技术指导下，利用肉眼的巡查和利用测量工具（如皮尺）测量地表裂缝变化。

（2）专业监测系统，专业监测系统是采用综合监测手段（全球卫星定位监测、遥感监测、地表和深部位移监测等）对重大崩滑体、重要设施基地实施立体和应急监测的专业化监测与预警体系。

（3）宏观监测与专业监测结合并用。

4．开辟通道

交通部门迅速调集大型铲车、吊车、推土车等机械工程车辆，在现场快速开辟一块空阔场地和进出通道，确保现场拥有一个急救平台和一条供救援车辆进出的通道。

5．搜救被困人员

滑坡体趋于稳定后，启动搜救工作预案，救援部门主要利用生命探测仪、破拆器材、救援三脚架、起重气垫、防护救生器材、医疗急救箱等设备，深入山体滑坡事故现场搜寻救生。在塌方内部遇有人员埋压，利用生命探测仪进行现场搜索，确定被埋压人员的数量及其具

图 5-22　搜救被困人员

体位置，采取兵分多路，利用破拆、切割、起吊等装备进行施救。同时可用听、看、敲、喊等方法寻找被困人员。在利用破拆、切割、起吊等装备进行施救时，为防止造成二次伤害，可采用救援气垫、方木、角钢等支撑保护，必要时也可用手刨、翻、抬等方法施救。在施救过程中，必须安排国土资源部门技术人员对山体滑坡情况进行监测，如有再次发生滑坡险情，迅速通知现场救援人员撤离（图 5-22）。

6．加强疫情防控

山体滑坡灾害发生后，由于水源易遭到污染，食物容易变质，再加上人员接触污水机会增多，因此各类传染病极易传播。

（1）治理环境卫生，严防水体污染。及时清理倒塌房屋，在清理垃圾、粪便等之前，要先进行清洁和消毒，严禁接触各种污染水体。凡被滑坡淹埋、污染的水源和蓄水池，卫生防疫部门对水质要进行检测。凡严重污染者，一律封闭。

（2）做好自我防护。大范围开展灭蚊、灭蝇和灭鼠工作，清除孳生地。同时，要加强自我防护，搭建防蚊帐，涂抹驱蚊剂。同时要避免过度疲劳，要有足够的睡眠，以筑起体内免疫屏障。

（3）注意食品卫生。即不吃死因不明的家禽家畜肉；不吃腐败变质的食品；不吃霉变的食物和糕点；不使用污水洗瓜果、碗筷；不喝生水；不将生熟食品混在一起；不搞集聚和野餐活动；不用脏水漱口；不吃生冷食品或凉拌菜；不共用毛巾和牙刷。

（4）积极做好卫生宣教工作。当地医务人员和防疫工作者要深入灾区开展群众性健康教育活动，普及防病知识，实行集体预防和个人预防相结合，主动预防与被动免疫相结合，让灾区人民提高防病意识，自觉主动地采取防范措施，养成良好的卫生习惯，提高自我保健和防护能力。

（5）做好消毒工作。防疫部门要做好滑坡过后的消毒、杀虫、灭鼠工作指导，提供药品、器械和技术指导（图 5-23）。

（6）加强疫情监测和医学观察。坚持早发现、早报告、早隔离、早治疗，把疫情控制在萌芽之中。注意各种传染病的发生及流行趋势、疫情动态，及时报告传染病和可疑传染病，严格隔离制度。参加滑坡救援的人员离开灾区后，要对他们进行医学观察，观察时间要超过传染病的潜伏期。

图 5-23 滑坡现场消毒

7. 行动要求

（1）本着“先易后难，先救人后救物，先伤员后尸体，先重伤后轻伤”的原则进行。

（2）现场应设置安全员，安全员应在不同方位全过程观察山体变化情况，一旦发现滑坡征兆要立即发出警示信号，救援人员要迅速、安全撤离现场。

（3）救援人员不得聚集在山体结构已经明显松动的区域作业，避免山体再次垮塌，给救援人员和被困人员带来危险。

（4）未完全确认已无埋压人员的情况下，一般不得使用大型挖掘机。当接近被埋压人员时，应在确保不会发生坍塌的前提下，小心移动障碍物，防止伤害被埋压人员。

（5）救援初期，不得直接使用大型铲车、吊车、推土机等施工机械车辆清除现场。

（6）采用起重设备救人时，不能盲目蛮干，必须认真研究受力情况。尤其是使用机械作业时，每台机械都必须配有观察员，发现异常征兆应立即停车，防止因强挖硬拉而造成误伤。

（7）加强同公安、国土、安监、卫生、交通、民政、城建、通信等部门的合作，协同配合开展救援行动。

第二节　泥石流

泥石流是由于降水（暴雨、融雪）而形成的一种挟带大量泥沙、石块等固体物质的固液两相流体，呈黏性层流或稀性紊流等运动状态，是高浓度固体和液体的混合颗粒流。典型的泥石流由悬浮着粗大固体碎屑物并富含粉沙及黏土的黏稠泥浆组成。在适当的地形条件下，大量的水体浸透山坡或沟床中的固体堆积物质，使其稳定性降低，饱含水分的固体堆积物质在自身重力作用下发生运动，就形成了泥石流。它暴发突然、历时短暂、来势凶猛，具有极强的破坏力，是一种灾害性的地质现象。

泥石流的发生受多种自然因素的控制，如地质、地貌、水文、气象、土壤、植被覆盖等，同时人为因素也在一定程度上加速或延缓了泥石流的发生。在地形有利、固体松散物质来源丰富的前提下，暴雨、冰雪融化、冰川、水体溃决等均可激发泥石流。暴发时，混浊的泥石流体沿着陡峻的山沟，前推后拥，奔腾咆哮而下，地面为之震动，山谷有如雷鸣，冲出山口之后，在宽阔的堆积区横冲直撞，漫流遍地。由于泥石流暴发突然，运动很快，能量巨大，来势凶猛，破坏性非常强，常给山区城镇、乡村人民生命财产和工农业生产、基础建设等造成极大危害（图 5-24）。

图 5-24　毁坏城镇

泥石流有不同的分类：

（1）按组成泥石流的物质成分分为泥石流、泥流、水石流三类（图 5-25）。

（a）（b）（c）

图 5-25 泥石流 (a)、泥流 (b)、水石流 (c)

（2）按流域形态分为标准型泥石流、河谷型泥石流、山坡型泥石流三类（图 5-26）。

(a) (b) (c)

图 5-26 标准型泥石流 (a)、河谷型泥石流 (b)、山坡型泥石流 (c)

（3）按物质状态分为黏性泥石流、稀性泥石流两种。

除此之外还有多种分类方法，如按泥石流的成因分类有冰川型泥石流、降雨型泥石流；按泥石流沟的形态分为沟谷型泥石流、山坡型泥石流；按泥石流流域大小分类有大型泥石流、中型泥石流和小型泥石流；按泥石流发展阶段分类有发展期泥石流、旺盛期泥石流和衰退期泥石流等。

一、典型案例

2008 年 9 月 8 日 7 时 58 分，位于山西省临汾市襄汾县境内的山西新塔矿业有限公司尾矿库发生溃坝事故引发泥石流，致 277 人死亡、4 人失踪、33 人受伤，直接经济损失达 9 619.2 万元。事故发生后，山西省检察机关高度重视，积极介入事故调查，并依法对 58 名被告人提起公诉，其中副厅级干部 4 人、处级干部 13 人、处以下干部 17 人、其他人员 24 人（图 5-27）。

图 5-27 山西溃坝引发泥石流场景

2010 年 8 月 7 日 22 时许，甘南藏族自治州舟曲县突发强降雨，县城北面的罗家峪、三眼峪泥石流下泄，由北向南冲向县城，造成沿河房屋被冲毁，泥石流阻断白龙江、形成堰塞湖。截至 14 日 16 时统计，泥石流灾害已造成 1 239 人死亡，212 人受伤，近 505 人失踪，紧急转移安置 4.5 万人，倒塌房屋 120 余户 300 余间。

1981 年 7 月 9 日 1 时 30 分，四川大渡河南岸利子依达沟暴发特大泥石流。泥石流体冲毁了成昆铁路尼日车站北侧跨越利子依达沟口的利子依达大桥，并在几分钟内堵塞大渡河干流，大渡河断流 4 小时后泥石流大坝溃决。同日 1 时 46 分，由格里坪开往成都的 422 次直快列车满载着 1 000 余名旅客，以 40 余公里的时速在桥位南侧奶奶包隧道口与泥石流遭遇，列车车头和前几节车厢翻入大渡河。经事后统计，此次灾难造成 300 余人死亡，146 人受伤，成昆铁路瘫痪 372 小时，直接经济损失 2 000 余万元，是世界铁路史上迄今为止由泥石流灾害导致的最严重的列车事故。

2002 年 8 月 14 日，云南省新平彝族傣族自治县水塘等镇（位于哀牢山半山腰地区）有 3 100 多处发生了大小不一的泥石流，在 240 平方米的范围内，顷刻

间造成40人死亡，23人失踪，上千件桥梁、通信、涵洞等设施被毁，3 000多人无家可归，上千亩农田被毁。直接经济损失22 878.23万元。自然界这一泥石流魔鬼，给新平人民的心灵造成了巨大的伤害。灾害使房屋倒塌，冲毁893户、4 007间，1 545户农户的房屋处于极度危险之中，随时有倒塌的可能，涉及受灾人口29 160人。冲毁沟渠98千米，公路104.55千米，桥梁30座，涵洞345个，冲毁农作物22 947亩，其中水田11 172亩，山地11 775亩，冲毁电力设施30件、通信设施14件、人畜饮水设施66件，冲走大牲畜1 829头，直接经济损失22 878.23万元。

2008年9月23日8时到24日7时，北川县普降暴雨，其中擂鼓镇降雨104毫米，唐安山区域降水194毫米。暴雨导致区域性泥石流发生，这次暴雨泥石流灾害导致了42人死亡，对公路和其他基础设施造成严重损毁（图5-28）。

图5-28　北川泥石流场景

二、形成原因及危害

（一）形成原因

一般认为泥石流发生需要三个基本条件：能量条件（地形条件）、物质条件和触发条件。

1．能量条件

泥石流发生的能量条件主要通过区域地形条件得以体现，是泥石流能否形成的重要因素之一。它是上游和山坡坡面松散固体物质所具有势能的体现，是物质能否启动的先决条件。泥石流的形成区在地形上具备山高沟深，地形陡峻，沟床纵坡降大，流域形状便于水流汇集。在地貌上，泥石流的地貌一般可分为形成区、流通区和堆积区三部分。上游形成区的地形多为三面环山、一面出口的瓢状或漏斗状，地形比较开阔，周围山高坡陡、山体破碎、植被生长不良，这样的地形有利于水和碎屑物质的集中；中游流通区的地形多为狭窄陡深的峡谷，谷床纵坡降大，使泥石流能迅猛直泄，下游堆积区的地形为开阔平坦的山前平原或河谷阶地，使堆积物有堆积场所（图 5-29）。

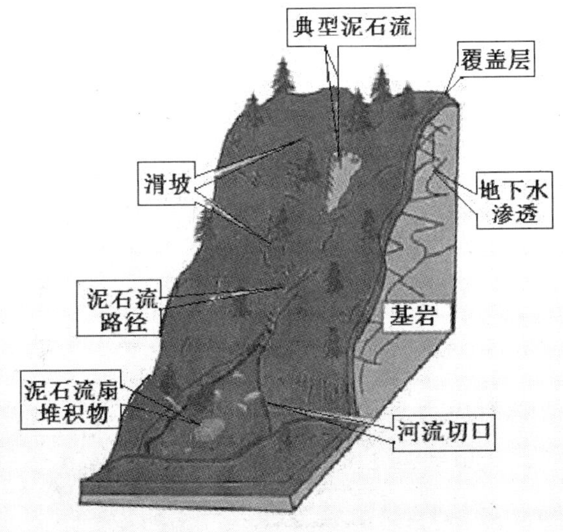

图 5-29　典型泥石流示意图

2. 物质条件

物质条件是指泥石流发生所必需的松散碎屑物质、水分的储量和来源情况（图 5-30）。其中松散固体碎屑物质受很多因素的影响，其中比较重要的包括地层条件、新构造活动条件、土壤条件、植被条件等。泥石流常发生于地质构造复杂、断裂褶皱发育、新构造活动强烈、地震烈度较高的地区。地表岩石破碎、崩塌、错落、滑坡等不良地质现象发育，为泥石流的形成提供了丰富的固体物质来源；另外，岩层结构松散、软弱、易于风化、节理发育或软硬相间成层的地区，因易受破坏，也能为泥石流提供丰富的碎屑物来源；一些人类工程活动，如滥伐森林造成水土流失，开山采矿、采石弃渣等，往往也为泥石流提供大量的物质来源。

图 5-30　泥石流物质条件

3．触发条件

5-31　泥石流触发因素

水流激发是我国泥石流灾害中最常见的触发因素（图 5-31）。由绵雨、中到大雨、暴雨，冰雪雨水、融水，江河湖库溃决等水流持续作用，使基本条件中的某一条件超过稳定情况下的强度，激发泥石流。即水体数量、能量突然增加，强烈冲刷，推动堆积物运动；外力触发，如由强烈爆破、崩塌、滑坡、火山、Ⅶ度以上地震等基本条件以外的其他动力作用，促使泥石流体启动，或使水饱和土体发生液化流动；环境诱发，如由森林破坏、厂矿废渣、建筑弃土堆增高、坡度变陡、地下水涌流等间接因素造成。

（二）泥石流危害

泥石流常常具有暴发突然、来势凶猛、迅速之特点。并兼有崩塌、滑坡和洪水破坏的双重作用，其危害程度比单一的崩塌、滑坡和洪水的危害更为广泛和严重。它对人类的危害具体表现在四个方面。据统计，我国有 29 个省（区）、771 个县（市）正遭受泥石流的危害，平均每年泥石流灾害发生的频率为 18 次 / 县，近 40 年来，每年因泥石流直接造成的死亡达数千人，并威胁上万亿元财产。目前我国已查明受泥石流危害或威胁的县级以上城镇有 138 个，主要分布在甘肃（45 个）、四川（34 个）、云南（23 个）和西藏（13 个）等西部省区，受泥石流危害或威胁的乡镇级城镇数量更大。

1．对居民点的危害

泥石流最常见的危害之一，冲入乡村、城镇，摧毁房屋、工厂、企事业单位及其他场所设施。淹没人畜、毁坏土地，甚至造成村毁人亡的灾难（图5-32）。1969年8月，云南省大盈江流域弄璋区南拱发生泥石流，使新章金、老章金两村被毁，97人丧生，经济损失近百万元。2010年8月7日22时许，甘南藏族自治州舟曲县突降强降雨，县城北面的罗家峪、三眼峪泥石流下泄，由北向南冲向县城，造成沿河房屋被冲毁，泥石流阻断白龙江，形成堰塞湖，1 471人遇难，294人失踪，舟曲5 000米长、500米宽区域被夷为平地。

图5-32　摧毁乡村

2. 对公路和铁路的危害

泥石流可直接埋没车站、铁路、公路，摧毁路基、桥涵等设施，致使交通中断，还可引起正在运行的火车、汽车颠覆，造成重大的人身伤亡事故。有时泥石流汇入河道，引起河道大幅度变迁，间接毁坏公路、铁路及其他构筑物，甚至迫使道路改线，造成巨大的经济损失（图5-33）。

图5-33　摧毁公路、铁路

据统计，我国有20条铁路干线的走向经过1 400余条泥石流分布范围内，1949年以来，先后发生中断铁路运行的泥石流灾害300余起，有33个车站被淤埋。在我国的公路网中，以川藏、川滇、川陕、川甘等线路的泥石流灾害最严重，仅川藏公路沿线就有泥石流沟1 000余条，先后发生泥石流灾害400余起，每年因

泥石流灾害阻碍车辆行驶时间长达 1 ～ 6 个月。

3．对水利水电工程的危害

主要是冲毁水电站、引水渠道及过沟建筑物，淤埋水电站尾水渠，并淤积水库、磨蚀坝面等。如云南省近几年受泥石流冲毁的中、小型水电站达 360 余座、水库 50 余座；上千座水库因泥石流活动而严重淤积，造成巨大的经济损失。

4．对矿山的危害

主要是摧毁矿山及其设施，淤埋矿山坑道、伤害矿山人员、造成停工停产，甚至使矿山报废。

三、预防措施

（一）工程防治

（1）治水工程：修建水库、水塘和引水、排水渠道、隧洞工程，调蓄、引导泥石流流域的地表水，改善泥石流形成与发展的水动力条件。

（2）拦挡工程：修建拦挡坝、谷坊等，拦截泥石流，削弱泥石流强度，沉积砂石，减小泥石流破坏能力。

（3）排导工程：修建排导沟、导流堤、顺水坝等工程，规范泥石流流径，削弱泥石流强度。

（4）停淤工程：开辟人工停淤场，引导规范泥沙淤积场所。

（5）跨越工程：铁路、公路、桥梁高架于沟谷上方，跨越泥石流。

（6）穿越工程：铁路、公路以隧道、明硐从下方穿越泥石流沟。

（7）防护工程：修建护坡、挡墙、顺坝、丁坝等，保护房屋、铁路、公路、桥梁等工程设施，抵御泥石流的冲击。

（二）正确选址

1．房屋不要建在沟口和沟道上

受自然条件限制，很多村庄建在山麓扇形地上。山麓扇形地是历史泥石流活动的见证，从长远的观点看，绝大多数沟谷都有发生泥石流的可能。因此，在村镇选址和规划建设过程中，房屋不能占据泄水沟道，也不宜离沟岸过近，已经

图 5-34 房屋不要建在沟道上

占据沟道的房屋应迁移到安全地带。在沟道两侧修筑防护堤和营造防护林，可以避免或减轻因泥石流溢出沟槽而对两岸居民造成的伤害（图 5-34）。

2. 不能把冲沟当作垃圾排放场

在冲沟中随意弃土、弃渣、堆放垃圾，将给泥石流的发生提供固体物源，促进泥石流的活动。当弃土、弃渣量很大时，可能在沟谷中形成堆积坝，堆积坝溃决时必然发生泥石流。因此，在雨季到来之前，最好能主动清除沟道中的障碍物，保证沟道有良好的泄洪能力（图 5-35）。

图 5-35 不把冲沟当作垃圾排放场

（三）保护生态环境

图 5-36 改善生态环境

泥石流的产生和活动程度与生态环境质量有密切关系。一般来说，生态环境好的区域，泥石流发生的频率低、影响范围小；生态环境差的区域，泥石流发生频率高、危害范围大。提高小流域植被覆盖率，在村庄附近营造一定规模的防护林，不仅可

以抑制泥石流形成、降低泥石流发生频率，而且即使发生泥石流，也多了一道保护生命财产的安全屏障（图 5-36）。

（四）加强泥石流监测预警

监测流域的降雨过程和降雨量（或接收当地天气预报信息），根据经验判断降雨激发泥石流的可能性；监测沟岸滑坡活动情况和沟谷中松散土石堆积情况，分析滑坡堵河及引发溃决型泥石流的危险性，下游河水突然断流，可能是上游有滑坡堵河、溃决型泥石流即将发生的前兆；在泥石流形成区设置观测点，发现上游形成泥石流后，及时向下游发出预警信号（图 5-37）。

图 5-37 泥石流监测预警

对城镇、村庄、厂矿上游的水库和尾矿库经常进行巡查，发现坝体不稳时，要及时采取避灾措施，防止坝体溃决引发泥石流灾害。

得知泥石流暴发消息时，处于非泥石流区，则应立即报告该泥石流沟下游可能波及或影响到的村、乡、镇、县或工矿企业单位，以便及早做好预防和准备工作。

（五）注重出行安全

雨天不要在沟谷中长时间停留；一旦听到上游传来异常声响，应迅速向两岸上坡方向逃离。雨季穿越沟谷时，先要仔细观察，确认安全后再快速通过。山区降雨普遍具有局部性特点，沟谷下游是晴天，沟谷上游不一定也是晴天，“一山分四季，十里不同天”就是群众对山

图 5-38 雨季不要在沟谷中长时间停留

区气候变化无常的生动描述，即使在雨季的晴天，同样也要提防泥石流灾害（图5-38）。

四、救助对策

（一）泥石流发生前的征兆

泥石流发生前一般会出现巨大的声响、沟槽断流和沟水变浑等现象。泥石流携带巨石撞击产生沉闷的声音，明显不同于机车、风雨、雷电、爆破等声音。沟槽内断流和沟水变浑，可能是上游有滑坡活动进入沟床，或泥石流已发生并堵断沟槽（图5-39）。

图 5-39　泥石流堵断沟槽

（1）泥石流沟谷下游沟谷洪水突然断流或水量突然减少。

（2）泥石流沟谷上游突然传来异常轰鸣声。

（3）泥石流沟谷上游出现异常气味。

（4）泥石流沟谷出现滑坡堵沟。

（5）泥石流支沟出现小型泥石流。

（6）动物出现鸡犬不宁、老鼠搬家等异常现象。

图 5-40　在高地上露宿

（二）自救互救对策

1．野外露宿时避免遭遇泥石流

（1）千万不要在山谷和河沟底部露宿。

（2）露宿时避开有滚石和大量堆积物的山坡下面。

（3）可露宿在平整的高地（图5-40）。

图 5-41　泥石流来临时逃生

2．泥石流来临时的逃生

（1）立刻向河床两岸高处跑（图 5-41）。

（2）向与泥石流成垂直方向的两边山坡高处爬。

（3）来不及奔跑时要就地抱住河岸上的树木。

（4）一定不要往泥石流的下游方向逃生，或顺着泥石流方向奔跑。

3．食品不足、水源污染时的应急

（1）千万不要饮用被污染了的水（图 5-42）。

（2）食品不足时，应适量进食来维持生命。

（3）若食物已短缺，应一边寻找山果等充饥，一边等待救援。

（4）水源被污染，应立刻停止使用被污染的水，以免发生中毒现象。

图 5-42　饮用干净水

（5）可收集雨水饮用。

4．野外避免遭遇泥石流

（1）下雨时不要在沟谷中停留或行走。

（2）下雨天不要在沟谷中劳作。

（3）一旦听到连续不断雷鸣般的响声，应立即向两侧山坡上转移。

（4）在穿越沟谷时，应先观察，确定安全后方可穿越。

图 5-43　不要过河、下水

（5）去野外劳作前要了解、掌握当地的气象趋势及灾害预报。

（6）千万不要脱鞋，往高处跑，不要过河、不要下水（图 5-43）。

5．提前做好必要的物资准备

（1）可能的情况下，应在避灾场所预先做好必要的生活物资准备。

（2）应事先在避灾场所搭建临时住所。

（3）事先将部分生活用品转移到避灾场所。

（4）根据实际情况，适当地准备交通工具、通信器材、常备药品及雨具等。

（5）准备充足的食品和饮用水。

6. 正确躲避泥石流

（1）躲到离泥石流发生地较远处的高地上（图 5-44）。

（2）一定不要站在泥石流岸边观看，或躲在河谷旁边的大石头后面。

图 5-44　躲避泥石流

（三）泥石流后的卫生防疫

泥石流灾害过后，除外伤和各种感染病症尚需处理外，此时易发的疾患还有伤寒、霍乱、甲型肝炎、钩端螺旋体病、急性出血性结膜炎等，应加强预防。

1. 工作开展

（1）设立疫情监测组。医疗队成立由检验专业和感染病专业人员组成的疫情监测组，负责疫情监测、报告撰写、疫情上报等工作，必要时参与制定疫情控制措施。

（2）报告人和报告方式。报告人由监测人员组成，监测组每天巡视病区，向各病区主管医生收集相关信息。发现疑似鼠疫病人或急死病人，必须立刻填报报表，用传真或电子邮件向指定的信息收集单位报告，情况紧急时用电话口头报告。

图 5-45　卫生防疫

2. 具体措施

（1）在第一时间成立医疗卫生救治指挥部，统筹指挥，整合资源，卫生防疫覆盖到村社（图 5-45）。

（2）统一技术方案，规范应急处置，科学指导卫生防疫工作。

（3）根据灾区情况，帮助灾民选用供水水源，做好水源保护，对水源水进行严格的净化消毒，教育灾民喝开水，确保饮用水卫生安全。

（4）加强食品卫生，严防食品受到细菌、霉菌、寄生虫、化学物污染，向灾民进行卫生知识教育，确保食品安全。

（5）灾后应彻底清除住所内外的淤泥，做好室内外环境的消毒工作，加强灾民安置点的环境卫生，通过修建临时简易厕所和垃圾堆放点把粪便垃圾集中无害化处理，同时做好粪便垃圾的消毒工作。

（6）控制病媒生物，针对不同人群、不同场所采取有效措施，减少病媒生物滋生地，杀灭蚊、蝇、蚤及鼠类。

（7）加强健康教育宣传工作，改变灾民不良的卫生习惯，增强卫生防病意识。

（8）加强疾病监测系统建设，保证出现传染病能及时发现并采取措施控制。

第六章　气象灾害

气象灾害是指大气对人类的生命财产和国民经济建设及国防建设等造成的直接或间接的损害。自 2010 年 4 月 1 日起施行的《气象灾害防御条例》规定，气象灾害是指台风、暴雨（雪）、寒潮、大风（沙尘暴）、低温、高温、干旱、雷电、冰雹、霜冻和大雾等所造成的灾害。气象灾害是自然灾害中最为频繁而又严重的灾害。

第一节　冰　雹

冰雹是指在对流性天气控制下，积雨云中凝结生成的冰块从空中降落而造成的灾害。冰雹是一种固态降水物，是圆球形或圆锥形的冰块，由透明层和不透明层相间组成，直径一般为 5 ～ 50 毫米，大的有时可达 10 厘米以上，又称雹或雹块，俗称雹子，有的地区叫“冷子”，夏季或春夏之交最为常见，它是一些小如绿豆、黄豆，大似栗子、鸡蛋的冰粒，特大的冰雹比柚子还大。冰雹常砸坏庄稼，威胁人畜安全，是一种严重的自然灾害。

一、典型案例

图 6-1 冰雹

我国冰雹灾害发生的地域很广，据统计，农业因冰雹受灾面积的重灾年达 660 多万公顷。2012 年 4 月 11 日上午 10 时 50 分，云南省昆明市晋宁县风云突变，黑压压的云层笼罩着上空。不一会，狂风骤雨间，一颗颗直径 20 多毫米的冰雹从天而降，整整持续了 3 ～ 4 分钟。冰雹过后，大地一片沧痍，洁白的冰雹有的直接坠入草丛中，有的“劈劈啪啪”和着打落的枝叶一起坠落在地，在绿色的草丛和打落的枝叶间、路面上、房顶上，晶莹透亮的冰雹清晰可见。此次突降冰雹地区为二街镇、上蒜镇、昆阳街道局部地区。乒乓球大小的冰雹过后，公路、人行道都铺满了一层绿油油的叶子；放在露天停车场的很多车都被冰雹打出了一个个小凹坑。据悉，此次生命时较短的小尺度强对流冰雹天气主要是受高空川滇切变气压所导致。经测量，冰雹最大直径为 30 毫米，平均直径为 22 毫米（图 6-1）。

2013 年 5 月 22 日 23 时 40 分，石林县普降中到大雨，其中，县城北部等局部地区出现历史罕见的极端狂风、暴雨和冰雹天气。在短短半个小时左右的时间里，冰雹堆积厚度达 6 厘米以上，县城所在的鹿阜街道办事处最大降雨量甚至达到 78.8 毫米，最大的冰雹直径达 3 厘米。风雹造成石林县烤烟受灾 9 336.8 亩，损失程度

图 6-2 冰雹袭击农田场景

100%。其中导致绝收的 1 358 亩，损失在 40% ～ 90% 的 4 970 亩，损失在 40% 以下的 3 008.8 亩；粮食作物受灾 11 836.5 亩，其中导致绝收的 2 442 亩，损失在 40% ～ 90% 的 6 376.5 亩，40% 以下的 3 018 亩；蔬菜受灾 3 663 亩，其中绝收 2 378 亩；果树受灾 11 548 亩，其中绝收 6 948 亩；花卉受灾 100 亩。另外，温室养鸡户受灾 26 户，10 356 只家禽死亡，17 间民房倒损，冰雹导致石林全县 5 个乡镇 49 个村委会不同程度受灾，24 836.3 亩农作物遭受损失（图 6-2）。

二、形成原因及危害

（一）形成原因

雹害为农业气象灾害的一种，指降雹给农业生产造成的直接或间接危害，冰雹是从发展旺盛的积雨云中降落的一种固态降水，由于大气层中具有高度不稳定的层结、丰富的水汽和不均匀的上升气流以及适当的温度 0 摄氏度层高度等条件而产生。

（二）冰雹危害

冰雹使农作物叶片、茎秆和果实遭受机械损伤，从而引起作物的各种生理障碍和诱发病虫害。降雹造成土壤板结；雹块内的温度在 0 摄氏度以下，还导致农作物遭受冻害（图 6-3）。此外，冰雹给牲畜和农业生产也造成直接或间接危害。雹害发生范围小，但地区分布广，尤以中纬度高原及山区出现频繁。我国雹害较重的地区除青藏高原外，还有祁连山区，甘肃东南部、内蒙古昭乌达盟、太行山区，四川、云南等地降雹也较多见。一般降雹时期和地区都相

图 6-3　冰雹过后的凄凉

对固定。降雹常突然发生，每次持续时间一般5～15分钟；间歇性降雹可达3～4小时。大部分地区70%的降雹发生在13～19时，以14～16时最为常见。

冰雹常与雷暴大风结伴而行，因此，风、雹灾害互为一体。冰雹常常砸毁大片农作物、果园，损坏建筑物，通常发生在夏、秋季节里。具有：

（1）突发性强。由于雷暴大风的移动速度快，往往云到风雹到，顷刻之间狂风大作，冰雹倾砸，大雨滂沱，来势凶猛。

（2）时间短。一般持续时间仅几分钟，很少超过半小时。

（3）危害范围小。俗话说“雹打一条线”，其宽度一般只有1～2千米。

（4）破坏性大。由于风强、雹砸，所经之地往往房倒屋损，树木、电杆倒折，农作物被毁，人畜被砸伤亡等特点。

雹害的轻重，取决于冰雹的破坏力和作物所处的发育期。冰雹的破坏力决定于冰雹的大小、密度和下降的速度。可分为轻、中、重3级：轻雹害的雹块直径约为0.5～2.0厘米；中雹害的雹块直径约2～3厘米；重雹害的雹块直径3～5厘米或更大。

三、预防措施

我国是世界上人工防雹较早的国家之一，由于我国雹灾严重，所以防雹工作得到了政府的重视和支持。目前，已有许多省建立了长期试验点，并进行了严谨的试验，取得了不少有价值的科研成果。开展防雹，使其向人们期望的方向发展，达到减轻灾害的目的。

图6-4　防治冰雹

（1）用火箭、高炮或飞机直接把碘化银、碘化铅、干冰等催化剂送到云里去。

（2）在地面上把碘化银、

碘化铅、干冰等催化剂在积雨云形成以前送到自由大气里，让这些物质在雹云里起雹胚作用，使雹胚增多，冰雹变小。

（3）在地面上向雹云放火箭、打高炮，或在飞机上对雹云放火箭、投炸弹，以破坏对雹云的水分输送。

（4）用火箭、高炮向暖云部分撒凝结核，使云层形成降水，以减少云中的水分；在冷云部分撒冰核，以抑制雹胚增长（图 6-4）。

四、救助对策

（1）当冰雹来临时，如果你在户外的话，一定不能乱跑，因为冰雹很可能迎面砸过来。而且不要忘记衣服是一种十分重要的避险工具，在关键时刻，它能对你起到保护作用。头部是很重要的，应该以最快的速度将衣服脱下，顶在头上，保护好头部。但不能弓背弯腰地跑，因为冰雹很可能砸伤你的背、颈等，应该把衣服大致地叠一下，加高它的厚度，再注意保护好头部和颈部，然后再放在头上。

（2）如果所处的环境对自己不利的话，就一定得利用一切可以利用的东西，如干稻草、洗衣板、搅拌桶等，这些可以成为你的避险工具。当发生大风冰雹时，你正好在室内的话，那么家里的很多东西都可以成为你避险的工具，例如木桌、抽屉、椅子等，而椅子和抽屉则能更好地保护头部，但铁锅、铁锹等导电的物品和容易碎的物品，绝对不能拿来当避险工具。

（3）尽量不使用棉被，因为下冰雹时，通常都会伴随着雷雨，而棉被浸湿后，会变得很重，反而不利于逃生。而且没叠好的棉被，单层比较薄，也容易被大风掀开。如果在只能使用棉被的情况下，建议将它叠好再放在头上顶着。

（4）应及时将老人、小孩转移到水泥砖混结构的房子里。大风冰雹来临时，房屋很可能会坍塌，这时应该躲在房屋的支点边，但要避免靠窗的支点，以免窗户的玻璃砸下来伤着。

第二节　雪　灾

雪灾是指聚集在高纬度地区的强冷空气迅速入侵，造成长时间、大范围的剧烈降温、降雪，由暴风雪堆积所造成的大范围积雪危及生命和财产的灾害。雪灾能引发雪崩、冰湖溃决、冰川异常运动、凌汛等次生灾害。

雪灾是由积雪引起的灾害。根据积雪稳定程度，将我国积雪分为 5 种类型。

（1）永久积雪。在积雪平衡线以上降雪积累量大于当年消融量，积雪终年不化。

（2）稳定积雪（连续积雪）。空间分布和积雪时间（60 天以上）都比较连续的季节性积雪。

（3）不稳定积雪（不连续积雪）。虽然每年都有降雪，而且气温较低，但在空间上积雪不连续，多呈斑状分布，在时间上积雪日数为 10 ～ 60 天，且时断时续。

（4）瞬间积雪。主要发生在华南、西南地区，这些地区平均气温较高，但在季风特别强盛的年份，因寒潮或强冷空气侵袭，发生大范围降雪，但很快消融，使地表出现短时（一般不超过 10 天）积雪。

（5）无积雪。除个别海拔高的山岭外，多年无降雪。雪灾主要发生在稳定积雪地区和不稳定积雪山区，偶尔出现在瞬时积雪地区。

暴雪预警信号分四级，分别以蓝色、黄色、橙色、红色表示。

暴雪蓝色预警信号。标准：12 小时内降雪量将达 4 毫米以上，或者已达 4 毫米以上且降雪持续，可能对交通或者农牧业有影响。

暴雪黄色预警信号。标准：12 小时内降雪量将达 6 毫米以上，或者已达 6 毫米以上且降雪持续，可能对交通或者农牧业有影响。

暴雪橙色预警信号。标准：6 小时内降雪量将达 10 毫米以上，或者已达 10 毫米以上且降雪持续，可能或者已经对交通或者农牧业有较大影响。

暴雪红色预警信号。标准：6 小时内降雪量将达 15 毫米以上，或者已达 15 毫米以上且降雪持续，可能或者已经对交通或者农牧业有较大影响。

一、典型案例

2008 年我国南方出现罕见雨雪冰冻灾害，由于持续低温雨雪天气，中国最新最先进的一条输电线路、三峡电力大动脉湖北宜昌至上海的 500 千伏直流输电线路安徽霍山张冲段的 4 座线塔竟然被雨雪压垮了。2011 年 1 月，云南昭通雪灾造成超过 10 千米输电线路受损，48 座输电塔受损，近 118 千米通信线路受损，200 多根通信线杆倒塌。

图 6-5　吉林长春路面积雪

2013 年 11 月 16—20 日，东北出现了入冬以来首场大范围强降雪。黑龙江、吉林有 10 站日降水量超过 11 月历史极大值，黑龙江中东部、吉林中东部积雪深度普遍达 10～40 厘米，吉林汪清达 51 厘米、黑龙江尚志达 64 厘米。强降雪导致东北三省多条高速公路关闭，部分客运车辆停运，机场航班大面积延误。哈尔滨、长春中小学和幼儿园停课（图 6-5）。

二、形成原因及危害

（一）形成原因

冰雪灾害分由冰川引起的灾害和积雪、降雪引起的雪灾两种。冰雪灾害是一种常见的气象灾害，拉尼娜现象是造成低温冰雪灾害的主要原因。中国属季风大陆性气候，冬、春季时天气、气候诸要素变化大，导致各种冰雪灾害每年都有可能发生。在全球气候变化的影响下，冰雪灾害成灾因素复杂，致使对雨雪预测预报难度不断增加。研究表明，中国雪灾害种类多、分布广，东起渤海，西至帕米尔高原，南自高黎贡山，北抵漠河，在纵横数千公里的国土上，每年都受到不同程度雪灾害的危害。历史上我国的冰雪灾害不胜枚举，新中国成立以来，我国范围大、持续时间长且灾情较重的雪灾，就多达 10 余次。人类对自然资源和环境的不合理开发和利用及全球气候系统的变化，也正在改变雪灾等气象灾害发生的地域分布、频率及强度。植被覆盖度的降低、裸地的增加，导致草地退化，为雪灾灾情的放大提供了潜在条件。

（二）雪灾危害

由大雪和暴风雪造成的雪灾由于积雪深度大、影响面积广，危害更加严重。冰雪灾害危及工农业生产和人身安全，严重影响甚至破坏交通、通信、输电线路等生命线工程，对人民生产、生活影响巨大（图 6-6）。

图 6-6　雪灾对输电线路造成的危害

（1）积雪融化形成洪水。每年春季气温升高，积雪面积缩小，冰川冰裸露，冰川开始融化，沟谷内的流量不断增加；夏季，冰雪消融量急剧增加，形成夏季洪峰；进入秋季，消融减弱，洪峰衰减；冬季天寒地冻，消融终止，沟谷断流。冰雪融水主要对公路造成灾害。在洪水期间冰雪融水携带大量泥沙，对沟口、桥梁等造成淤积，导致涵洞或桥下堵塞，形成洪水漫道，冲淤公路。

（2）消融形成泥石流。冰川消融使洪水挟带泥沙、碎石混合流体而形成泥石流。青藏高原上的山系，山高谷深，地形陡峻，又是新构造活动频繁的地区，断裂构造纵横交错，岩石破碎，加之寒冻风化和冰川侵蚀，在高山河谷中松散的泥沙、碎石、岩块十分丰富，为冰川泥石流的形成奠定了基础。在藏东南地区，冰川泥石流活动频繁，尤其在川藏公路沿线，危害极大。

（3）在风力作用下易形成风吹雪。积雪在风力作用下，形成一股股携带着雪的气流，雪粒贴近地面随风飘逸，称为低吹雪；大风吹袭时，积雪在原野上飘舞而起，出现雪雾弥漫、吹雪遮天的景象，称为高吹雪；积雪伴随狂风起舞，急骤的风雪弥漫天空，使人难以辨清方向，甚至把人刮倒卷走，称为暴风雪。

三、预防措施

（一）政府防御指南

（1）政府及相关部门按照职责做好防雪灾应急工作。

（2）交通、铁路、电力、通信等部门应当加强道路、铁路、线路巡查维护，做好道路清扫和积雪融化工作（图 6-7）。

图 6-7　清雪作业

（3）减少不必要的户外活动，必要时停课、停业（除特殊行业外）。

（4）必要时飞机暂停起降，火车暂停运行，高速公路暂时封闭。

（二）农业生产防灾

（1）及早采取有效防冻措施，抵御强低温对越冬作物的侵袭，特别是要防止持续低温对旺苗、弱苗的危害。

（2）做好大棚的防风加固，并注意棚内的保温、增温，减少蔬菜病害的发生，保障春节蔬菜的正常供应。

（3）加强对大棚蔬菜和在地越冬蔬菜的管理，防止连阴雨雪、低温天气的危害，雪后应及时清除大棚上的积雪，既减轻塑料薄膜压力，又有利于增温透光；同时加强各类冬季蔬菜、瓜果的储存管理。

（4）趁雨雪间隙及时做好“三沟”的清理工作，降湿排涝，以防连阴雨雪天气造成田间长期积水，影响麦菜根系生长发育。同时要加强田间管理，中耕松土，铲除杂草，提高其抗寒能力。做好病虫害的防治工作。

（5）加固棚架等易被雪压的临时搭建物，将户外牲畜赶入棚圈喂养。及时给麦菜盖土，提高御寒能力，若能用猪牛粪等有机肥覆盖，保苗越冬效果更好。

四、救助对策

（1）机动车驾驶员应给轮胎少量放气，增加轮胎与路面的摩擦力。

（2）雪灾天气行车应减速慢行，转弯时避免急转以防侧滑，踩刹车不要过急过死。

（3）在雪灾路面上行车，应安装防滑链，佩戴有色眼镜或变色眼镜。

（4）路过桥下、屋檐等处时，要迅速通过或绕道通过，以免上结冰凌因融化突然脱落伤人。

第三节 道路结冰

道路结冰是指降水，如雨、雪、冻雨，或雾滴，遇到温度低于0℃的地面而出现的积雪或结冰现象。通常包括冻结的残雪、凸凹的冰辙、雪融水或其他原因的道路积水在寒冷季节形成的坚硬冰层。道路结冰是交通事故的重要祸首。

当路表温度低于0摄氏度，出现降水，12小时内可能出现对交通有影响的道路结冰时，气象部门会向社会发布道路结冰预警信号。按照出现时间迟早和对交通的影响大小分为三级，分别以黄色、橙色、红色表示。

道路结冰黄色预警信号：当路表温度低于0摄氏度，出现降水，12小时内可能出现对交通有影响的道路结冰。

道路结冰橙色预警信号：当路表温度低于0摄氏度，出现降水，6小时内可能出现对交通有较大影响的道路结冰。

道路结冰红色预警信号：当路表温度低于0摄氏度，出现降水，2小时内可能出现或者已经出现对交通有很大影响的道路结冰。

一、典型案例

图 6-8　车辆滞留

2008 年 1 月 24—26 日，京珠高速公路穿越的广东省乳源县大桥镇路段，由于地处高寒山区，路面结冰，京珠高速公路封闭，车辆分流乳源坪乳公路，9 900 多台车辆困在路上，滞留线路长达 40 千米（图 6-8）。受此影响，26 日经由京广线到达深圳站的 6 趟长途列车出现大面积晚点，并直接导致始发的京广线长途列车晚点。

图 6-9　道路结冰

2010 年 2 月 25 日，辽宁大部分地区气温降至 0 摄氏度以下，雨雪容易结冰且不容易融化，对交通影响较大，多条高速公路的部分路段都已封闭。部分旅客列车出现晚点，其中包括 4 趟动车组列车。从秋末到春初，如果地面温度低于 0 摄氏度，道路上就会出现积雪或结冰现象。出现道路结冰时，由于车轮与路面摩擦作用大大减弱，容易打滑，刹不住车，造成交通事故（图 6-9）。行人也容易滑倒，造成摔伤。

二、形成原因及危害

（一）形成原因

道路结冰分为两种情况，一种是降雪后立即冻结在路面上形成道路结冰；另一种是在积雪融化后，由于气温降低而在路面形成结冰。

（二）道路结冰危害

出现道路结冰时，由于车轮与路面摩擦作用大大减弱，容易打滑，刹不住车，造成交通事故。行人也容易滑倒，造成摔伤。导致高速公路因道路积雪结冰先后封闭，民航机场因飞机跑道、停机坪大量积雪结冰而关闭，人员物资无法运送，对交通造成了严重影响。

三、预防措施

（1）履行职责，主动应对。交通、公安等部门要做好应对准备工作，注意指挥和疏导行使车辆；相关应急处置部门随时准备启动应急方案，必要时，关闭结冰道路交通。

图 6-10 谨慎驾驶

（2）驾车出行，听从指挥。驾驶员驾车出行，应当采取必要的防滑措施，听从指挥，注意路况，保持适当车距，慢速行驶；自行车、三轮车等非机动车辆上路前，给轮胎少量放气，增加轮胎与路面的摩擦力（图 6-10）。

（3）行人出门，注意防滑。行人上路时，应当选择防滑性能较好的鞋，不宜穿高跟鞋或硬塑料底鞋。

四、救助对策

（一）日常应对措施

（1）外出要采取保暖措施，耳朵、手脚等容易冻伤的部位，尽量不要裸露在外。

（2）行人出门要当心路滑跌倒，穿上防滑鞋。

（3）居民不要随意外出，特别是要少骑自行车。

（4）确保老、幼、病、弱人群留在家中。

（5）因道路结冰路滑跌倒，不慎发生骨折，应做包扎、固定等紧急处理。

（二）学生应对措施

（1）过马路要服从交通警察指挥疏导。

（2）建议少骑或者不骑自行车上学。

（3）教育学生不要在有结冰的操场或空地上玩耍。

（4）如果做溜冰运动，一定要做好防护措施。

（三）驾车应对措施

（1）降低车速。按照道路可变情报显示板上预告的车速行驶，防止车辆侧滑，缩短制动距离。

（2）加大行车间距。冰雪路面的行车间距应为干燥路面行车间距的2～3倍。

（3）沿着前车的车辙行驶，一般情况下不要超车、加速、急转弯或者紧急制动。需要停车时要提前采取措施，多用换挡，少用制动，防止各种原因造成的侧滑。

（4）在有冰雪的弯道或者坡道上行驶时，应提前减速。

（5）及时安装轮胎防滑链或换用雪地轮胎。

（四）意外摔伤应对措施

（1）由于道路结冰路滑跌倒，易导致扭伤或碰伤，这时应去医院治疗。

（2）如果有出血现象，应立即用比较清洁的布类包扎伤口止血。

（3）如果造成骨折，若无专业救护知识，不要随意移动伤者，立即与医院联系请求救护，同时注意伤者的保暖。

（五）相关部门应对措施

（1）交通、公安、公用事业等部门和单位，要密切关注当地气象预报预警信息，一旦发现路表温度接近0摄氏度，应及时将盐均匀地撒在路面上。

（2）路面积雪时，应组织人力及时清扫，或者喷洒融雪剂。

（3）若因道路积冰引起交通事故，应在事发现场设置明显的警示标志，以防事故再次发生；注意指挥和疏导行驶车辆，必要时关闭结冰道路。

第四节　寒　潮

寒潮是冬季的一种灾害性天气，群众习惯把寒潮称为寒流。所谓寒潮，就是北方的冷空气大规模地向南侵袭我国，造成大范围急剧降温和偏北大风的天气过程。寒潮一般多发生在秋末、冬季、初春时节。我国气象部门规定：冷空气侵入造成的降温，一天内达到 10 摄氏度以上，而且最低气温在 5 摄氏度以下，则称此冷空气暴发过程为一次寒潮过程。寒潮是侵入造成的连续多日气温下降，致使农作物损伤及减产的农业气象灾害。

入侵我国的寒潮主要有三条路径：

（1）西路：这是影响我国时间最早、次数最多的一条路线。强冷空气自北极出发，经西伯利亚西部南下，进入我国新疆，然后沿河西走廊，侵入华北、中原，直到华南甚至西南地区。

（2）中路：强冷空气从西伯利亚的贝加尔湖和蒙古国一带，经过我国的内蒙古自治区，进入华北直到东南沿海地区。

（3）东路：冷空气从西伯利亚东北部南下，有时经过我国东北，有时经过日本海、朝鲜半岛，侵入我国东部沿海一带。从这条路线南下的寒潮主力偏东，势力一般都不是很强，次数也不算多。

寒潮预警信号分四级，分别以蓝色、黄色、橙色、红色表示（图 6-11）。

蓝色寒潮预警信号。标准：24 小时内最低气温将要下降 8 摄氏度以上，最低气温小于等于 4 摄氏度，陆地平均风力可达 5 级以上；或者已经下降 8 摄氏度以上，最低气温小于等于 4 摄氏度，平均风力达 5 级以上，并可能持续。

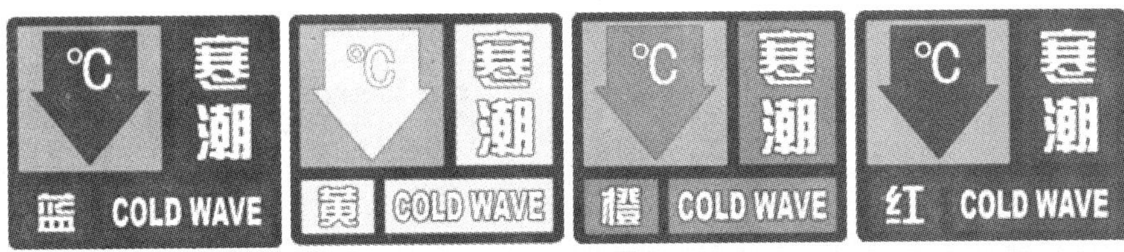

图 6-11 预警信号

黄色预警信号。标准：24 小时内最低气温将要下降 10 摄氏度以上，最低气温小于等于 4 摄氏度，陆地平均风力可达 6 级以上；或者已经下降 10 摄氏度以上，最低气温小于等于 4 摄氏度，平均风力达 6 级以上，并可能持续。

橙色预警信号。标准：24 小时内最低气温将要下降 12 摄氏度以上，最低气温小于等于 0 摄氏度，陆地平均风力可达 6 级以上；或者已经下降 12 摄氏度以上，最低气温小于等于 0 摄氏度，平均风力达 6 级以上，并可能持续。

红色预警信号。标准：24 小时内最低气温将要下降 16 摄氏度以上，最低气温小于等于 0 摄氏度，陆地平均风力可达 6 级以上；或者已经下降 16 摄氏度以上，最低气温小于等于 0 摄氏度，平均风力达 6 级以上，并可能持续。

一、典型案例

图 6-12 昭通寒潮场景

2008 年我国南方出现的罕见的寒潮，令我国南方各省的农业、林业等蒙受巨大损失。据农业部统计，江苏、浙江、安徽、江西、湖南、湖北、广东、广西、贵州等地农作物受灾面积 11 180 公顷，绝收 168.7 公顷；森林受损面积近 1 733 公顷；倒塌房屋 35.4 万间。

2011 年 1 月初，云南省东北部地区受寒流影响，全市 1 692 631 人不同程度受灾，因灾伤病 91 人，紧急转移安置 39 人，饮水困难 371 024 人；倒损房屋 4 022 间，其中倒塌房屋 553 间，因灾死亡大小牲畜 2 839 头（只），大小牲畜

240 428 头（只）饮水困难；农作物成灾面积 66 315 公顷，绝收 2 353 公顷，冻坏洋芋等种子 6 262 吨；林木受损 565 万株。大关至昭通方向由于冰层太厚，车辆无法通行，滞留车辆多达 800 辆。昭通全市因气候原因停运班次 377 条、停运车辆 432 辆滞留旅客 4 230 人。电网累计覆冰线路 216 条，其中严重覆冰 48 条，水源设施受损 2 436 处 3 000 千米，灌溉设施受损 21 座 286 千米。直接经济损失超过 6.5 亿元（图 6-12）。

二、形成原因及危害

（一）形成原因

到了冬天，太阳光线南移，北半球太阳光照射的角度越来越小，因此，地面吸收的太阳光热量也越来越少，地表面的温度变得很低。由于北极和西伯利亚一带的气温很低，大气的密度就要大大增加，空气不断收缩下沉，使气压增高，这样便形成一个势力强大、深厚宽广的冷高压气团。当这个冷高压气团增强到一定程度时，就会像决了堤的海潮一样，一泻千里，汹涌澎湃地向我国袭来，这就是寒潮。每一次寒潮暴发后，西伯利亚的冷空气就要减少一部分，气压也随之降低。但经过一段时间后，冷空气又重新聚集堆积起来，孕育着一次新的寒潮的暴发（图 6-13）。

图 6-13　寒潮袭来

（二）寒潮危害

（1）寒潮和强冷空气通常带来的大风、降温天气，可吹翻船只，摧毁建筑物，破坏农场；寒潮带来的雨雪和冰冻天气影响交通运输。

（2）寒潮造成的大雪、冻雨，压断电线，折断电线杆，损坏电气通信设施。每年黑龙江−40 摄氏度都不会发生低温冻害，因为那里空气比较干燥，没有严重的结冰现象。但是在南方不同，有大量的水汽遇到低温后结冰，使导线结冰、铁塔垮塌，道路结冰车子没法开。

（3）低温造成温度太低结冰长时间不化，使灾害延续。部分高海拔地区交通中断，人员出行困难。

（4）寒潮引起的强烈降温，对农作物造成冻害，特别是秋季和春季危害最大。

（5）寒潮袭来对人体健康危害很大。大风降温天气容易引发感冒、气管炎、冠心病、肺心病、中风、哮喘、心肌梗死、心绞痛、偏头痛等疾病，有时还会使患者的病情加重。

三、预防措施

（1）增强防寒防冻意识，做好寒害防御规划。通过各级政府立法，制定寒害冻害防御规划，通过广播电视、网络等进一步宣传寒潮天气特点、危害和防灾减灾措施等。

（2）加强寒害天气灾害的监测、预报研究，提供防寒防冻理论依据。利用现有的技术手段，建立和进一步完善寒冷预警、灾情评估及减灾辅助决策和抗寒应急议案。

（3）当气温发生骤降时，关好门窗，固紧室外搭建，注意添衣保暖，特别是要注意手、脸的保暖，多穿几层轻、宽、舒适并暖和的衣服，尽量留在室内。

（4）注意休息，避免过度劳，注意饮食规律，多喝水，少喝含咖啡因或酒精的饮料。

（5）尽量不开车外出。外出当心路滑跌倒，老弱病人，特别是心血管病人、哮喘病人等对气温变化敏感的人群尽量不要外出。

（6）提防煤气中毒，尤其是采用煤炉取暖的家庭更要小心，可使用暖水袋或热宝取暖，但小心被灼伤。

四、救助对策

（1）人员要注意添衣保暖，尤其加强做好老弱病人的防寒保暖工作。

（2）做好牲畜、家禽的防寒保暖工作。首先要加强圈舍检修，并使用煤炉、

炭炉、锯木屑炉等设施向舍内供暖，有条件的可采取红外线灯、红外线板、保温炉等保暖措施。其次要精心管理，搞好卫生及加强营养，提高禽畜的抗寒能力。

（3）对有关水产、农作物等种养品种采取防寒防冻措施，尽量减少损失。冬季为果实成熟期，在寒潮天气前，应组织人员采收的，要尽快上市销售。

（4）寒潮来临前2～3天喷施植物防冻剂，冻前培土，使土壤疏松，提高土温。保护物覆盖果树要用草帘或稻草包扎果枝（穗）后再用薄膜套盖。树干可用生石灰等匀刷。在雪后初晴或长期阴冷天气、骤晴无风的霜冻天气夜晚点燃秸秆、杂草、锯木屑、谷壳等作发烟材料暗火熏烟。适时排灌遇上湿冷寒流时，及时排除冻水，避免植株烂根、死苗。遇上干冷寒潮时，适时灌水保暖。

（5）警惕冻伤信号：如出现手指、脚趾、耳垂及鼻头失去知觉或出现泛苍白色，或类似症状，立即采取急救措施或就医。

第五节 高温天气

中国气象学上，气温在35摄氏度以上时可称为“高温天气”，如果连续几天最高气温都超过35摄氏度时，即可称作“高温热浪”天气。一般来说，高温通常有两种情况，一种是气温高而湿度小的干热性高温；另一种是气温高、湿度大的闷热性高温，称为“桑拿天”（图6-14）。

图6-14 高温天气

我国气象部门针对高温天气的防御，特别制定了高温预警信号。2010年中央气象台发布的《中央气象台气象灾害预警发布办法》，将高温预警分为蓝色、黄色、橙色三级。

蓝色预警：预计未来48小时，4个及以上省（区、市）大部地区将持续出现最高气温为 35 摄氏度及以上，且有成片达 37 摄氏度及以上高温天气；或者已经出现并可能持续。

黄色预警：过去 48 小时，2 个及以上省（区、市）大部地区持续出现最高气温达 37 摄氏度及以上，预计未来 48 小时上述地区仍将持续出现 37 摄氏度及以上高温天气。

橙色预警：过去 48 小时，2 个及以上省（区、市）大部地区持续出现最高气温达 37 摄氏度及以上，且有成片达 40 摄氏度及以上高温天气，预计未来 48 小时上述地区仍将持续出现最高气温为 37 摄氏度及以上，且有成片 40 摄氏度及以上的高温天气。

一、典型案例

图 6-15 浙江高温场景

2011 年 5 月 18 日，华北东部、黄淮一直到华南、西南大部地区气温出现明显攀升。其中，华北南部以南的大部地区气温普遍在 30 摄氏度以上，山西南部、河南中西部、湖北大部、重庆等地部分地区出现了 35 摄氏度以上的高温天气。郑州最高气温达 37 摄氏度。当日下午 15 时，湖北长阳、云南盐津甚至出现 40 摄氏度以上高温。5 月 19 日，中国中东部地区气温持续攀升，多地已经进入炎炎夏日，并迎来当年的最高气温。湖南、湖北、云南等地局部地区最高气温达到 40 摄氏度。

2013 年 7 月以来，浙江省出现罕见的高温热浪天气，同时降水比常年同期明显偏少，无明显降水过程。7 月 1—28 日，全省平均高温日数 18 天，比常年同期偏多 8 天。全省持续出现罕见的大范围 38 ～ 40 摄氏度局部 40 摄氏度以上的酷热天气，奉化、杭州城区、余姚、新昌、嵊州等地 40 摄氏度以上持续天数达 5 天，历史罕见。极端最高气温全省前 5 名为：奉化 42.7 摄氏度、新昌 42.0 摄氏度、余姚 41.6 摄氏度、富阳 41.5 摄氏度、萧山 41.3 摄氏度，杭州城区 40.5 摄氏度；奉化、杭州城区、绍兴城区、湖州城区、德清、平湖、海盐为当地有记

录以来的最高值，富阳、嘉兴、宁波、温州等 9 个县（市、区）破当地 7 月或 7 月下旬最高纪录。由于高温日数多、强度强，各地蒸发大，其中浙中北大部分地区 7 月以来蒸发量 170 毫米以上，比常年同期偏多 40% ～ 60%（图 6-15）。

二、形成原因及危害

（一）形成原因

副热带高压位置稳定且强度较强，同时，期间无明显冷空气影响。长时间受西太平洋副热带高压稳定控制，造成气温进一步升高。

（二）高温天气危害

高温天气对人体健康的主要影响是产生中暑以及诱发心脑血管疾病，导致死亡。人体在高温作用下，体温调节机能暂时发生障碍，而发生体内热蓄积，导致中暑。中暑按发病症状与程度，可分为热虚脱、热辐射、日射病三种，热虚脱是中暑最轻度表现，也最常见；热辐射是长期在高温环境中工作，导致下肢血管扩张，血液淤积，而发生昏倒；日射病，是由于长时间暴晒，导致排汗功能障碍所致。对于患有高血压、心脑血管疾病者，在高温潮湿无风低气压的环境里，人体排汗受到抑制，体内蓄热量不断增加，心肌耗氧量增加，使心血管处于紧张状态，闷热还可导致人体血管扩张，血液黏稠度增加，易发生脑出血、脑梗死、心肌梗等症状，严重的可能导致死亡（图 6-16）。

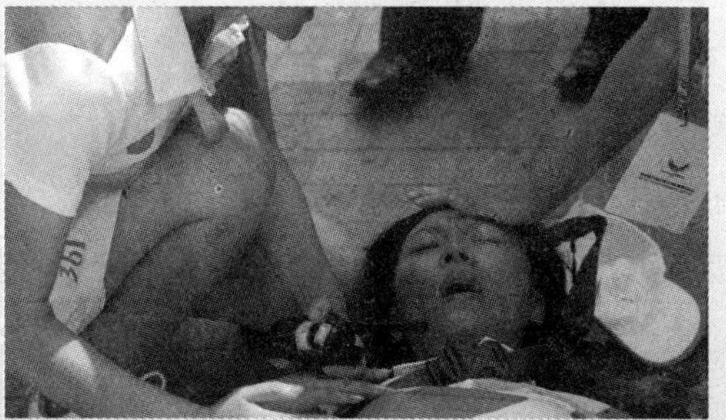

图 6-16　高温中暑

三、预防措施

（1）尽量留在室内，并避免阳光直射，切忌在太阳下长时间裸晒皮肤，必须外出时要打遮阳伞、穿浅色衣服、戴宽檐帽。

（2）高温天气时，暂停户外或室内大型集会。尽量避开在上午 10 时至下午 4 时这一时段出行。

（3）室内空调温度不要过低。空调无法使用时，选择其他降温方法，比如向地面洒些水等。

（4）浑身大汗时不宜立即用冷水洗澡，应先擦干汗水，稍事休息再用温水洗澡。

（5）注意作息时间，保证睡眠，有规律地生活和工作，增强免疫力，暂停大量消耗体力的工作。

（6）应在口渴之前就补充水分，宜吃咸食，多饮凉白开水、冷盐水、白菊花水、绿豆汤等；不要过度饮用冷饮或含酒精饮料。

（7）注意高温天饮食卫生，防止胃肠感冒。注意对特殊人群的关照，特别是老人和小孩。

（8）出现头晕、恶心、口干、迷糊、胸闷气短等症状，是中暑早期症状，应立即休息，喝一些凉水降温，病情严重应立即到医院治疗。

（9）注意预防日光照晒后日光性皮炎的发病。如果皮肤出现红肿等症状，应用凉水冲洗，严重者应到医院治疗。

四、救助对策

高温中暑常发人群为：高温作业工人、夏天露天作业工人、夏季旅游者、家庭中的老年人、长期卧床不起的人、产妇和婴儿。若有人员中暑，救护方法为：

（1）立即将病人移到通风、阴凉、干燥的地方，如走廊、树荫下。

（2）让病人仰卧，解开衣扣，脱去或松开衣服。如衣服被汗水湿透，应更换干衣服，同时开电扇或空调，以尽快散热。

（3）尽快冷却体温，降至 38 摄氏度以下。具体做法有用凉湿毛巾冷敷头部、腋下以及腹股沟等处；用温水或酒精擦拭全身；冷水浸浴 15 ～ 30 分钟。

（4）意识清醒的病人或经过降温清醒的病人可饮服绿豆汤、淡盐水等解暑。

（5）还可服用人丹和藿香正气水。另外，对于重症中暑病人，要立即拨打 120 电话，求助医务人员紧急救治。

第六节 大 雾

凡是大气中因悬浮的水汽凝结，能见度低于 1 千米时，气象学称这种天气现象为雾。雾是对人类交通活动影响最大的天气之一。由于有雾时的能见度大大降低，很多交通工具都无法使用，如飞机等；或使用效率降低，如汽车、轮船等。雾其实是空气中的小水珠附在空气中的灰尘形成的，所以雾一多就表示空气中灰尘变多（如“雾都”伦敦），同样是危害人的健康。

雾有等级之分。轻雾。能见距离小于 1 000 米大于 500 米时称为轻雾；大雾。能见距离不足 500 米时称为大雾；浓雾，能见距离不足 200 米时称为浓雾。

一、典型案例

2012 年 10 月 28 日，一场突如其来的大雾笼罩嘉兴，致使嘉兴辖区的高速公路封道 6 小时以上，不少车辆因雾闯祸，发生追尾事故。8 时 54 分，杭州往上海方向的沪杭高速公路上发生一起 7 车连环追尾事故，两位七旬老人被困。经过 40 多分钟的紧急救援，被困人员被成功救出。这个时间段，姚庄卡点附近，发生了 5 起追尾事故，共有 14 辆车受到不同程度的损伤。2010 年 10 月 8 日 6 时 30 分起，受大雾影响，芜湖至宣城高速清水河大桥路段 200 米范围内，相继发生 6 起车辆相撞追尾事故，共造成 7 人死亡，4 人受伤。

2013 年 1 月 3 日，昆明长水国际机场出现大雾天气。当日，共有 440 个航班取消，机场滞留约 7 500 名旅客，系云南民航史上最大规模航班延误。截至 4 日 2 时，滞留旅客基本疏散完毕（图 6-17）。

图 6-17 昆明长水国际机场大雾天气场景

二、形成原因及危害

（一）形成原因

雾的形成要有三个条件：

（1）近地面层水汽比较充沛，也就是空气中湿度很大。

（2）近地面空气中水汽要达到过饱和，就是有小水滴的形成。

（3）空气中有大量尘埃、烟粒等。

雾形成时，常伴有相应的逆温层存在，越靠近地面气温越低，越往上气温越高。这与正常天气情况刚好相反。雾在夜间逐渐形成，至早晨浓度最高，太阳出来后，地面温度升高，浓雾就会逐渐变薄，直至消散。

（二）大雾危害

（1）威胁交通安全。它的直接危害是由于能见度低，威胁海陆空交通安全。

（2）酿成事故。它还能对输电线路和露天电气设备的绝缘体造成变故，甚至酿成事故。

（3）危害人体健康。雾的产生由于存在“逆温层”，大气很稳定，对流作用减弱，空气中的水汽、尘埃和其他污染物不容易向高空扩散，便只能滞留在近地面。当雾滴消散后，污染物便全部进入空气中，造成严重的污染，直接危害人体健康。

（4）空气污染。据科学家测定，雾滴中含有各种酸、碱、盐、胺、酚、尘埃、

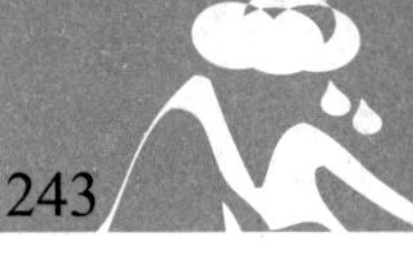

病原微生物等有害物质的比例，比通常的大气水滴高出几十倍。这种污染物对人体的危害以呼吸道最为显著。因此人们不要在雾中行走，更不要在雾中健身。

三、预防措施

（1）“对面不见人”勿开车出门。由于雾天使你的视线模糊不清，难以判断对面来车和路面上行人的状况。同理，你此刻的交通状态对方也难琢磨，所以严禁开冒险车、侥幸车。准确地判断当日雾的能见度，做到心中有数。能见度越小，越是要提高警惕，若是能见度小于5米，即如俗话所说的“对面不见人”，属于特大雾，最好不要出车，可待雾消退或减轻后再出车。

（2）及时了解路况。驾车出行前，提前掌握路况信息很重要。如电视、广播不够及时，可以打电话向高速交警询问。特别是在起雾的季节，更应提前问路，掌握准确情况，避免上路后分流下路给自己增添不必要的麻烦（图6-18）。

图6-18　大雾天气出行

（3）严格按车辆分道线行驶。当雾很大的时候，也可以利用有限的视距，借助路上的车辆分道线行驶，以保证行车路线不会偏离，千万不要跨在标志线上长距离行车。如果想暂时停车等雾散去再上路，应当开亮雾灯、示宽灯和双闪灯，紧靠路边停车。此时不要忘记要离公路尽量远一些，若条件允许也不要再坐在车上。如果是停在高速公路的紧急停车处，人最好能到路基外面等候。

（4）保持安全的跟车距离。雾越大，可视距离越短，车速就必须越低。为了安全起见，车与车之间应互相通个气，比如适时鸣笛，预先警告行人和车辆。当然，如果你听到别的车鸣笛时，你也应当鸣笛回应。这样大家做到心中有数。此外，你应主动与前车保持安全的跟车距离，万一前方出现问题，也可为自己留有足够的应急距离和反应时间。如果发现后车与你离得太近，你可以轻点几下刹车，但不能真的刹车，只是让刹车灯亮起，提醒后车应注意保持适当车距。

（5）勿疲劳驾驶。在雾天行车，由于长时间精力高度集中，驾姿固定，操作单调，非常容易造成心理和生理上的疲劳，容易发生交通事故。如果在雾天的高速路上行车，一般连续驾驶3个小时左右就应该休息，缓解疲劳，以保持良好的精神状态。

四、救助对策

（1）出门前，应当将挡风玻璃、车头灯和尾灯擦拭干净，检查车辆灯光、制动等安全设施是否齐全有效。另外，在车内一定要携带三角警示牌或其他警示标志，遇到突发故障停车检修时，要在车前后50米处摆放警示牌，提醒其他车辆注意。

（2）雾中行车时，一定要严格遵守交通规则限速行驶，千万不可开快车。雾越人，可视距离越短，车速就必须越低。专家建议当能见度小丁200米大于100米时，时速不得超过60千米；能见度小于100米大于50米时，时速不得超过40千米；能见度在30米以内时，时速应控制在20千米以下。

（3）不要用远光灯。雾天行驶，一定要使用防雾灯，要遵守灯光使用规定：打开前后防雾灯、尾灯、示宽灯和近光灯，利用灯光来提高能见度，看清前方车辆及行人与路况，也让别人容易看到自己。需要特别注意的是，雾天行车不要使用远光灯，这是由于远光光轴偏上，射出的光线会被雾气反射，在车前形成白茫茫一片，开车的人反而什么都看不见了。

（4）适时靠边停车。如果雾太大，可以将车靠边停放，同时打开近光灯和应急灯。停车后，从右侧下车，离公路尽量远一些，千万不要坐在车里，以免被过路车撞到。等雾散去或者视线稍好再上路。

（5）勤用喇叭。在雾天视线不好的情况下，勤按喇叭可以起到警告行人和其他车辆的作用，当听到其他车的喇叭声时，应当立刻鸣笛回应，提示自己的行车位置。两车交会时应按喇叭提醒对面车辆注意，同时关闭防雾灯，以免给对方

造成炫目感。如果对方车速较快，应主动减速让行。

（6）保持车距。在雾中行车应该尽量低速行驶，尤其是要与前车保持足够的安全车距，不要跟得太紧。要尽量靠路中间行驶，不要沿着路边行驶，以防与路边临时停车等待雾散的人相撞。

（7）切忌盲目超车。如果发现前方车辆停靠在右边，不可盲目绕行，要考虑到此车是否在等让对面来车。超越路边停放的车辆时，要在确认其没有起步的意图而对面又无来车后，适时鸣喇叭，从左侧低速绕过。另外，也请注意小心盯住路中的分道线，不能轧线行驶，否则会有与对向的车相撞的危险。在弯道和坡路行驶时，应提前减速，要避免中途变速、停车或熄火。

（8）不要急刹车。在雾中行车时，一般不要猛踩或者快松油门，更不能紧急制动和急打方向盘。如果认为确需降低车速时，先缓缓放松油门，然后连续几次轻踩刹车，达到控制车速的目的，防止追尾事故的发生。

第七节　沙尘暴

沙尘暴是沙暴和尘暴两者兼有的总称，是指强风把地面大量沙尘物质吹起并卷入空中，使空气特别混浊，水平能见度小于1 000米的严重风沙天气现象。其中沙暴是指大风把大量沙粒吹入近地层所形成的挟沙风暴；尘暴则是大风把大量尘埃及其他细粒物质卷入高空所形成的风暴（图6-19）。

图6-19　沙尘暴袭击

沙尘暴的动力是风。物质基础是沙尘。是一种风与沙相互作用的灾害性天气现象，它的形成与地球温室效应、厄尔尼诺现象、森林锐减、植被破坏、物种灭绝、气候异常等因素有着不可分割的关系。只有那些气候干旱、植被稀疏的地区，才有可能发生沙尘暴。不稳定的热力条件是利于风力加大、强对流发展，从而夹带更多的沙尘，并卷扬得更高。我国的沙尘天气路径可分为西北路径、偏西路径和偏北路径：西北1路路径，沙尘天气一般起源于蒙古高原中西部或内蒙古西部的阿拉善高原，主要影响我国西北、华北；西北2路路径，沙尘天气起源于蒙古国南部或内蒙古中西部，主要影响西北地区东部、华北北部、东北大部；偏西路径，沙尘天气起源于蒙古国西南部或南部的戈壁地区、内蒙古西部的沙漠地区，主要影响我国西北、华北；偏北路径，沙尘天气一般起源于蒙古国乌兰巴托以南的广大地区，主要影响西北地区东部、华北大部和东北南部。

一、典型案例

2010年4月24—25日，甘肃部分地区遭遇强沙尘暴灾害，此次灾害天气过程已造成甘肃八市部分地区163万人受灾，直接经济损失已上升至10.07亿多元。据统计，此次灾害共造成武威、张掖、酒泉、白银、金昌、嘉峪关、平凉和庆阳8个市29个县（市、区）、163万人受灾；死亡1人，因灾受伤6人；农作物受灾面积23.1万公顷，其中成灾16.5万公顷，绝收3.39万公顷。4月27日，当天甘肃兰州、武威、白银、平凉、庆阳等地局部再现浮尘或扬沙。15时54分，景泰出现沙尘天气，到16时42分转为强沙尘暴，能见度仅有300米（图6-20）。

图6-20　甘肃沙尘暴袭击场景

2013年2月27—28日，南疆盆地、甘肃西部、内蒙古中西部、宁夏北部、陕西北部、华北北部发生沙尘天气，甘肃西部、河北北部局地发生沙尘暴，这是北方地区2013年入春以来遭受的第一次沙尘天气过程。本次沙尘天气过程主要影响了新疆、甘肃、内蒙古、宁夏、陕西、山西、河北、北京 8 省（区、市）126 个县市，受较大影响土地面积约 52 万平方千米，人口约 2 600 万，耕地面积约 423 万公顷，经济林地面积约 24 万公顷，草地面积约 4 100 万公顷。3 月 5 日 15 时，永昌出现沙尘暴，最小能见度 100 米，最大风力 21 米 / 秒，金塔出现沙尘暴，最小能见度 900 米，另外敦煌、酒泉、高台、张掖等地出现扬沙天气（图 6-21）。

图 6-21 民勤沙尘暴场景

二、形成原因及危害

（一）形成原因

沙尘暴的形成有三个要素：即强风、沙源和不稳定的空气。

（1）强风足够强劲持久的大风，是形成沙尘暴的动力条件。例如根据观测当强沙尘暴形成时，如果风速每秒达到 30 米（11 级风），那么粗沙（直径 0.5 ～ 1.0 毫米）会飞离地面几十厘米，细沙（直径 0.125 ～ 0.25 毫米）会飞起 2 米高，粉沙（直径 0.05 ～ 0.005 毫米）可达到 1.5 千米的高度，黏粒（直径小于 0.005 毫米）则可飞到 1 500 米以上的高度。

（2）沙源。我国是世界上沙漠较多的国家之一，西北、华北和东北地区是我国沙漠和沙地集中分布的地方，这里沙漠和沙地面积达 70 万平方千米以上，沙漠中各式各样的沙丘，依照它们的稳定程度分为流动沙丘、半固定沙丘和固定沙丘。沙尘暴发生时，流动沙丘扬起沙尘的数量最大，半固定沙丘要小一些，固定沙丘最小。 除沙漠和沙地外，我国北方地区多属中纬度干旱和半干旱地区，地面多为稀疏草地和旱作耕地，植被稀少，加上人为破坏，当春季地面回暖解冻，地表裸露，狂风起时，沙尘弥漫，在本地及狂风经过的地带形成沙尘天气。

（3）不稳定的空气。在自然界里，沙尘暴起沙的道理是这样的，如果低层空气温度较低，比较稳定，受风吹动的沙尘将不会被卷扬得很高；如果低层空气温度高，则不稳定，容易向上运动，风吹动后沙尘将会卷扬得很高，形成沙尘暴。实际上，我国沙尘暴一般在午后或午后至傍晚时刻最强，就是因为这是一天中空气最不稳定的时段。

（二）沙尘暴危害

沙尘暴天气是中国西北地区和华北北部地区出现的强灾害性天气，可造成房屋倒塌、交通供电受阻或中断、火灾、人畜伤亡等，污染自然环境，破坏农作物生长，给国民经济建设和人民生命财产安全造成严重的损失和极大的危害。沙尘暴危害主要有以下几方面：

（1）生态环境恶化。出现沙尘暴天气时，狂风裹挟沙石、浮尘到处弥漫，凡是经过地区空气浑浊，呛鼻迷眼，呼吸道等疾病人数增加。

（2）生产生活受影响。沙尘暴天气携带的大量沙尘蔽日遮光，天气阴沉，造成太阳辐射减少，几小时至十几个小时恶劣的能见度，容易使人心情沉闷，工作学习效率降低。轻者可使大量牲畜患呼吸道及肠胃疾病，严重时将导致大量牲畜死亡、刮走农田沃土、种子和幼苗。沙尘暴还会使地表层土壤风蚀、沙漠化加剧，覆盖在植物叶面上厚厚的沙尘，影响正常的光合作用，造成农作物减产。沙尘暴还使气温急剧下降，天空如同撑起了一把遮阳伞，地面处于阴影之下变得昏暗、阴冷。

（3）影响交通安全。沙尘暴天气经常影响交通安全，造成飞机不能正常起飞或降落，使汽车、火车车厢玻璃破损、停运或脱轨，引发飞机、火车、汽车等交通事故。

（4）危害人体健康。当人暴露于沙尘天气中时，含有各种有毒化学物质、病菌等的尘土可透过层层防护进入到口鼻、眼、耳中。这些含有大量有害物质的尘土若得不到及时清理，将对这些器官造成损害，或病菌以这些器官为侵入点，引发各种疾病。

三、预防措施

（1）加强环境保护，把环境保护提到法制的高度来。

（2）恢复植被，加强防止风沙尘暴的生物防护体系。实行依法保护和恢复林草植被，防止土地沙化进一步扩大，尽可能减少沙尘源地。

（3）根据不同地区因地制宜制定防灾、抗灾、救灾规划，积极推广各种减灾技术，并建设一批示范工程，以点带面逐步推广，进一步完善区域综合防御体系。

（4）人们对自然资源进行长期掠夺式开发，因而造成对自然生态环境的严重破坏，而环境的恶化又为沙尘暴提供了丰富的沙尘物质来源。

（5）控制人口增长，减轻人为因素对土地的压力，保护好环境。

（6）加强沙尘暴的发生、危害与人类活动的关系的科普宣传，使人们认识到所生活的环境一旦破坏，就很难恢复，不仅加剧沙尘暴等自然灾害，还会形成恶性循环，所以人们要自觉地保护自己的生存环境。

（7）接到沙尘天气预警后，医院、食品加工厂、精密仪器生产或使用单位要加强防尘措施，食品、药品和重要精密仪器要做好密封。

（8）接到沙尘暴预警信息后，有关单位要妥善放置易受大风影响的物资，加固围板、棚架、广告牌等易被风吹动的搭建物。建筑工地要覆盖好裸露沙土和废弃物，以免尘土飞扬。

（9）强沙尘暴发生时，应停止一切露天生产活动和高空、水上等户外危险作业，工人应暂时集中在室内躲避。

（10）接到沙尘暴预警信息后，各级政府及相关部门要制定应对措施，防止风沙对农业、林业、水利、牧业以及交通、电力、通信等基础设施的影响和危害。

四、救助对策

（一）生活避险

（1）沙尘暴即将或已经发生时，居民应尽量减少外出，未成年人不宜外出，如果因特殊情况需要外出的，应由成年人陪同（图 6-22）。

(2) 接到沙尘暴预警后，学校、幼儿园要推迟上学或者放学，直到沙尘暴结束。如果沙尘暴持续时间长，学生应由家长亲自接送或老师护送回家。

图 6-22　沙尘暴防范

(3) 发生沙尘暴时，不宜在室外进行体育运动和休闲活动，应立即停止一切露天集体活动，并将人员疏散到安全的地方躲避。

(4) 沙尘天气发生时，行人骑车要谨慎，应减速慢行。若能见度差，视线不好，应靠路边推行。行人过马路要注意安全，不要贸然横穿马路。

(5) 发生沙尘暴时，行人特别是小孩要远离水渠、水沟、水库等，避免落水发生溺水事故。

(6) 沙尘暴如果伴有大风，行人要远离高层建筑、工地、广告牌、老树、枯树等，以免被高空坠落物砸伤。

(7) 发生沙尘暴时，行人要在牢固、没有下落物的背风处躲避。行人在途中突然遭遇强沙尘暴，应寻找安全地点就地躲避。

(8) 发生风沙天气时，不要将机动车辆停靠在高楼、大树下方，以免玻璃、树枝等坠落物损坏车辆，或防止车辆被倒伏的大树砸坏。

(9) 风沙天气结束后，要及时清理机动车表面沉积的尘沙，保护好车体漆面。同时，注意清除发动机舱盖内沉积的细小颗粒，防止发动机零件损伤。

（二）生产避险

(1) 沙尘暴频发地区，牧民一般要建有保温保暖封闭式牲畜圈舍。沙尘暴到来前，关好门窗，拉下圈棚，防止沙尘大量飘入。

（2）接到沙尘暴预警后，牧区牧民应及时将牛、羊等牲畜赶回圈舍，以免走失。沙尘暴发生时，若牲畜远离居民点，牧民应尽快将牲畜赶到就近背风处躲避。

（3）接到大风沙尘天气警报后，农民应采取适当措施加固温室大棚、地膜等基础设施，避免破坏和损失。

（4）发生沙尘暴时，野外工作人员或正在田间劳动的农民，应立即回家或寻找安全的地方躲避。如果沙尘天气持续时间较长，应设法与救援人员取得联系，不要盲目行动。

（5）沙尘暴天气空气干燥，易引发火灾，应注意草原、森林和人口密集区等发生重大火灾事故。

（三）交通避险

（1）接到沙尘天气预警信息或已经出现沙尘暴天气时，机场、高速公路、铁路等部门要做好交通安全防护措施，科学调度，确保交通安全。

（2）在公路上驾驶机动车遭遇沙尘暴，应低速慢行。能见度太差时，要及时开启大灯、雾灯，必要时驶入紧急停车带或在安全的地方停靠，乘客要视情况选择安全的地方躲避。

（3）轻型机动车在公路上高速行驶时可能会被大风掀翻，所以要在轻型车上放一些重物，但必须固定，或者慢速行驶。

（4）发生沙尘暴时，如果风力过大或能见度低于规定标准，高速公路管理部门应暂时封闭高速公路，避免发生交通事故。

（5）火车行驶途中如果遇到沙尘暴，应减速慢行。当风力较大或能见度很低不宜继续行驶时，火车应进站停靠避风，等沙尘暴过后再继续行驶。

（6）沙尘天气条件下，空中交通管制部门应根据机场天气状况合理控制飞行流量，保证进出机场航班的安全起降。

（7）飞机起飞后，如果目的地机场受沙尘天气影响，能见度低，不具备降落条件，飞机应及时调整航线，或就近备降其他机场。

（8）发生特强沙尘暴时，如果天气条件特别恶劣，飞机、火车、长途客车等应暂时停飞、停运。

第八节 雾 霾

雾霾，悬浮于大气中、肉眼无法分辨的大量微小尘粒、烟粒或盐粒的集合体，使空气混浊，水平能见度降低到10千米以下的一种天气现象。2013年，雾霾波及中国25个省份、100多个城市，“雾都”大面积出现，就连中国空气最洁净的海滨城市三亚、海拔3 600多米的高原“圣城”拉萨都未能幸免于“霾”。高速封路、满城口罩、出门迷路、学校停课。雾霾使远处光亮物微带黄、红色，而使黑暗物微带蓝色。

大范围雾霾天气主要出现在冷空气较弱和水汽条件较好的大尺度大气环流形势下，近地面低空为静风或微风。受近地面静稳天气控制，空气在水平和垂直方向流动性均非常小，大气扩散条件非常差。受其控制，城市无论规模大小，其局地交通、生活、生产所需的能源消耗的污染物排放均在低空不断积累。与此同时，由于雾霾天气的湿度较高，水汽较大，雾滴提供了吸附和反应场所，加速反应性气态污染物向液态颗粒物成分的转化，同时颗粒物也容易作为凝结核加速雾霾的生成，两者相互作用，迅速形成污染。

一、典型案例

2013年，中国遭遇史上最严重雾霾天气。1月，全国出现4次较大范围雾霾过程，涉及30个省（区、市），多个城市$PM_{2.5}$指数“爆表”，中东部大部地区出现持续时间最长、影响范围最广、强度最强的雾霾过程。环保部1月的调查数据显示，江苏、北京、浙江、安徽、山东月平均雾霾日数分别为23.9天、14.5天、13.8天、10.4天、7.8天，均为1961年以来同期最多。中东部地区大部分站点$PM_{2.5}$浓度超标日数达到25天以上，有些地区的$PM_{2.5}$达到五年来最高值。进入冬天供暖季，燃煤量迅速增加，虽然人们已经预计到雾霾可能会出现，但是雾霾真正到来时的严重程度仍超出人们想象。供暖第一天，长春、沈阳、哈尔滨出现重度雾霾，局部能见度不足10米。哈尔滨两个监测点 $PM_{2.5}$ 高达1 000毫克/米^3，空气质量达到“严重污染”级别，整个城市沦为“雾城”。东北三省交通受到严重影响，一些城市交通瘫痪，高速路封闭，各大医院呼吸系统疾病患者激增2成以上，数千所学校停课。12月25日，圣诞节，记者统计中央气象局发布的信息显示，当天山东、河北、安徽等省份发布省级雾霾预警，地级市发布预警的多达25个。此前两日，全国大部分地区大气细颗粒物 $PM_{2.5}$ 日均浓度明显升高。平安夜，京津冀晋豫鲁陕苏局地均有重度雾霾。有网民调侃说，和朋友度过了一个“只闻其声、不见其人”的“难忘的雾霾圣诞节”。2013年，雾霾发生频率之高、波及面之广、污染程度之严重前所未有。雾霾波及25个省份，100多个大中型城市，全国平均雾霾天数达29.9天，创52年来之最（图6-23）。

图6-23　北京雾霾场景

二、形成原因及危害

（一）形成原因

（1）近年来城市的汽车越来越多，各种车辆尾气的排放、各种船只废气的排放、各种餐馆燃烧气体的排放及家庭做饭燃气的排放等，是雾霾的一个因素。

（2）工厂制造出的二次污染。发电厂、炼钢铁、化工、北方冬天取暖热电厂等都是燃烧煤炭和天然气的，是造成雾霾天气一个原因。

（3）冬季取暖排放的 CO_2 等污染物（图6-24）。特别是入冬以后，我国中东部地区不时会遇这样的情况，其中既有气象原因，也有污染排放原因。

(4) 大气空气气压低，空气不流动是主要因素。由于空气的不流动，使空气中的微小颗粒聚集，飘浮在空气中。地面灰尘大，空气湿度低，地面的人和车流使灰尘搅动起来。

图 6-24 污染排放

(二) 雾霾危害

(1) 影响身体健康。雾霾的组成成分非常复杂，包括数百种大气颗粒物，其中有害人类健康的主要是直径小于10微米的气溶胶粒子，由于雾霾中的大气气溶胶大部分均可被人体呼吸道吸入，尤其是亚微米粒子会分别沉积于上、下呼吸道和肺泡中，引起鼻炎、支气管炎等病症，长期处于这种环境还会诱发肺癌。此外雾霾天气导致近地层紫外线的减弱，易使空气中的传染性病菌的活性增强，传染病增多。

(2) 影响心理健康。会给人造成沉闷、压抑的感受，会刺激或者加剧心理抑郁的状态。此外，由于低气压，会产生精神懒散、情绪低落的现象。灰霾天气容易让人产生悲观情绪，如不及时调节，很容易失控。

(3) 影响交通安全。出现灰霾天气时，室外能见度低，污染持续，交通阻塞，事故频发。

(4) 不利于儿童成长。由于日照减少，儿童紫外线照射不足，体内维生素D生成不足，对钙的吸收大大减少，严重的会引起婴儿佝偻病、儿童生长减慢。

(5) 影响区域气候。使区域极端气候事件频繁，气象灾害连连。更令人担忧的是，灰霾还加快了城市遭受光化学烟雾污染的提前到来。光化学烟雾是一种淡蓝色的烟雾，它的主要成分是一系列氧化剂，如臭氧、醛类、酮等，毒性很大，对人体有强烈的刺激作用，严重时会使人出现呼吸困难、视力衰退、手足抽搐等现象。

三、预防措施

（1）政府完善法律。国外治理大气污染立法先行，现已形成完备的法律体系。目前，我国大气污染立法尚不完善，应尽快完善相关法律法规，已实施13年的《大气污染防治法》亟待修订$PM_{2.5}$控制的法规体系。如在环境保护法律法规中增加区域联防联治内容，加大机动车尾气治理力度，通过立法修订机动车尾气排放标准等。

（2）经济结构调整。我国是以煤为主的能源消耗结构，化石能源占中国整体能源结构92.7%。面对环境污染严重、生态系统退化的严峻形势，以化石资源为代价的传统发展模式已难以为继，亟须由“高碳”经济向“低碳”经济转型。而避免燃煤污染的治本之策，就是要使用清洁能源，从源头上减少污染排放。

（3）企业节能减排。按照“谁污染谁治理”的原则，就是要“倒逼”企业转型升级。企业要推进清洁生产，靠科技的投入转变生产方式，使用天然气、太阳能等清洁能源，减少污染气体排放，进而实现节能减排。

（4）提倡低碳生活。对主要污染源进行控制，包括对扬尘污染控制、机动车尾气污染控制、燃煤污染控制、区域联防联控等。做到低碳生活、绿色出行、绿色消费，自觉减少污染物的排放。

（5）加强雾霾天气预测预报。如开展雾霾天气预测预报方法研究和业务平台建设，为公众提供防御指引，为政府实行动态调控环保措施决策服务。根据气象条件动态调控，加强与气象部门合作，根据气象条件预测，对主要污染源实行动态调控。

（6）减缓气候变化。协同控制空气污染和温室气体的排放，制定多重污染物和温室气体减排的一揽子计划，通过减缓气候变化的影响来改善气象条件，降低雾霾灾害发生的风险。

（7）促进全民参与。治理雾霾灾害不是一个简单的问题，需要通过政府和民众共同的长期努力才能实现。在这个过程，政府、机构、企业、社区和个人承担着不同的职责。这就需要政府加强宣传和教育，提高民众的素质，并且逐步提高信息的公开程度，实现全民共同参与雾霾治理的新局面。

四、救助对策

图 6-25　雾霾防护

（1）戴口罩。医用口罩对 0.3 微米的颗粒能挡住 95%。选择口罩要买正规合格的，同时要试戴一下，买与自己脸型大小匹配的型号，要最大程度地贴紧皮肤，让污染颗粒不能进入。老年人和有心血管疾病的人要避免佩戴，因为其为专业抗病毒气溶胶口罩，密闭性好，戴上后容易呼吸困难，缺氧而感到头昏（图 6-25）

（2）外出尽量别骑车。雾霾可以暂时减少晨练，尽量选择在 10—14 时外出。同时，要多喝水，少吸烟并远离“二手烟”，减轻肺、肝等器官的负担。习惯骑单车、电动车上班或出门办事的人，尽量避开早晚交通拥挤的高峰时段，尽量改换搭乘公交车。这是因为汽车尾气里有很多没有完全燃烧透的化学成分，会随着空气里面细小颗粒漂浮。当你骑单车或电动车时，身体需要供氧，肺就会吸入大量空气。

（3）进入室内必做三件事。洗脸、漱口、清理鼻腔。洗脸最好用温水，可以将附着在皮肤上的阴霾颗粒有效清洁干净；漱口的目的是清除附着在口腔的脏东西；最关键的是清理鼻腔。清理鼻腔时，一定要轻轻吸水，避免呛咳。家长在给儿童清理鼻腔时，可以用干净棉签蘸水，反复清洗。

（4）病人更要少出门。这种天气，减少出门是自我保护最有效的办法，尤其是有心脑血管、呼吸系统疾病的人群，更要尽量少出门。根据该研究，在排除了年龄、性别、时间效应和气象因素等影响因素之后，当雾浓度每增加 103 微米 / 立方米时，居民全部死因的超额死亡风险会增加 2.29%，滞后时间在 1 ～ 2 天。心脑血管疾病增加的超额死亡风险更高，为 3.08%。

（5）雾霾天尽量不要开窗。在大雾天气升级的情况下尽量不要开窗；确实需要开窗透气的话，开窗时应尽量避开早晚雾霾高峰时段，可以将窗户打开一条缝通风，不让风直接吹进来，通风时间每次以半小时至一小时为宜。家中以空调取暖的居民，尤其要注意开窗透气，确保室内氧气充足。

（6）多食清肺润肺食品。首选是百合，具有润肺止咳、养阴消热、清心安神之效；清肺的食物，如胡萝卜、梨子、木耳、豆浆、蜂蜜、葡萄、大枣、石榴、柑橘、甘蔗、柿子、百合、萝卜、荸荠、银耳等。

第九节　台　风

台风是指中心附近最大平均风力 12 级及以上，风速大于等于 32.6 米 / 秒的热带气旋，是热带气旋四个强度等级中的最高等级。在北太平洋西部、中国南海地区称其为“台风”，在大西洋、加勒比海及北太平洋东部则称其为“飓风”。台风是一种灾害性的天气系统，一旦生成并登陆，常伴有狂风、暴雨、巨浪、狂潮，有时还有海啸，具有明显的灾害群发性特征。

国际上以其中心附近的最大风力来确定强度并进行分类，从强到弱分别为超强台风、强台风、台风、强热带风暴、热带风暴、热带低压。

（1）超强台风：底层中心附近最大平均风速大于 51.0 米 / 秒，也即风力 16 级或以上。

（2）强台风：底层中心附近最大平均风速 41.5 ～ 50.9 米 / 秒，也即风力 14 ～ 15 级。

（3）台风：底层中心附近最大平均风速 32.7 ～ 41.4 米 / 秒，也即风力 12 ～ 13 级。

（4）强热带风暴：底层中心附近最大平均风速 24.5 ～ 32.6 米 / 秒，也即风力 10 ～ 11 级。

（5）热带风暴：底层中心附近最大平均风速 17.2 ～ 24.4 米 / 秒，也即风力

8～9级。

（6）热带低压：底层中心附近最大平均风速10.8～17.1米/秒，也即风力为6～7级。

台风预警分为蓝色、黄色、橙色、红色四级

蓝色预警：24小时内可能或者已经受热带气旋影响，沿海或者陆地平均风力达6级以上，或者阵风8级以上并可能持续。

黄色预警：24小时内可能或者已经受热带气旋影响，沿海或者陆地平均风力达8级以上，或者阵风10级以上并可能持续。

橙色预警：12小时内可能或者已经受热带气旋影响，沿海或者陆地平均风力达10级以上，或者阵风12级以上并可能持续。

红色预警：6小时内可能或者已经受热带气旋影响，沿海或者陆地平均风力达12级以上，或者阵风达14级以上并可能持续。

一、典型案例

2012年7月23日4时15分，第8号台风“韦森特”在广东省台山市赤溪镇沿海登陆，登陆时中心附近最大风力有13级（40米/秒），中心最低气压为955百帕。登陆后，“韦森特”向偏西方向移动，随后于当天9时，“韦森特”在广东省云浮市境内减弱为强热带风暴，14时进入广西玉林市境内并减弱为热带风暴，23时在广西南宁市境内减弱为热带低压。随着“韦森特”强度明显减弱，并于25日6时移入越南北部地区，对我国的影响逐渐减小，中央气象台解除台风蓝色预警。监测数据显示，受“韦森特”影响，23日8时至25日6时，广东中南部、福建中部沿海和南部、广西中南部、海南西部和北部等地出现暴雨或大暴雨，局地特大暴雨。上述地区累计雨量普遍有80～200毫米，广东中部偏南地区、海南北部、广西上林和玉林及北流等局地210～300毫米，广东中山局地达364毫米。截至24日19时，台风“韦森特”及其带来的强降雨造成广东珠海、江门、阳江、茂名、云浮、佛山、肇庆等8市32个县（市、区）212个乡镇46.86万人受灾，转移人口6.32万人，倒塌房屋831间，死亡3人，失踪6人，直接经济损失10.76亿元。此外，“韦森特”带来的狂风暴雨还导致海口、南宁等部分城市出现内涝，粤桂琼电网部分线路受损，南海北部附近海域险情频发（图6-26）。

图6-26　台风“韦森特”登陆广东场景

2013年9月22日19时40分，强台风天兔的中心在中国广东省汕尾市南部沿海登陆，登陆时中心附近最大风力14级（45米/秒），中心最高持续风速162千米/小时，登陆后继续西北行深入内陆进一步减弱。至2013年9月24日17时，受“天兔”影响造成的广东全省死亡人数为29人。其中汕尾市16人（陆丰5人、海丰3人、城区1人、中铁十一局工人7人），汕头6人（濠江区3人、澄海市1人、潮阳区2人），潮州市2人（潮安区1人、枫溪区1人），揭阳市惠来县3人，河源市紫金县1人，惠州1人，惠东县1人。共有922.96万人受灾，因灾失踪1人，已造成直接经济损失177.6亿元人民币（图6-27）。

图6-27　台风“天兔”袭击广东场景

2013年10月7日1时15分，23号台风“菲特”在福建省福鼎市沙埕镇沿海登陆，登陆时中心附近最大风力有14级（42米/秒），中心最低气压为955百帕。据统计，截至7日14时，“菲特”造成浙江共874.25万人受灾，死亡10人（温州市因触电死亡8人），失踪4人，倒塌房屋3.06万间；余姚、奉化、安吉、上虞等18县（市、区）城市被淹；超10万辆汽车受损，其中宁波超5万辆；余姚市全城70%被淹5天（图6-28）；因灾造成直接经济损失275.58亿元；福建省4市12个县（市、区）104个乡（镇）

21 万人受灾，保险估损超 14 亿元。倒塌房屋 120 间。

二、形成原因及危害

（一）形成原因

在海洋面温度超过 26℃以上的热带或副热带海洋上，由于近洋面气温高，大量空气膨胀上升，使近洋面气压降低，外围空气源源不断地补充流入上升。受地转偏向力的影响，流入的空气旋转起来，而上升空气膨胀变冷，其中的水汽冷却凝结形成水滴时，要放出热量，又促使低层空气不断上升。这样近洋面气压下降得更低，空气旋转得更加猛烈，最后形成了台风。从台风结构看到，如此巨大的庞然大物，其产生必须具备特有的条件：

图 6-28　台风“菲特”袭击余姚场景

（1）广阔的高温洋面。海水温度要高于 26.5℃，而且深度要有 60 米深。台风是一种十分猛烈的天气系统，每天平均要消耗 12.98 ～ 16.75 千焦 / 厘米 的能量，这个巨大的能量只有广阔的热带海洋释放出的潜热才能供应。另外，台风周围旋转的强风，会引起中心附近 60 米深的海水发生翻腾，为了确保海水翻腾中海面温度始终高于 26.5℃，暖水层的厚度必须达 60 米。

（2）合适的流场。台风的形成需要强烈的上升运动，合适的流场（如东风波，赤道辐合带）易产生热带弱气旋，热带弱气旋气压中间低外围高，促使气流不断向气旋中心辐合并做上升运动，上升过程中水汽凝结释放出巨大的潜热，形成暖心补给台风能量，并使上升运动越来越强。

（3）足够大的地转偏向力。如果辐射气流直达气旋中心发生空气堆积阻塞，则台风不能形成。足够大的地转偏向力使辐射气流很难直接流进低气压中心，而

是沿着中心旋转，使气旋性环流加强。赤道的地转偏向力为零，向两极逐渐增大，故台风发生地点大约离开赤道 5 个纬距以上，在 5 度～ 20 度。

（4）气流铅直切变小。即高低空风向风速相差不大，如果高低空风速相差过大，潜热会迅速平流出去，不利于台风暖心形成和维持。纬度大于 20 度的地区，高层风很大，不利于增暖，台风不易出现。

（二）台风危害

（1）破坏力强，危害性大。台风中心气压很低，它和外围正常的气压场之间形成很大的气压梯度，因而形成非常强的狂风，摧毁大片房屋和设施，台风中心附近的风速可达 100 米 / 秒以上；而且台风引起的大风对海上作业的船只有很大危害，常会引起船翻人亡的事故；在陆地上则会拔树倒屋，摧毁建筑物。

（2）波及面广，人员伤亡大。每年 7—9 月都有强台风登陆我国，几乎遍及我国沿海省市，而且大多数内陆省份也会受到直接或间接的影响，甚至酿成严重灾害，造成数十亿元的财产损失和数百人的伤亡。20 世纪以来，随着我国沿海经济建设的发展，因台风造成的经济损失有上升趋势。近年来，因其造成的损失年平均在百亿元人民币以上。

（3）次生灾害多，延续时间长。台风迅猛异常，但持续一定的时间就会过去，而由台风造成的次生灾害，如建筑倒塌、洪水泛滥、交通中断等所带来的严重后果，灾后救援工作会延续相当长的时间。

三、预防措施

（1）气象台根据台风可能产生的影响，在预报时采用“消息”、“警报”和“紧急警报”三种形式向社会发布；同时，按台风可能造成的影响程度，从轻到重向社会发布蓝、黄、橙、红四色台风预警信号。公众应密切关注媒体有关台风的报道，及时采取预防措施（图 6-29）。

（2）台风来临前，应准备好手电筒、收音机、食物、饮用水及常用药品等，以备急需。

（3）关好门窗，检查门窗是否坚固；取下悬挂的东西；检查电路、炉火、煤气等设施是否安全。

（4）将养在室外的动植物及其他物品移至室内，特别是要将楼顶的杂物搬进来；室外易被吹动的东西要加固。

（5）不要去台风经过的地区旅游，更不要在台风影响期间到海滩游泳或驾船出海。

图 6-29　做好强台风防范工作

（6）住在低洼地区和危房中的人员要及时转移到安全住所。

（7）及时清理排水管道，保持排水畅通。

（8）有关部门要做好户外广告牌的加固；建筑工地要做好临时用房的加固，并整理、堆放好建筑器材和工具；园林部门要加固城区的行道树。

（9）遇到危险时，请拨打当地政府的防灾电话求救。

四、救助对策

(1)不在河、湖、海堤或桥上行走，不去海滩游泳，正在游泳的，应立即上岸。尽量不要出门，并且保持镇静，出行时请注意远离迎风门窗，不要在大树下躲雨或停留。

（2）海上船舶必须与海岸电台取得联系，确定船只与台风中心的相对位置，立即开船远离台风。船上自测台风中心大致位置与距离：背风而立，台风中心位于船的左边；船上测得气压低于正常值 500 帕，则台风中心距船一般不超过 300 千米；若测得风力已达 8 级，则台风中心距船一般 150 千米左右。

（3）在航空、铁路、公路种交通方式中，公路交通一般受台风影响最大。如果一定要出行，建议不要自己开车，可以选择坐火车。

（4）不打赤脚，最好穿雨靴，既能防雨同时也起到绝缘作用，预防触电。走路时观察仔细再走，以免踩到电线。通过小巷时，也要留心，因为围墙、电线

杆倒塌的事故很容易发生。

（5）远离建筑工地。经过建筑工地时最好稍微保持点距离，因为有的工地围墙经过雨水渗透，可能会松动；还有一些围栏，也可能倒塌；一些散落在高楼上没有及时收集的材料，譬如钢管、榔头等，说不定会被风吹下；在有塔吊的地方，更要注意安全，因为如果风大，塔吊臂有可能会折断；有些地方正在进行建筑立面整治，人们在经过脚手架时，最好绕行，不要在下面行走。

第十节 龙卷风

龙卷风是在极不稳定天气下由空气强烈对流运动而产生的一种伴随着高速旋转的漏斗状云柱的强风涡旋，其中心附近风速可达 100 ～ 200 米 / 秒，最大 300 米 / 秒，比台风（产生于海上）的中心最大风速大好几倍。龙卷风的破坏性极强，其经过的地方常会发生拔起大树、掀翻车辆、摧毁建筑物等现象，甚至把人吸走（图 6-30）。

龙卷风外貌奇特，它上部是一块乌黑或浓灰的积雨云，下部是下垂着的形如大象鼻子的漏斗状云柱，风速一般每秒 50 ～ 100 米，有时可达每秒 300 米。由于龙卷风内部空气极为稀薄，导致温度急剧降低，促使水汽迅速凝结，这也是形成漏斗云柱的重要原因。龙卷风是由雷暴云底伸展至地面的漏斗状云（龙卷）产生的强烈的旋风，其风力可达 12 级以上，最大风速可达 100 米 / 秒以上，一般伴有雷雨，有时也伴有冰雹。空气绕龙卷的轴快速旋转，受龙卷中心气压极度减小的吸引，近地面几十米厚的一薄层空气内，气流被从四面八方吸入旋涡的底部，并随即变为绕轴心向上的涡流。龙卷中的风总是气旋

图 6-30　龙卷风气云图

性的，其中心的气压可以比周围气压低10%，一般可低至40千帕，最低可达20千帕。龙卷风具有很大的吸吮作用，可把海（湖）水吸离海（湖）面，形成水柱，然后同云相接，俗称“龙取水”。人们还发现，龙卷风过后会留下一条狭窄的破坏带，在破坏带旁边的物体即使近在咫尺也安然无恙，所以人们在遇到龙卷风时，要镇定自若，积极想办法躲避，切莫惊慌失措。

一、典型案例

图6-31　江门遭龙卷风场景

2008年5月6日下午2时30分，雷州市南兴、松竹两镇先后遭到强龙卷风袭击，造成约30户160多人受灾，70多间民房房顶被毁坏，最先遭受龙卷风袭击的是南兴镇。从铸黎村边的一木制品厂看到，该厂用厚铁皮搭建的一间仓库和厂房房顶已被大面积掀开了，周围尽是些被卷飞的木片。其中，一块巨大的铁皮棚顶，已被卷飞到1 000米外。住在木片厂附近的一村民陈某赶紧跑到木片厂里收木片，突然，巨大的龙卷风向她身上袭来，被卷离地面约4米多高后，再被摔到地面上，所幸只是膝盖破了点皮，受了点轻伤，并无大碍。停在木片厂外的一辆2吨重的拖拉机，也被飙卷离原地10米远。

2012年4月29日零时30分，广东江门市新会区奇榜村凤山工业区突然出现龙卷风，造成22间总计超过2.3万平方米的厂房被夷为平地（图6-31）。

灾害发生后，救援人员共解救疏散群众105人，未发现人员死亡，4名伤者被救，由龙卷风引起的强雷暴雨还造成了江门市区多处水浸，不少车辆被雨水浸入车内。主干道数十棵大树被连根拔起，部分停在路边的车辆被砸坏。龙卷风不仅袭击了凤山工业区，连工业区北部的培英中学、中医药学院和江门体校也未能幸免。学校多座教学楼和宿舍楼的门窗均被破坏，校内和学校周边的道路两旁的树木多被折断，甚至被连根拔起。

二、形成原因及危害

（一）形成原因

龙卷风这种自然现象是云层中雷暴的产物，具体地说，龙卷风就是雷暴巨大能量中的一小部分在很小的区域内集中释放的一种形式。龙卷风的形成可以分为四个阶段：

（1）大气的不稳定性产生强烈的上升气流，由于急流中的最大过境气流的影响，它被进一步加强。

（2）由于与在垂直方向上速度和方向均有切变的风相互作用，上升气流在对流层的中部开始旋转，形成中尺度气旋。

（3）随着中尺度气旋向地面发展和向上伸展，它本身变细并增强，形成龙卷核心。

（4）龙卷核心中的旋转与气旋中的不同，它的强度足以使龙卷一直伸展到地面。当发展的涡旋到达地面高度时，地面气压急剧下降，地面风速急剧上升，形成龙卷。

（二）龙卷风危害

龙卷风是大气中最强烈的涡旋现象，影响范围虽小，但破坏力极大。常发生于夏季的雷雨天气时，尤以下午至傍晚最为多见。龙卷风的袭击范围小，直径一般在十几米到数百米之间，平均为 250 米左右，最大为 1 千米左右。在空中直径可有几千米，最大有 10 千米。极大风速 150 ～ 450 千米 / 小时。龙

图 6-32　龙卷风的危害

卷风的生存时间一般只有几分钟，最长也不超过数小时，它往往使成片庄稼、成万株果木瞬间被毁，令交通中断，房屋倒塌、人畜生命遭受损失。龙卷风经过的地方常会发生拔起大树、掀翻车辆、摧毁建筑物等现象，有时把人吸走，危害十分严重。龙卷风每年能在经济上造成数百万美元的损失，并会导致失业和死伤，危害不容小觑（图 6-32）。

三、预防措施

（1）在家时，务必远离门、窗和房屋的外围墙壁，躲到与龙卷风方向相反的墙壁或小房间内抱头蹲下。躲避龙卷风最安全的地方是地下室或半地下室。

（2）在电杆倒、房屋塌的紧急情况下，应及时切断电源，以防止电击人体或引起火灾。在野外遇龙卷风时，应就近寻找低洼地伏于地面，但要远离大树、电杆，以免被砸、被压和触电。

（3）汽车外出遇到龙卷风时，千万不能开车躲避，也不要在汽车中躲避，因为汽车对龙卷风几乎没有防御能力，应立即离开汽车，到低洼地躲避。

（4）识别龙卷云。龙卷云除具有积雨云的一般特征以外，在云底会出现乌黑的滚轴状云，当云底见到有漏斗云伸下来时，龙卷风就会出现。

四、救助对策

（1）切断电源。以防止电击伤人或因此引起火灾，尽量避免使用电话。在家时，务必远离门、窗和房屋的外围墙壁，躲到与龙卷风方向相反的墙壁或小房间内抱头蹲下。或用床垫或毯子罩在身上以免被砸伤。

（2）找好安全地方。最安全的地方是由混凝土建筑的地下室。龙卷风有跳跃性前行的特点，往往是一会儿着地又一会儿腾空。混凝土建筑的地下室才是最安全的地方。人们应尽量往低处走，尤其不能待在楼房上面。另外，相对来说小房屋和密室要比大房间安全。

（3）野外躲避。当在野外听到由远而近、沉闷逼人的巨大呼啸声要立即躲避。这声音或“像千万条蛇发出的嘶嘶声”，或“像几十架喷气式飞机、坦克在刺耳地吼叫”，或“类似火车头或汽船的叫声”等。如在野外遇上龙卷风，应在与龙卷路径相反或垂直的低洼区躲避，因为龙卷风一般不会突然转向。

（4）室内躲避。当龙卷风向住房袭来时，要打开一些门窗，躲到小开间、密室或混凝土的地下庇所，上覆有25厘米以上的混凝土板较为理想。远离危险房屋和活动房屋，向垂直于龙卷风移动的方向撤离，藏在低洼地区或平伏于地面较低的地方，保护头部；可以跑到靠近大树的房内躲避（注意防止砸伤）。

（5）乘车躲避。当乘汽车遭遇龙卷风时，应立即停车并下车躲避，防止汽车被卷走，引起爆炸等。千万不要开车躲避，也不要在汽车中躲避，因为汽车对龙卷风几乎没有防御能力，应立即离开汽车，到低洼地躲避。

第七章　矿山安全生产

矿山是工业生产各行业中风险最高的行业，具有劳动密集型生产特点。在矿山生产过程中，人们要利用许多工程技术措施、机械设备和各种物料，相应地，它们也带给人们许多不安全因素。人们一旦忽略了对不安全因素的控制或者控制不力，则将导致矿山事故。矿山事故不仅妨碍矿山生产的正常进行，而且可能造成人员伤亡、财产损失和环境污染。因此，搞好矿山安全生产是保护人员生命健康，顺利进行矿山生产的前提和保证。

随着现代工业的发展，矿山生产中广泛使用机械、电力及烈性炸药等新技术、新设备、新能源，使矿山生产效率大幅度提高。同时，采用新技术、新设备、新能源也带来了新的不安全因素，导致矿山事故频繁发生，事故伤害和职业病人数急剧增加（图 7-1）。

图 7-1　矿山灾害事故

第一节　矿山灾害事故基本情况

安全是矿山生产的头等大事。根据矿山生产特点不同，矿山生产包括煤矿生产和非煤矿生产。非煤矿山是指除煤矿（含石煤）以外的所有金属和非金属矿山，具体包括：金矿、锡矿、锑矿、铅锌矿、钒矿、铀矿、瓷土矿、石灰石矿（场）、建筑用砂、石矿、青石矿、铜矿、钨矿、花岗岩矿、萤石矿、砖瓦黏土场以及石油、天然气等。我国非煤矿山采选业是国民经济高速发展的重要基础，其生产总值约占全国GDP总值的1%。我国非煤矿山的灾害事故主要有坍塌、爆破、透水、窒息、冒顶、火灾、爆炸等。其特点类似于煤矿灾害事故，因此，本书主要介绍煤矿灾害事故。煤炭工业是我国国民经济的基础产业，以煤为主是我国能源安全的基本战略。目前，煤炭在我国一次性能源消费构成中占70%以上，我国76%的发电能源、76%的工业燃料和动力、60%的民用商品能源以及70%的化工原料都是煤炭提供的。近年来，我国开展煤矿瓦斯治理和整顿关闭两个攻坚战，煤矿安全生产形势保持了总体稳定、趋于好转的态势，但事故总量仍偏大，重特大事故还时有发生，安全生产形势依然严峻（图7-2）。

图7-2　煤矿安全生产

2013年2月28日，河北省冀中能源集团张家口矿业集团公司艾家沟煤矿发生火灾事故。事故发生时井下有13人作业，造成12人死亡，1人下落不明。该矿为河北省冀中能源张矿集团兼并整合矿井。

2013年4月14日17时30分，陕西省榆林市上河煤矿副井底车场安装管路时发生瓦斯窒息事故，当班有20名维修工人在井下作业，造成3人死亡，4人受伤。

2013 年 4 月 20 日 13 时 20 分，吉林省延边州和龙市庆兴煤业有限公司庆兴煤矿发生瓦斯爆炸事故。当班入井 73 人，事故共造成 18 人死亡，12 人受伤。

2013 年 1 月 3 日 4 时许，甘肃肃南裕固族自治县发生一起煤矿透水瞒报事故，造成 4 亡 5 伤。1 月 12 日，涉嫌瞒报的该煤矿项目部经理、矿长、副矿长、当日井下作业班长 4 人予以刑事拘留；该县安监局分管副局长和 2 名驻矿安监员停职。

一、煤炭工业的特点

煤炭工业是资源性行业，煤炭是不可再生的资源。煤矿的寿命取决于其所拥有的煤炭储量和生产能力，煤矿的安全生产状况受其资源条件的制约。煤炭工业是高危险性行业，煤矿地下采掘生产系统管网式的布置，近封闭式的结构，瓦斯、地压、水、火、煤尘等多种致灾因子共存的环境，使煤矿易发多类灾害事故。灾害事故一旦发生，容易引起其他灾害的伴生或耦合，使应急处置救助复杂、困难（图 7-3）。

图 7-3　煤矿灾害事故救助

二、煤矿灾害主要类型

煤矿安全生产形势在我国工业企业中最为严峻，死亡人数是世界主要采煤国中最高的，长期以来我国煤矿的死亡人数占世界煤矿死亡人数的 80%。主要原因是我国煤田的构造复杂程度远远超过北美、澳大利亚、印度、俄罗斯的地台轻微变形的煤田。复杂的煤田地质条件给煤矿安全生产带来了严重的瓦斯、高地应力、高低温等灾害，存在诸多致灾因子。

（1）瓦斯——瓦斯爆炸。瓦斯爆炸是煤矿生产中最严重的灾害之一，爆炸

产生的高温高压气体使爆炸源附近的气体以极高的速度向外冲击，同时产生大量的有害气体，其后果不仅严重损坏井下设施，而且造成大量人员伤亡，有时还会引起瓦斯连续多次爆炸、煤尘爆炸和井下火灾。

（2）煤尘——煤尘爆炸。矿井煤尘不仅严重影响井下作业环境，而且对人的眼睛、牙齿、皮肤等都有不同程度的侵害，尤其是长期接触煤尘的工人，很容易患上严重的职业病——尘肺病。此外，矿井里的可燃煤尘在一定条件下会引起粉尘爆炸，给矿井带来严重的损害。煤炭生产的各个环节都产生煤尘，其主要危害是造成煤尘爆炸，煤尘爆炸是煤矿的严重灾害之一。世界各国在煤矿开采历史上所受到的煤尘灾害是惨痛的。

（3）火——煤矿火灾。由火引起的火灾事故是煤矿的严重自然灾害之一，包括内因火灾（自燃火灾）和外因火灾。火灾危险在我国煤矿普遍存在，具有较大的危险性。煤矿火灾的发生发展不仅会烧毁大量的煤炭资源和设备，而且产生大量的高温烟流和有害气体，危及井下工作人员的生命安全。

（4）水——煤矿水灾。水是煤矿另一重要的致灾因子，水害的危险性与矿井水文地质类型、矿井涌水量等密切相关。

图 7-4 矿山坍塌

（5）其他致灾因子。煤矿还存在其他致灾因子，如顶板、冲击矿压危险、热害、辐射、震动、噪声、电磁污染、机械能异常传递等。随着煤矿装备水平和生产集中化程度的提高，机械装备向智能、重型、高能级方向发展，煤矿与之相关的致灾因子的危险性也在增加，必须采取相应的控制防范措施，以最大限度降低其带来的安全风险（图 7-4）。

三、煤矿灾害事故原因分析

煤炭生产是高危、艰苦性的行业。煤炭事故的发生与我国大陆板块的形成，与社会经济发展和煤矿安全科技水平紧密相关。其事故原因主要有以下方面：

（1）自然开采条件差，伴生的灾害多。我国大陆是由众多小型地块多幕次汇集形成，多次发生板块间的碰撞、俯冲、产生强烈板内变形，使煤盆地经受挤压变形的强烈改造，致使我国的煤田地质条件复杂，客观上容易发生事故。

（2）技术装备水平不平衡，总体落后。总体上看，我国的煤矿安全装备还比较落后，呈现不平衡状态，不能有效地预防和控制事故。国有型煤矿部分技术装备已达到世界先进水平，而多数中小煤矿的技术水平仍非常落后。

（3）安全管理水平低，安全责任落实不到位。目前，我国煤矿普遍存在着安全管理水平低，技术手段落后、忽视人的科学管理和人机环境工程的研究控制，忽视创造本质安全化作业条件和提高系统整体安全性能，使安全技术措施不能充分发挥效能的问题。

（4）安全法规及行业技术标准化工作滞后。我国煤矿安全生产发展迅速，但标准化工作远远滞后，满足不了安全生产的需要。标准总数多，覆盖面不够，与安全生产关系密切的技术、管理标准更少。

四、煤矿灾害事故防治措施

我国煤矿致灾因子的特点决定着矿山做好安全工作的必要性、重要性和艰巨性。矿山灾害治理的战略应该是：以安全发展为核心，以企业为主体，以全面提高灾害事故控制水平和矿井抗灾防灾能力为重点，以“安全第一，预防为主，综合治理”为方针，以机制创新和科技进步为动力，坚持依法办矿、以法治矿，坚持“管理、装备、培训”并重的原则，建立适应社会主义市场经济体制要求的安全管理体制，健全矿山安全科技创新和矿山灾害治理科学技术体系，提高安全管理及装备水平，建立矿山灾害治理长效机制，全面增强矿山安全生产保障能力。为实施矿山安全生产发展战略，应从以下几个方面入手，采取科学的应对措施。

（1）大力调整煤炭生产结构，提高煤炭工业整体安全水平。

（2）建立安全矿山安全生产保障体系。

（3）推进技术创新，提高矿山灾害控制水平。

（4）推广应用新技术与装备。

（5）推进管理创新，提高安全生产科学管理水平。

（6）推进机制创新，完善安全生产管理体制和制约体制。

（7）完善矿山安全投入保障机制，加大矿山安全投入。

（8）建立工伤赔偿、康复和事故预防一体化、社会化保险体系。

（9）加强矿山安全文化建设，大力推进安全生产宣传教育。

（10）严格事故的调查、分析和处理，充分发挥事故的警示作用。

第二节　矿山瓦斯灾害事故

在煤矿生产过程中，伴随着生产的进行，瓦斯涌出到生产空间，对井下生产构成威胁。瓦斯，不论其涌出量多少，一直是矿井生产最主要的危险源。瓦斯灾害则是煤矿中最严重的灾害之一。瓦斯突出不仅能摧毁井巷设施，破坏矿井通风系统，造成人员窒息、埋压甚至可能引起瓦斯爆炸与火灾事故；瓦斯爆炸不仅造成大量人员伤亡，而且会严重摧毁井巷设施、中断生产，有时还会引起煤尘爆炸、矿井火灾、井巷垮塌等二次灾害。井下煤矿一次死亡人数多的重大事故主要是瓦斯爆炸事故和瓦斯突出事故，因此瓦斯灾害事故治理就成为矿井最根本、最重要的任务。

一、典型案例

2004 年 10 月 20 日，河南省郑煤集团太平煤矿发生一起特大型煤与瓦斯突出引发的特别重大瓦斯爆炸事故，造成 148 人死亡，32 人受伤，直接经济损失 3 935.7 万元。

2009 年 2 月 22 日，山西焦煤集团西山煤电屯兰煤矿发生特别重大瓦斯爆炸事故，造成 78 人遇难，114 人受伤。

2013 年 3 月 29 日，吉林省吉煤集团通化矿业集团公司八宝煤业公司发生特别重大瓦斯爆炸事故，造成 28 人死亡、12 人受伤，直接经济损失 4 708.9 万元，事故发生后，企业瞒报 7 人死亡。4 月 1 日，通化矿业集团公司违反禁令擅自组织人员进入八宝煤业公司井下作业，又发生瓦斯爆炸事故，造成 17 人死亡、8 人受伤，直接经济损失 1 986.5 万元（图 7-5）。

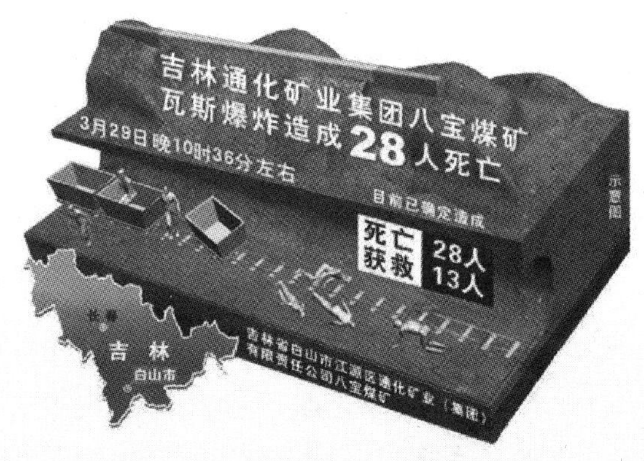

图 7-5　通化矿业瓦斯爆炸示意图

2013 年 5 月 11 日 14 时 15 分许，四川省泸州市泸县桃子沟煤矿发生一起瓦斯爆炸事故，事故造成 28 人遇难，18 人受伤。

二、事故原因及危害

（一）矿井瓦斯灾害事故原因

煤炭生产中，瓦斯喷出、瓦斯燃烧爆炸、瓦斯突出和瓦斯窒息都会造成矿井瓦斯灾害事故，其致灾原因主要有以下方面：

（1）瓦斯喷出和突出的原因主要是煤层或岩层的构造裂缝中储存有大量瓦斯，同时在开采中由于各种外力的影响使煤炭造成泄压缝隙。

（2）瓦斯燃烧爆炸的内因主要是煤炭生产中通风设备使用问题和通风类型选择问题，造成矿井内通风能力不足。

（3）瓦斯燃烧爆炸的外因主要是环境温度、压力及点燃源的能量等对瓦斯燃烧爆炸界限的影响。

（4）瓦斯窒息的原因主要是当矿井内空气中瓦斯聚集达到很高含量时，会

使氧气含量大大降低，一旦人员进入，可因缺氧而造成窒息事故。

（二）矿井瓦斯灾害事故危害

瓦斯是一种无色、无味的气体。由于瓦斯较轻，故常聚集在巷道的顶部、上山掘进面及顶板冒落空洞中。

瓦斯有四大危害：瓦斯喷出、瓦斯燃烧爆炸、瓦斯突出和瓦斯窒息。这四大危害并不只会单一出现，有时一种灾害会成为另一种诱因，如矿井由于通风不好，瓦斯含量高达到一定程度时，会发生瓦斯爆炸，继而有可能会带来矿井火灾，由于爆炸和燃烧的产物中含有大量的有害气体，同时矿井中的氧含量降低，容易出现瓦斯窒息事故。它们之间互为因果，密切联系，互相影响。因此，瓦斯是煤矿安全生产的大敌，为了对其进行防治，必须了解瓦斯致灾的类型和致灾理论，以便更好地采取有效的针对性综合措施，防治和控制瓦斯灾害的发生，确保矿井生产安全。

（1）瓦斯喷出。在矿井开采过程中，煤层及其围岩中的瓦斯大部分是以比较稳定和平缓的流动形式，从煤层和围岩的暴露面上和各种裂隙中涌出；也从煤体上采落下来的和在回采过程中被破碎的煤中涌出。这种涌出，由于其流速稳定，并且分散在采掘空间中，所以容易监测和采取防治措施，一般危险性不大。但是，在瓦斯矿井中还存在着煤层瓦斯异常涌出的现象，这种煤层瓦斯涌出的特点是：时间短，且多数情况下强度大，难于监测和防治，所以危险性大。这类煤层瓦斯涌出，主要是指瓦斯喷出和突出。因此，研究喷出和突出时的瓦斯流动，将有助于防止此类事故的发生，对矿井安全生产具有重要作用。

（2）瓦斯燃烧爆炸。瓦斯是一种可燃性气体，当其在空气中的含量达到某一范围时，遇适当的点火源就会发生爆炸，具有燃烧爆炸性。按瓦斯在空气中发生燃烧的性状不同，可以将它分为三个区间：一是助燃区间，瓦斯含量在0%～5%。该区间内，瓦斯在点燃源附近发生氧化燃烧反应，但不能形成持续的火焰，只能起到助燃的作用；二是爆炸区间，瓦斯含量在爆炸界限内（5%～16%）。该区间内的瓦斯遇到一定能量的点火源会形成可自动加速的燃烧锋面，该锋面在“瓦斯一空气”混合气体内加速传播，从而形成强烈的爆炸；三是扩散燃烧区间，瓦斯含量大于爆炸上限（16%）。该区域内瓦斯空气的混合气体无法直接被点燃，但是，当其与新鲜空气混合时，可以在混合界面上被点燃并形成稳定的火焰，称为扩散燃烧。对煤矿井下安全威胁最大的是爆炸区间，局部区域的瞬间爆炸可以对井下的人员和设施造成很大的伤害和破坏，由此引发的煤尘爆炸、火灾及通风系统紊乱等又会使事故进一步扩大，造成更大的损失。

（3）瓦斯突出。煤与瓦斯突出是煤矿安全生产中一种极其复杂的动力现象，它能在极短的时间内由煤体向巷道或采场突然喷出大量的煤炭并涌出大量的瓦斯，造成一定的、有时是十分巨大的动力效应，是严重威胁煤矿安全生产的主要灾害之一。煤与瓦斯突出，是一个经过长期研究至今未能可靠解决，威胁煤矿安全生产的世界性难题。

（4）瓦斯窒息。矿井在生产过程中，要连续不断地放出瓦斯，这些瓦斯主要靠通风的方法由风流排出井巷和工作面，最终排出矿井。如果井巷、工作面一旦停风或不通风，瓦斯排不出来，就必然形成聚集。瓦斯大的矿井瓦斯聚集快，瓦斯小的矿井聚集慢。有的矿井几分钟内就能达到很高的含量，有的需要几天、几个月，甚至几年才能聚集到高含量。瓦斯只有快慢之分，没有聚集与不聚集的问题。只要停风、无风，瓦斯聚集是必然，这是瓦斯聚集的客观规律。

三、预防措施

国内外经验表明，要预防矿井瓦斯灾害事故，必须从控制矿井内瓦斯浓度着手，而矿井瓦斯抽放技术，早已成为国内外很多煤矿处理井下瓦斯的有效措施。我国目前的瓦斯抽放技术有本煤层抽放、邻近层抽放和综合抽放。抽放瓦斯方法选择原则：

（1）首先应考虑选用多种抽放方法相结合的综合抽放方法，以提高抽放效果。

（2）开采过程中的瓦斯涌出量主要来源于开采煤层（本煤层）时，则应采用本煤层瓦斯抽放方法。

（3）在煤层群的条件下，首采层开采时，邻近层的瓦斯涌出量占有很大比例且威胁工作面的安全生产，则应采用邻近层瓦斯抽放方法。

（4）当工作面后方采空区瓦斯涌出量较大且威胁工作面的安全生产，老采空区内积存大量瓦斯向邻近工作面涌出瓦斯、增大采区和矿井的总排瓦斯量时，应采用采空区瓦斯抽放方法。

（5）对于瓦斯含量较高的煤层，在巷道掘进时涌出的瓦斯量很大且难以用加大风量稀释时，可考虑采掘前大面积预抽瓦斯方法或采取边掘边抽方法。

（6）对于透气性较低，采用预抽放方法难以直接抽出瓦斯，掘进时瓦斯涌出不是很大，而回采时有大量瓦斯涌出的煤层，可采用边采边抽或采用水力割缝、水力压裂、松动爆破等措施，人为下压后抽放瓦斯。

（7）瓦斯燃烧爆炸是瓦斯造成煤矿重特大伤亡事故的首要灾害。煤矿生产中要预防各种火花等引爆瓦斯爆炸的火源。禁止一切非生产火源进入生产作业区。

四、救助对策

（一）为减轻瓦斯爆炸造成的伤亡，煤矿工人应采取的自救措施

瓦斯爆炸前感觉到附近的空气有颤动的现象发生，有时还发出丝丝的空气流动声，一般认为是瓦斯爆炸的前兆。井下人员一旦发现这种情况时，要沉着、冷静，采取措施进行自救。具体的方法如下。

（1）背向空气颤动的方向，俯卧倒地，面部贴在地面，头尽量低些，有水沟的地方要卧倒在水沟侧，闭住气暂停呼吸，用毛巾捂住口鼻，防止把火焰吸入肺部。

（2）用衣服盖住身体，尽量减少肉体暴露面积，以减少烧伤。爆炸瞬间，要尽力屏住呼吸，防止吸入高温有毒气体灼伤内脏。与此同时要迅速取下自救器，按使用方法迅速佩戴好自救器。

（3）辨别好方向，沿避灾路线尽快进入新鲜风流中离开灾区；两人以上要同行，互相照应。

（4）行进中注意通风情况，迎着风流方向走，如果巷道破坏严重，没法撤到安全的地点，或不清楚撤退路线是否安全，就要选择建立临时避难硐室，在硐室内安静、耐心地等待救护。

（二）采煤工作面瓦斯爆炸后矿工应采取的自救互救措施

(1)如果进风巷道没有被垮落堵死，通风系统破坏不大，所产生的有害气体，较容易排除。在这种情况下，采煤工作面进风侧的人员一般不会受到严重的伤害，应迎风撤出灾区。回风侧的人员要迅速佩戴自救器，经最近的路线进入进风侧。

(2)如果爆炸造成严重的垮落冒顶，通风系统被破坏，爆炸附近的进、回风侧都会积聚大量的一氧化碳和其他的有害气体，该范围所有的人员都有发生一氧化碳中毒的可能。因此，爆炸后，要立即佩戴好自救器（图 7-6）。在进风侧的人员要逆风撤出，在回风侧的人员要设法经最短路线撤退到新鲜风流中。

图 7-6　自救器

(3) 如果冒顶严重，撤不出来，首先佩戴好自救器，并协助重伤员在较安全地点待救；附近有独头巷道时，也可进入暂避，并尽可能地利用木料、风筒等设立临时的避难场所，并把矿灯、衣物等明显的标示物挂在避难场所外面明显的地方，然后静卧待救。

（三）矿工避灾逃生路线

(1) 在火源进风侧的人员迎着风流撤退。

(2) 在火源回风侧的人员迅速佩戴自救器或用湿毛巾捂住口鼻，如果火势不大，尽快穿过火区进入进风侧。如果火势凶猛，切不可强行穿过火区，尽快由回风侧通过就近的风门进入到进风巷道中。

(3) 在回风系统掘进迎头工作的人员，应佩戴自救器迅速经就近的风门撤退到进风巷道。如果在自救器有效时间内不能安全撤出时，切不可盲目撤退，应用木板、风筒等材料将独头巷道构筑成临时避难硐室，等待矿山救护队营救。

第三节 矿山火灾事故

矿山火灾是指发生在矿井地面或井下、威胁矿井安全生产并形成灾害的一切非控制燃烧。矿山火灾是矿山重大灾害之一，影响矿山的安全生产，也造成资源破坏。为了正确地分析火灾的发生、发展规律，有针对性地制定防灭火措施，通常对矿井火灾进行如下分类：

（1）按照火灾发生的地点不同可将火灾分为地面火灾和井下火灾。地面火灾是指发生在矿井工业广场范围内地面上的火灾，井下火灾是指发生在井下以及发生在井口附近而威胁到井下安全的火灾。

（2）按照热源不同可将矿井火灾分为内因火灾和外因火灾。

（3）按照燃烧物不同可将矿井火灾分为煤炭燃烧火灾、坑木燃烧火灾、炸药燃烧火灾、机电设备火灾、油料火灾及瓦斯燃烧火灾。

一、典型案例

1986年11月24日3时30分，山东省枣庄市枣矿集团山家林煤矿二水平-380大巷皮带道发生一起火灾，死亡24人，重伤2人，轻伤24人。

1989年8月23日，辽宁铁法煤业集团小青矿开拓区为加快运输顺槽的速度，在运输顺槽安装一条420米的胶带输送机，代替矿车运输。在调试过程中，因胶带输送机长松弛、打滑，高速摩擦固定点致使胶带输送机起火，很快地将胶带输送机和巷道刹帮刹顶的木杆以及巷道周围煤壁燃着，火焰炽烈似如炉膛，大量的浓烟有害气体高温使400米深处施工的15名工人死亡。

2010年8月6日17时左右，山东省招远市玲南矿业有限责任公司罗山金矿四矿区盲竖井12中段至14中段井筒电缆起火引发火灾事故。事故发生时，井下共有作业人员329人，经全力科学施救，313人成功获救升井（其中1人重伤），事故共造成16人死亡。

2013 年 2 月 28 日河北省冀中能源集团张家口矿业集团公司艾家沟煤矿发生火灾事故。造成 13 人死亡。

二、事故原因及危害

（一）矿井火灾事故原因

矿井火灾与矿井瓦斯、矿尘、矿井水灾和顶板冒落事故一起，被统称为煤矿五大自然灾害。而且矿井火灾与瓦斯、煤尘爆炸常常是互为因果的，相互扩大灾害的程度和范围，造成更大的人员中毒伤亡、资源损失和环境破坏，酿成煤矿重大恶性事故，矿井火灾根据热源不同分为内因火灾和外因火灾，矿井内因火灾也叫自燃火灾，引发自燃火灾的因素很多，既与煤炭本身的性质有关，也与煤炭本身之外的其他条件有关（图 7-7）。矿井外因火灾，就是由外部火源引起，发生在井下及井口附近，但危害到井下安全的火灾，又称矿井外源火灾。矿井火灾事故的原因主要有以下方面：

图 7-7　矿井火灾

（1）矿井内因火灾的内部因素主要包括煤的变质程度，煤的变质程度越低越容易自燃引发火灾；内部因素还与煤的含硫量有关，煤中含硫化铁越高越容易自燃；内部因素还与煤的含水量有关，煤中水分少时容易自燃。

（2）矿井内因火灾的外部因素主要包括煤层埋藏深度、煤层厚度、地质构造、煤层中的瓦斯含量、漏风条件及开采技术条件有关。

（3）矿井使用明火引发的外因火灾。指井下吸烟、使用明火电焊、使用电炉及灯泡取暖等引起的火灾。

（4）矿井电气火灾。矿井使用的机电设备性能不好，管理不善，如电钻、电机、

变压器、电源开关等损坏，或由于电气线路超负荷、短路等引起电气火灾。

（5）爆破作业引起的火灾。爆破作业中发生的炸药燃烧机爆破原因引起的硫化矿尘燃烧、木材燃烧，爆破后因通风不良造成可燃性气体聚集而发生燃烧爆炸，都属于爆破作业引起的火灾。

（二）矿井火灾事故危害

我国是一个矿井火灾事故多发的国家，矿井火灾产生大量的有毒有害气体，增加了瓦斯、煤尘爆炸的可能性，毁坏设备、烧毁煤炭资源，有的煤矿火灾煤的燃烧严重破坏了周围的环境，甚至形成大范围的酸雨和温室效应，矿井火灾对矿山生产及职工安全造成巨大的危害。

三、预防措施

矿井火灾主要分为内因火灾和外因火灾，其引发原因各不相同，预防火灾的措施也不一样。

（一）矿井内因火灾事故的预防

矿井内因火灾也称自燃火灾，自燃火灾必须同时具备三个条件：有自燃倾向性的碎煤堆放、有集聚热量的环境、有连续不断的供氧。预防内因火灾也主要从这三方面入手，具体方法主要有：

（1）提高开采技术。开采具有自然发火倾向的煤层时，应采用合理的采煤技术才能防止煤的自燃发火，如采用自上而下的开采顺序、合理布置采区、提高回采率等开采技术。

（2）预防性灌浆。预防性灌浆就是将水和浆材按适当比例混合，配置成一定浓度的浆液，借助输浆管路输送到可能发生自燃的地区，以防止煤炭自燃。预防性灌浆是防止煤炭自燃应用最为广泛、效果最好的一种技术。

（3）阻化剂防火。阻化剂防火是在采煤工作面向采空区浮煤喷洒阻化剂，阻止延长发火期的防火技术。

（4）凝胶防灭火。凝胶防灭火是用基料和促凝剂按一定比例混合配成水溶液后，发生化学反应形成凝胶，从而破坏煤炭着火的一个或几个条件，达到防灭火的目的。

（5）均压防灭火。均压防灭火是利用风窗、风机、调压气室和联通管等调节通道两端的风压值，以改变通风系统的压能分布，降低漏风压差，抑制煤炭氧化的防灭火方法。

（6）惰性气体防灭火。惰性气体防灭火方法就是将惰性气体注入已封闭的或有自燃危险的区域，降低区域内氧气含量，从而使火区因氧含量不足使火源熄灭，或者使采空区中因氧含量不足而使煤炭不能氧化自燃。

（二）矿井外因火灾的预防

矿井的外因火灾，主要包括明火火灾、电气火灾、爆破起火、瓦斯煤尘燃烧爆炸引起的火灾以及摩擦火。我国煤矿的外因火灾占矿井火灾总数的10%左右，虽然所占比例不大，但外因火灾的发生及发展比较突然和迅猛，并伴有大量烟雾和有害气体。同时，外因火灾发生时往往出于人的意料之外，正是这种突发性和意外性，常常使人们惊慌失措，处理不当，扑救不及时，会贻误战机。另外，外因火灾发生后，还可引发其他煤矿重大灾害，如引爆瓦斯、煤尘。煤矿生产过程中，只要严格遵守《煤矿安全规程》关于防灭火的一些规定，就能有效避免或减少外因火灾的发生。预防外因火灾的措施一般为：

（1）预防明火。井口房和扇风机房附近20米内禁止烟火，也不准用火炉取暖。严禁携带烟草、引火物下井，井下严禁吸烟。井口房和井下不准电焊、气焊或用喷灯焊接，如果一定要在井下焊接时，必须制定安全措施，报矿长或总工程师批准后才准进行，而且要求事先迁移和清除附近的易燃物品，备足消防用水、砂子、灭火器等，并随时检查瓦斯和煤尘浓度。井下硐室内不准存放汽油、煤油或变压器油。井下使用的润滑油、棉纱和布头等必须集中存放，定期送到地面处理。

（2）预防放炮引火。井下不准使用黑色火药，因为黑色火药爆炸后火焰存在时间长，有使瓦斯引燃或引爆的危险。井下只准使用硝铵类的矿用安全炸药。严格执行放炮规定，煤矿井下不准放糊炮，严禁用煤块、煤粉、炮药纸等易燃物代替炮泥，同时要严格执行“一炮三检查”制度。

（3）预防电气引火。要正确选用易熔断丝（片）和漏电继电器，以便电流

短路过负荷或接地时能及时切断电流。矿井中电气设备应选用防爆型的电气设备，电缆接头不准有“鸡爪子”或“羊尾巴”。

（4）预防摩擦生火。应做好井下机械运转部分的保养维护工作，及时加注润滑油，保持其具有良好的工作状态，防止因摩擦生热而引起火灾。

四、救助对策

（一）矿井火灾事故扑救

（1）直接灭火。直接灭火就是利用现场的材料、设备、设施等在火源附近直接扑灭火灾或挖除火源。包括挖除可燃物、用水灭火、用沙子或岩粉灭火、用化学灭火器灭火。

（2）隔绝灭火。隔绝灭火就是在直接灭火无效或无法接近火源时采用的灭火方法，即建造密闭墙切断通向火区的空气，使火区中的氧含量逐渐下降，使火自行熄灭的一种方法。隔绝灭火是处理大面积火区，特别是控制火势发展的有效方法。

图 7-8 矿井火灾扑救

（3）综合灭火。综合灭火法是指在现场灭火过程中，直接灭火无效时采用隔绝灭火，但隔绝封闭火区，达不到及时灭火的目的，进而采取的直接灭火法与隔绝灭火法综合运用的方法。综合灭火法包括注浆灭火、注惰性气体灭火、均压灭火（图 7-8）。

（二）矿井火灾事故自救互救

矿井火灾都有一个从小到大的发展过程，多数火灾在初期时灾害程度、波及范围及危害作用较小，比较易于接近。这正是进行自救、互救的最合理最有利的时机。因此，在井下无论任何人发现烟气和明火等火灾灾情，应立即向现场领导汇报，并迅速通知附近人员和矿井调度室，尽最大可能判断事故性质、地点、范围、灾害程度、事故区域的巷道情况、通风系统、风流及火灾烟气蔓延的速度、方向，以及与自己所处巷道位置之间的关系，在保证安全的前提下，立即组织人员疏散撤出。

①疏散撤退时，不要惊慌，不能狂奔乱跑，应在现场负责人及有经验的老工人带领下有组织地撤退。

②位于火源进风侧的人员，应迎着新鲜风流撤退。

③位于火势回风侧的人员，应立即佩戴好自救器，尽快通过捷径绕到新鲜风流中去。或在烟气未到达之前撤到安全地点；如果距火源较近而且穿过火源没有危险时，也可迅速穿过火区撤到火源的进风侧。

④撤退行动既要迅速果断，又要快而不乱。撤退中靠巷道有联通出口的一侧进行，同时还要随时观察巷道和风流的变化情况，谨防火风压可能造成的风流逆转。

⑤如果无论是顺风或逆风撤退都无法躲避着火巷道或火灾烟气可能造成的危害，则应迅速进入避难硐室；没有避难硐室时，应选择合适的地点，就地利用现场的条件快速构建临时避难硐室。

⑥撤退途中，如果有平行并列的巷道或交叉巷道时，应靠右平行并列巷道和交叉口的一侧撤退，并随时注意这些出口的位置；在烟雾大，视线不清的情况下，摸着巷道壁前进，以免错过联通出口。

⑦当烟雾在巷道里流动时，一般巷道空间的上部烟雾浓度大，温度高，能见度低，对人的危害也严重，而靠近巷道底板情况要好一些。因此，在有烟雾的巷道内撤退时，应尽量躬身弯腰，贴近巷道底板前进。

⑧在高温浓烟的巷道撤退时，还应注意利用巷道内的水，采用浸湿毛巾、衣物或向身上淋水等办法进行降温，或是利用随时物件等遮挡头面部。

第四节 矿山水灾事故

我国煤矿床水文地质条件复杂，造成矿井水害的水源有大气降水、地表水和地下水。目前，我国约有18%待开采的煤矿储量受到严重的水害威胁。煤矿水害已成为影响矿业安全的重大关键问题之一，对其进行防治工作研究具有十分重要的现实意义和长远战略意义。

一、典型案例

2003年9月10日8时30分左右，三名工人在“冷风洞井”采煤时将老窖一废井挖穿，老窖内积水涌至井内，淹死井下18名工人，造成直接经济损失85.6万元。

2005年8月7日13时13分，广东省梅州市大兴煤矿发生特大水灾事故，造成121人死亡，直接经济损失4 391.02万元。

2006年5月18日19时36分，山西省大同市左云县张家场乡新井煤矿发生一起特别重大透水责任事故，造成56人死亡，直接经济损失5 312万元。

2009年7月23日凌晨1时40分，黑龙江省鸡西市恒山区鑫永丰煤矿由于强降雨，引起井下水灾事故。事故发生时共有24名矿工在井下作业，其中1人成功升井，其余23人被困井下。

2011年4月1日21时，河北唐山市开平区洼里煤矿发生透水事故，当班8人下井，其中1人升井，7人遇难。

二、事故原因及危害

（一）矿区水灾事故原因

矿区内大气降水、地表水、地下水通过各种通道涌入井下，成为矿井涌水，当矿井涌水量超过矿井正常排水能力时就会发生水患，称为矿井水灾。造成矿井水灾的原因主要有以下几种。

（1）安全意识薄弱，技术素质不高。有的矿井在突水事故前已有明显预兆，但决策者为了早出煤、多挣钱仍不采取措施，甚至强令工人继续掘进。

（2）水文地质情况不清。有些煤矿对井田范围内水文地质情况不清、资料不全，对地下水、老采空区积水心中无数就盲目开井或采掘。

（3）没有坚持“有疑必探，先探后掘”的原则。作业人员思想麻痹、存有侥幸心理，图省事、怕麻烦，井巷已接近老空区、充水断层、陷落柱、强含水断层，仍不探水放水，结果造成突水事故。

（4）防排水工程质量低劣。

（5）矿井井巷塌落、冒顶、跑砂从而导致漏水，或工程钻孔在固井止水前误穿巷道，导致顶板强含水层透水。

（6）排水设施平时维护不当，如水仓不按时清挖，突水时煤、岩块堵塞小井，致使排水设备失效而淹井。

（二）矿井水灾事故危害

造成矿井水害的水源有大气降水、地表水、地下水和老窑水。地下水按储水空隙特征又分为孔隙水、裂隙水和岩溶水等。现按水源特征，可把我国矿井水害分为若干类型。因为多数矿井水害往往是由 2 ～ 3 种水源造成的，单一充水水源的矿井水害很少，故矿井水害类型是按某一种水源或以某一种水源为主命名的，一般分为地表水、老窑水、孔隙水、裂隙水和岩溶水五大类水害。其中岩溶水害又按含水层的厚度细分为薄层灰岩水害和厚层灰岩水害两类。

（1）地表水水害。水源是大气降水、地表水体（江河、湖泊、水库、坑塘、泥石流）。水源通过井口、采后冒裂带、岩溶塌陷坑、断层带及封闭不良、钻孔充水或导水进入矿井。

（2）老窑水水害。水源是老窑、小窑、废巷及采空区积水。当巷道接近或遇到老窑积水区时，往往在短时间内涌出大量老窑水，来势凶猛，具有很大的破坏性，常造成恶性事故。

（3）孔隙水水害。水源是第三纪、第四纪松散层中的孔隙水。当煤层被第

四纪松散含水的流沙层、沙层、沙砾层、卵石层、黏土砂层所覆盖，在开采第一水平时，煤岩柱留得不够，往往是冒落带直接进入松散层，或是松散层底部存在富水含水层，开采前水文地质情况不清，没有按含水层下回采条件留设煤柱，回采后水、沙或泥溃入井下。

（4）裂隙水水害。水源为砂岩、砾岩等裂隙含水层的水。这种水害发生在开采北方二叠纪山西组煤层和侏罗纪煤层以及开采南方侏罗纪的煤层中。

（5）岩溶水水害。这种水灾以河南、河北、山东居多，这些地区太原群每层的顶底板均有薄层灰岩含水层存在，在开采中必然要揭露这些含水层并予以疏干。

三、预防措施

矿井水灾已成为影响矿山安全生产的重大关键问题之一，对其进行防治具有重要的现实意义和长远的战略意义。矿井水灾防治技术主要有以下方法。

（1）采用地面防治和井下监控的综合方法开展防治水工作。在做好地面雨季工作的同时，对大气降水的流径和去向做全面跟踪，最大限度地控制井下各煤层采空区积水范围。

（2）根据预先测定的各采掘工作面上覆煤层采空区积水情况及水温地质情况说明书，结合各采煤工作面导水情况，确定是否受水害影响。

（3）健全矿井排水管路系统。煤矿防治水的设备设施，如水泵、水管、水仓、防水煤柱、防水闸门等应定期检查，发现问题要及时报告或采取相应措施。

四、救助对策

矿工在采掘工作面或其他地点发现有突水或其他水灾事故预兆时，必须发出警报，撤出所有处于受水害威胁地点的人员。

（1）最先发现透水的矿工要一方面报告矿井调度室，另一方面迅速组织抢救，防止事故继续扩大。

（2）水势较猛来不及进行加固时，现场工作人员应遵照“水往低处流，人往高处走”的原则，在班长或有经验的人员带领下，按煤矿制定的水灾“避灾路线”快速、有序地撤离至安全地点，直至地面。

（3）行进中，应靠近巷道一侧，抓牢管路或固定物体，尽量避开压力水头和泄水流，并注意防止被水中流动的矸石和木料撞伤。

（4）如水害破坏了井道中的照明和避灾路线上的指示牌，人员一旦迷失方向，必须朝着有风流通过而又能通达地面的巷道方向撤退。

（5）在撤退沿途和所经过的巷道交叉口，应留设指示行进方向的明显标志，以提示救护人员的注意。

（6）如果有矿工被围困暂时不能撤出时，需在班组长及有经验的老工人带领下退到空间较大、地势较高、风流畅通的巷道内，临时构筑避难硐室，根据现场条件不断向外界发出信号，节省体力，节约矿灯用电，等待救援。如系老窖透水，则必须在避难硐室处建临时挡墙或吊挂风帘，防止被涌出的有毒有害气体伤害。

（7）在避难期间，遇难矿工要有良好的心理状态，情绪安定、自信乐观、意志坚强，要做好长时间避难的准备，除轮流担任岗哨观察水情的人员外，其余人员均应静卧，以减少体力和空气消耗。

（8）被困期间断绝食物后，即使在饥饿难忍的情况下，也要努力克制自己，绝不嚼食杂物充饥。需要饮用井下水时，应选择适宜的水源，并用纱布或衣服过滤。

（9）长时间被困在井下，发觉救护人员到来营救时，避灾人员不可过度兴奋和慌乱，以防止发生意外。

第五节　矿山粉尘灾害事故

矿尘，一般是指矿物开采或加工过程中产生的微细固体集合体。矿尘是煤矿生产的五大自然灾害之一。它不仅影响矿工的身体健康，而且绝大部分矿区的煤尘还具有爆炸性，严重威胁着煤矿的安全生产。所以，了解矿尘的特性及其防治技术，有效地控制矿尘的产生及其传播，对改善劳动条件、提高生产效率及保证矿井的安全生产具有重要的意义。

一、典型案例

1962 年，山西大同老白硐煤矿在高产日发生了电火花引燃局部瓦斯导致煤尘爆炸，死亡 629 人。

2003 年 10 月 21 日，乌海市海勃湾区骆驼山煤矿发生一起煤尘爆炸事故。该矿在维护竖井井底车场内溜煤眼放煤口附近的支护过程中，在未采取任何安全措施的情况下，违章放明炮（间断放了 3 炮），因该处煤尘较大，放炮前未进行洒水灭尘，放炮造成煤尘飞扬，明炮火焰导致煤尘爆炸。造成 6 人死亡，1 人重伤，直接经济损失 80 万元。

图 7-9 东风煤矿煤尘爆炸场景

2005 年 11 月 27 日 21 时 22 分，黑龙江省龙煤矿业集团有限责任公司七台河分公司东风煤矿发生一起特别重大煤尘爆炸事故，死亡 171 人，伤 48 人，直接经济损失 4 293.1 万元（图 7-9）。

2006 年 2 月 23 日 18 时 50 分，山东枣庄矿业集团联创公司（原陶庄煤矿）-525 水平 16 108 回采面发生煤尘爆炸事故，当班井下 65 人，造成 15 人死亡，12 人受伤。

二、事故原因及危害

（一）矿山煤尘事故原因

1．煤尘的爆炸主要原因

（1）煤尘本身具有爆炸性。

（2）煤尘管理松弛，各项防止煤尘飞扬的措施如煤层注水、喷雾洒水、隔爆防爆等措施都不落实。

（3）矿井生产过程中，煤尘产生量大，工作面的巷道中煤尘飞扬，大量积聚，煤尘没有及时清除。

2．容易引起煤尘爆炸的因素

（1）放炮引起煤尘爆炸。

（2）由于电气事故引起煤尘爆炸。一般都是先引起瓦斯爆炸，再引起煤尘爆炸。

（3）明火引起煤尘爆炸。

（4）斜巷跑车无防止跑车的装置扬起煤尘，撞击产生火花，引起煤尘爆炸。

（5）瓦斯爆炸引起煤尘爆炸。瓦斯爆炸的冲击波将巷道内沉积的煤尘吹扬成为浮尘，达到煤尘爆炸下限浓度以上，又遇瓦斯爆炸产生的火焰，发生煤尘爆炸。

（6）当矿井发生火灾时，如处理不当会引起煤尘爆炸。

（二）矿山煤尘危害

煤尘的危害主要表现为粉尘进入人体对矿工的身体危害和煤粉的燃烧爆炸危害。

（1）煤粉是采煤生产中主要的有害物质，在开采、爆破、掘进、运输以及回采等生产过程中，均有可能产生大量的煤粉。导致采煤工患煤肺病的比例较高，比较多的发病工龄在 14 年左右。

（2）煤在加工过程中产生的煤尘弥漫在空气中，当煤尘浓度达到一定值时，遇火花等明火会发生爆炸。煤尘爆炸同瓦斯爆炸一样都属于矿井中的重大灾害事故。我国历史上最严重的一次煤尘爆炸发生在 1942 年日本侵略者统治下的本溪煤矿，事故发生前，巷道内沉积了大量煤尘，由于电火花点燃局部聚积的瓦斯而引起了重大煤尘爆炸事故。

三、预防措施

（一）采煤生产中防尘降尘技术

为确保矿业生产环境良好，长期以来，我国工程技术人员研究和探索出了多种防尘技术，积累了丰富的经验，这些防尘技术主要包括通风防尘、抽尘净化、高压风屏蔽等。

（1）通风防尘。通风防尘的方法，是在保证安全生产的前提下，有足够的风量使采取其他降尘措施后剩余的粉尘释放和排除，同时又不至于因风速过大而使落尘转化为浮尘，使粉尘浓度再次增加。

（2）抽尘净化。抽尘净化是利用除尘器运行中产生的负压，通过吸尘风筒与靠近尘缘的吸尘罩，在尘源处造成一个负压区，使含尘空气由吸尘罩经吸尘风筒进入除尘器中进行净化处理（图 7-10）。

图 7-10 通风抽尘器

（3）高压风屏蔽。高压风屏蔽是将一个开窄缝的金属筒（长约 3 米）横置于掘进机驾驶员前 2 米处，内有高压风由窄缝喷出，向上形成一道风墙，阻止粉尘的扩散，使空气保持清新，防尘效果好（图 7-11）。

图 7-11 屏蔽吹振式扁带除尘器

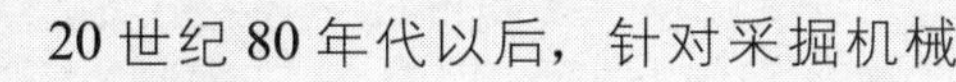

20 世纪 80 年代以后，针对采掘机械化程度不断提高、开采强度加大、产尘强度也随之增大的特点，以降低呼吸性粉尘为中心开展了一系列降尘技术的研究工作，取得了一批技术含量高、降尘效果显著的技术和装备，尤其是物理化学降尘技术得到了迅猛发展。我国煤矿生产降尘技术主要有以下方式。

1）隔尘风帘降尘。这是根据气幕洁净棚隔尘的原理，在采煤工作面产尘源与作业人员之间安设空气幕，阻止呼吸性粉尘向采煤驾驶员等作业人员所在位置扩散的防尘方法。

2）粘尘帘降尘。粘尘帘降尘方法是指在井下尘源附近，张挂由多面空心球组成的、球上粘有粘尘剂的帘状隔尘装置，粘结风流中粉尘的方法。

3）化学降尘剂降尘。水力除尘方法是迄今为止最为简便、有效的除尘方法之一，但水的表面张力较高，微细粉尘不易被迅速地湿润，致使降尘效果不佳，化学降尘剂降尘是在水中添加降尘剂，在水力除尘的基础上发展起来的一种降尘技术。

4）泡沫降尘。泡沫降尘就是由水和发泡剂按一定比例混合，通过泡沫发生器产生大量泡沫，喷洒到尘源上或含尘空气中，当泡沫喷洒到产尘点（煤岩或料堆）上时，就会使无空气的泡沫体覆盖和遮断尘源，使粉尘得以湿润和抑制。

5）磁化水降尘。改善喷雾降尘法来降低呼吸性粉尘的另一条技术途径是用物理方法改变水的性质使水磁化，在磁化水中添加湿润剂，提高降尘率。

6）其他物理化学降尘。为更好地降低粉尘浓度，世界各国科学家探索出了一系列有效的防降尘技术。近年来，随着科技的发展，超声波除尘、微生物法除尘等新兴除尘方式取得了较大进展，为高效除尘开创了新途径。

（二）矿井粉尘爆炸事故的预防措施

煤矿生产中浮尘和落尘的浓度达到一定范围，遇点火源就可能引发粉尘爆炸，煤尘爆炸往往引发瓦斯爆炸，为预防煤尘爆炸，应做好以下预防工作。

（1）控制开采中浮尘和落尘的浓度。控制煤尘浓度是预防煤尘爆炸的关键。

（2）防止点火源。预防煤尘爆炸必须防止点火源的出现，严禁出现一切非生产性火源。

（3）开展煤尘爆炸指数测定。煤矿要对每一个开采煤层进行煤尘爆炸指数测定，制定有针对性的措施。

（4）抓好日常管理工作，严格按规定执行检测、检查、治理等工作。

四、救助对策

（一）如发现有粉尘爆炸的前兆时，矿工的自救互救逃生措施

（1）有可能的话要立即避开爆炸的正面巷道，进入旁侧巷道。

（2）如果情况紧急，应迅速背向爆源，靠巷道的一般就地顺着巷道爬卧，面部向下紧贴底板，双臂护住头面部。

（3）如果巷道内有水坑或水沟，则应顺势爬入水中。爆炸发生的瞬间，尽力屏住呼吸或将头进入到水中，同时，以最快的速度带好自救器。

（4）爆炸过后，稍事观察。待没有异常变化迹象后，辨明情况和防线，沿着避火路线转移到有新鲜风流的安全地带。

（二）煤尘如发生小型爆炸后，矿工的自救互救逃生措施主要有：

（1）如掘进巷道和支护基本未遭破坏，遇险矿工未受直接伤害或受伤不重时，应立即打开随身携带的自救器，佩戴好并迅速撤出受灾巷道进入新鲜的风流中。

（2）如爆炸附近有伤员，要协助其佩戴好自救器，帮助其撤出危险区。

（3）对于不能行走的伤员，在靠近新鲜风流 30 ～ 50 米范围内，要设法抬运到新鲜风流中，如距离远，则只能为其佩戴自救器，不可抬运，撤出灾区后，要立即向矿领导或调度室报告。

（三）煤尘如发生大型爆炸后，矿工的自救互救逃生措施

（1）掘进巷道遭到破坏，退路被阻，但遇险矿工受伤不重时，应佩戴好自救器，千方百计疏通巷道，尽快撤到新鲜风流中。

（2）如巷道难以疏通，应坐在支护良好的地点，或利用一切可能的条件建立临时的避难硐室，相互安慰，稳定情绪，等待救助，并有规律的发出呼救信号。

（3）对于受伤严重的矿工，也要为其佩戴好自救器，使其静卧等待。

第八章　踩踏事故

世界各个国家均发生过严重的踩踏事故。踩踏事故最早被研究并载入史册的是 1896 年 5 月 18 日，在一次由莫斯科官方举办的活动中，沙皇心血来潮，异想天开地向其臣民散发金币，结果在疯狂地挤压践踏中大约有 2 000 人丧生。1938 年 10 月，美国某著名电台主持人开玩笑称“火星人要入侵地球了”，结果使得 100 万名纽约人步行或骑车拼命逃跑而造成伤亡，损失惨重。1990 年的麦加，1 426 名朝觐者被踩死或窒息而死。据不完全统计，20 世纪至今共发生死亡人数超过 100 人的拥挤踩踏事故 21 起，共造成 8 700 多人死亡。其中死亡 500 人以上的有 6 起，多集中在宗教场所、娱乐场所、体育场馆等，主要是由突发事件、出口拥挤、紧急疏散等因素引起。

第一节　踩踏事故常识

踩踏事故，是指在聚众集会中，特别是在整个队伍产生拥挤移动时，有人意外跌倒后，后面不明真相的人群依然在前行、对跌倒的人产生踩踏，从而产生惊慌、加剧拥挤和新的跌倒人数，并恶性循环的群体伤害的意外事件。易发生踩踏的场所主要是空间有限而人群又相对集中的场所，例如学校、球场、商场、狭窄的街道、室内通道或楼梯、影院、酒吧、夜总会、彩票销售点、超载的车辆、航行的船舱等都隐藏着危险，同时还有大型活动和集会的场所。人群的情绪如果因为某种原因而变得过于激动，置身其中的人就可能受到伤害。

一、典型案例

2010 年 7 月 24 日，德国西部鲁尔区杜伊斯堡市举行“爱的大游行”电子音乐狂欢节时发生踩踏事件（图 8-1）。踩踏事件造成 21 人死亡，342 人受伤。事故发生在通向音乐节活动现场的一个地下通道里。当地时间 17 时左右，在活动接近尾声时，大量观众匆匆赶往活动现场，而另一批观众则折返回家，人群在地下通道里发生拥堵，造成恐慌性踩踏事件。

图 8-1　德国音乐节踩踏事件场景

柬埔寨首都金边钻石岛，2010 年 11 月 22 日夜发生严重踩踏事件，造成至少 456 人死亡，700 多人受伤（图 8-2）。2010 年 11 月 22 日是柬埔寨一年一度传统“送水节”的最后一天。在为期 3 天的时间中，柬埔寨全国各地约有 300 万人涌向金边，参加庆祝活动。由于往来游客太多，金边市区连接钻石岛的一座窄桥发生晃动，引起桥上人群的恐慌，互相推挤踩踏引发惨剧。不少人情急之下跳进河中才得以生还。经历这次踩踏事故的岩桑称，金边市区连接钻石岛的一座窄桥在当地时间 22 日晚 21 时多就被人群堵住了，23 时发生了踩踏事件。他说：“人们都挤在桥上不能动弹，有人被推到水中。出现踩踏后，还有一些人为了逃生跳到水里。”他本人直到凌晨 1 时才通过，腿部也受了伤。而据一位踩踏事件发生后到达现场的目击者称，“人们的尸体都摞了起来”。

图 8-2　柬埔寨踩踏事件场景

图 8-3　印度宗教圣地赫里德瓦尔踩踏事故场景

印度是踩踏事故多发的国家，印度历史上发生的伤亡最惨重的踩踏事件是 1954 年在印度北部城市安拉阿巴德举行的印度教宗教集会上，约 800 人在混乱和踩踏中丧生。2010 年 1 月 14 日，印度东部西孟加拉邦发生一起因参加宗教活动人员拥挤登船而引起的踩踏事件，造成至少 7 人死亡、17 人受伤；3 月 4 日，印度北部北方邦一寺庙发生严重踩踏事件，造成 60 多人死亡、上百人受伤；4 月 30 日，大约 10 万人在印度西北部哈里亚纳邦进行宗教活动时突发踩踏事件，造成至少 5 名妇女死亡、数人受伤。2011 年 1 月 14 日，印度南部喀拉拉邦发生严重踩踏事件，造成至少 104 人死亡，另有 50 人受伤；11 月 8 日，印度北部北阿肯德邦的宗教圣地赫里德瓦尔在举行宗教活动时发生踩踏事件，造成至少 16 人死亡，另有 20 多人受伤（图 8-3）。

2005 年 8 月 31 日，近 100 万名伊拉克什叶派民众前往首都巴格达北部阿扎米亚区一座宗教场所参加宗教仪式。行进途中，人群在一座桥上出现恐慌，继而发生踩踏，841 人死亡，另有 300 多人受伤（图 8-4）。

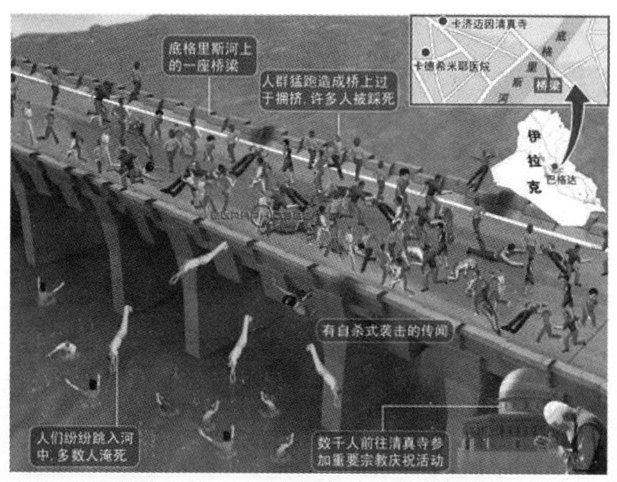

图 8-4　巴格达踩踏事故示意图

2014 年 1 月 5 日 13 时左右，宁夏固原市西吉县北大寺发生踩踏事故，造成 14 人死亡， 10 人受伤。5 日上午，部分群众到西吉县北大寺参加纪念活动，13 时左右，在为信教群众散发油香（油饼）过程中，由于群众相互拥挤，发生意外踩踏事故。

图 8-5　同济大学踩踏事故场景

2013 年 6 月 20 日，中超联赛形象大使贝克汉姆亮相上海同济大学引发混乱。现场数千名观众、球迷一度冲开操场大门造成踩踏事件。造成 5 人受伤，其中一名男性安保人员被推倒后磕掉门牙，脸上有血迹。贝克汉姆 2013 年 6 月 20 日 14 时来到同济大学，随后前往操场，准备与同济大学校队和申鑫青年队互动。此时，数千名球迷已经将操场围得水泄不通。而能够进入操场的，只有一扇铁门。在小贝艰难挤进铁门之后，安保人员试图关门，将球迷拦在外边。但人群一拥而上，通过了铁门。由于通过铁门后有个斜坡，加之后边人群不断向前冲，安保人员在试图阻拦时几个人被推倒，发生踩踏事件（图 8-5）。

二、易发生踩踏事故的场所

易发生踩踏事故的场所主要有以下几种：

（一）宗教场所

从以往案例来看，宗教仪式、节日大量人群聚集突发事件引起的宗教场所踩踏事故伤亡最为惨重，如印度的宗教聚会事故、麦加朝觐期间的踩踏事故。

（二）公共娱乐场所

舞厅、夜总会、剧场、体育场所以及各种娱乐场所等，普遍存在出口数量有限，通道不畅通、光线不足的情况，这些均是事故发生和扩大的重要因素。

（三）体育场馆

体育场馆内人群负荷大，易引发踩踏事故，另外观众的过激行为也是诱发踩踏事故的重要原因。如加纳阿克拉球迷闹事事故、同济大学踩踏事故。

（四）节日庆典场所

如北京密云的灯展事件。

（五）学校

学校人员集中，而在学校踩踏事故中楼梯或楼梯口是事故多发部位，主要原因是学生在集中放学或参加活动，在快速行进过程中发生推搡、跌倒等（表8-1）。

（六）其他场所

多由火灾引起。

表8-1　我国近年来校园踩踏事故

时　间	地　点	伤　亡	原　因
2009年12月7日	湖南省湘乡市私立育才中学	8人死亡，26人受伤	晚自习结束后，52个班的学生涌入楼梯，人流挤到二楼至一楼的楼梯间时，突然有学生摔倒引发踩踏
2009年11月25日	重庆市彭水县桑柘镇中心校	5名学生严重受伤，数十人轻伤	下午放学时，学生流在一楼、二楼楼梯口发生拥堵、踩踏

时　间	地　点	伤　亡	原　因
2009年11月3日	湖南省常宁市西江小学	6人受伤	在准备做课间操时，由于人多拥挤，学生下楼时发生踩踏
2007年8月28日	云南省曲靖市马龙县一所小学	17名学生不同程度受伤	上午课间休息，一些男生到二楼上厕所，由于一名学生大叫“我的鞋子掉到厕所了”，导致在场的学生惊慌失措往外跑，一些学生被挤倒在地发生踩踏
2006年12月22日	河北省永年县第一实验学校	1人死亡，2人受伤	中午放学时，位于三楼的小学三年级学生蜂拥而出，拥向楼梯口发生踩踏
2006年11月18日	江西省都昌县土塘中学	6人死亡，39名学生受伤	因学生系鞋带，引发学生拥挤踩踏
2005年10月25日	四川省巴中市通江县广纳镇小学	8人死亡，27名学生受伤	晚自习结束后，学生在下楼梯时发生拥挤踩踏
2005年10月16日	新疆生产建设兵团农一师第二中学	1人死亡，12名学生受伤	学生在下楼参加升国旗仪式时，发生拥挤踩踏
2003年1月5日	陕西省宝鸡市陈仓区初级中学	3名人死亡，6名学生重伤，13名学生轻伤	学生在放学下楼时，一名学生不慎踩空，撞倒前面同学，后继学生发生拥挤踩踏

三、踩踏事故的特点

（1）发生时空不定。即人群拥挤事故在各种公共场所，各个时段都有可能发生，如建筑物的出入口、走廊、楼梯或广场等。聚集人群的密度越大，此类事故发生的可能性就越大。

（2）诱发原因众多。由紧急事件引发的疏散过程中发生此类事故，或大量的人员拥挤在出入口处产生事故，或突然人群骚动等，甚至没有明显的原因就产生了严重的拥挤事故。

（3）发生突然，难以控制。一旦发生事故在极短的时间内（几秒钟至数分钟）就会波及大量的人员，造成伤亡，且场面难以控制。

（4）群死群伤，社会危害和影响大。

第二节 踩踏事故原因

踩踏事故都是在毫无征兆下发生，因此有必要了解踩踏事故发生的一般原因，避免发生严重后果。

一、大型集会等场所引发踩踏事故的原因

（1）人员较为集中时，前面有人摔倒，后面人未留意，没有止步。

（2）受到惊吓，产生恐慌，如听到爆炸声、枪声，出现惊慌失措的失控局面，在无组织无目的的逃生中，相互拥挤踩踏。

（3）因过于激动（兴奋、愤怒等）而出现骚乱，易发生踩踏。

（4）好奇心驱使，专门找人多拥挤处去探索究竟，造成不必要的人员集中而踩踏。

二、校园引发踩踏事故的原因

（1）多在放学或集会、就餐、放学之时，学生相对集中，且心情急迫。

（2）发生地点多在教学楼一、二层之间的楼梯拐弯处。上面几层的学生下到此处相对集中，形成拥挤（图 8-6）。

（3）校园事故发生主要集中在小学生和初中生。他们年龄较小，自我控制和自我保护能力较差，遇事容易慌乱，使场面失控，造成伤亡。

（4）不善于自我保护，在拥挤时或弯腰拾物被挤倒，或被滑倒、绊倒，造成挤压事故。

（5）个别学生搞恶作剧，遇有混乱情况时趁势狂呼乱叫，推搡拥挤，以此发泄情绪或恶意取乐，致使惨剧发生。

图 8-6 楼梯拐弯易发生踩踏

（6）突然停电或楼道灯光昏暗，造成拥挤事故。

（7）疏散楼梯较窄，不能满足人员集中疏散需要。

（8）导致学校踩踏事故发生的管理原因：一是学生在集中上下楼梯时，没有老师组织和维持秩序；二是学生上晚自习时没有老师值班，下课时无人疏导；三是没有对学生和教师进行事故防范教育和训练，无应急措施。

三、踩踏事故的致灾因素分析

（一）恐慌心理

恐慌心理的出现和扩散是造成大量伤亡的心理方面的原因。当公众聚集场所秩序失控时，由于对周围的环境情况缺乏全面了解，人们只能自行进行评估、判断和决策。面对可能或确实存在的危险，人会感到不安，甚至绝望，本能的求生欲望驱使其采取措施迅速离开危险场所，导致拥挤情况的加剧。

（二）设施不完善

公共场所的硬件设施设计不合理是造成踩踏事件的客观原因。2004 年北京密云挤踏事故的发生地——彩虹桥的宽度不足 4 米，这座按照旅游观光标准设计的桥，在事故发生当晚成为上万人往来两岸的必经之路，最终导致惨剧的发生。

（三）应急准备不足

公共活动应急准备不足是造成踩踏事件的管理方面的原因。但是在已有的惨痛事件中，由于应急准备的不足，组织管理者对现场情况缺乏必要的了解，对现场指挥疏导根本未做安排；一些熟悉现场情况，本应肩负起指挥疏导责任的工作人员大都自行逃命，有的甚至为了减少影响、避免经济损失而阻碍人群逃生。

（四）公众安全素质低

公众安全素质低是踩踏事件发生的根本原因。踩踏事故无论在世界还是在我国都并非罕事，但这些惨剧似乎都未能唤醒公众对参加大型集会活动的自我保护意识，这在某种程度上反映了公众安全素质的现状。目前，公众的安全素质低不仅是引发事故的重要原因，也是导致损失扩大的主要影响因素。

第三节 踩踏事故的预防

踩踏拥挤是突发事件，人们难免会遇到，当我们遇到拥挤情形时应该保持冷静，沉着应对，谨防因为突发的拥挤致使人身伤害发生。在行进的人群中，如果前面有人摔倒，而后面不知情的人若继续向前先进的话，那么人群中极易出现像“多米诺骨牌”一样连锁倒地的拥挤踩踏现象。为此，专家分析认为，在人多拥挤的地方发生踩踏事故的原因有多种，一般来讲，当人群因恐慌、愤怒、兴奋而情绪激动失去理智时，危险往往容易产生。此时，如果你正好置身在这样的环境中，就非常有可能受到伤害。在一些现实的案例中，许多伤亡者都是在刚刚意识到危险时就被拥挤的人群踩在脚下，因此如何判别危险，怎样离开危险境地，如何在险境中进行自我保护，就显得非常重要。

一、科学规范硬件设计

改进场所硬件设计，避免群集现象出现。群集现象是造成踩踏事件的直接原因，可以针对各种群集现象出现的条件采取措施予以避免，达到预防事故的目的。

（一）增加安全出口数量

通过增加出口的数量可以达到分流人群的目的，避免在出口处形成群集现象。安全出口的数量应根据场所的最大容纳人数确定。

（二）保证安全出口畅通

在大多数案例中，安全出口处存在的最大问题是安全出口被堵。一些公共建筑物都不同程度地存在安全出口被上锁、遮挡、封闭和占用的现象。由此酿成的悲剧也在一次次重复上演。

（三）利用栅栏、路障等固定物对大面积的开阔地进行分割

利用各种可能的手段将拥挤的人群进行分区是减少挤踏事件发生的有效手

段之一。分区后应对每个区域的人群数量有严格的控制，并保证各区有相对独立的行进路线，避免路线的交叉。

（四）尽量保证单向行进

单向行进不仅可以保证人群的行进速度不受其他方向人群的影响，避免异向群集，而且在发生紧急情况时更容易进行有效的疏导控制。

（五）增设紧急照明设备，保证场所的亮度

照明不足不仅影响人群的疏散逃生速度，而且会造成人群的恐慌心理。踩踏事故的受害者大多是由于某种特定的原因临时聚集在事发地点，对环境的熟悉程度极低，紧急情况下可能会慌不择路。

（六）建立现场信息传播系统

信息传播不畅通是所有危机事件的共同特征。如果能在出现意外情况时通过适当的途径及时告知相应范围的人，就可以大大减少人群的盲目行动。因此，建立现场的信息传播系统可以有效地防止危害后果的蔓延扩大。信息传播可以利用已有的广播系统、扩音设备、对讲系统等。

二、强化秩序意识

绝大多数的踩踏惨剧，都源于秩序意识的缺失。在我国，从车站、码头到学校、商场，一切有人的地方，都可以成为拥挤的场所。不少成年人在日常生活中给孩子树立了负面形象，带着孩子抢座位、违章抢道、不讲公共道德等，这些处处“争抢”、“抢先”习惯，或许正是踩踏事故发生的心理基础。我们每个人都要讲究公共道德、遵守公共秩序，因为良好的秩序是安全的前提和保障。

（1）在拥挤的人群中，一定要时时保持警惕，不要总是被好奇心理所驱使。当发现有人情绪不对，或人群开始骚动时，就要做好准备，保护自己和他人。当面对惊慌失措的人群时，要保持自己情绪稳定，不要被别人感染，惊慌只会使情况更糟。

（2）举止文明，人多的时候不拥挤、不起哄、不制造紧张或恐慌气氛。

（3）发现不文明的行为要敢于劝阻和制止。

（4）尽量避免到拥挤的人群中，不得已时，尽量走在人流的边缘。

（5）应顺着人流走，切不可逆着人流前进，否则，很容易被人流推倒。

（6）发觉拥挤的人群向自己行走的方向来时，应立即避到一旁，不要慌乱，不要奔跑，避免摔倒。

三、加强学校内部安全管理

学校应建立教师在课间学生集中上下楼梯时的值班制度。上学、放学和课间有值班老师组织疏导。放学时错开时间，分年级、分班级逐次下楼。

第四节　踩踏事故救助

拥挤踩踏事故发生后，一方面赶快报警，等待救援，另一方面，在医务人员到达现场前，要抓紧时间用科学的方法开展自救和互救。

一、踩踏事故时的救助

（1）校园里不论是听到上（下）课铃声，还是发生任何意外，都要冷静处之，有秩序地进出教室，不要相互推搡和拥挤，不起哄、不制造紧张或恐慌气氛。特别是要始终坚持右边行走的良好习惯。如果到达楼层时有可以暂时躲避的宿舍、水房等空间，可以暂避一时。

（2）在拥挤的人群中，左手握拳，右手握住左手手腕，双肘撑开平放胸前，以形成一定空间保证呼吸（图8-7）。人群较拥挤时还可以采取两手十指交叉相扣、护住后脑和颈部；两肘向前，护住双侧太阳穴（图8-8）。

图 8-7　拥挤人群中的自我保护动作

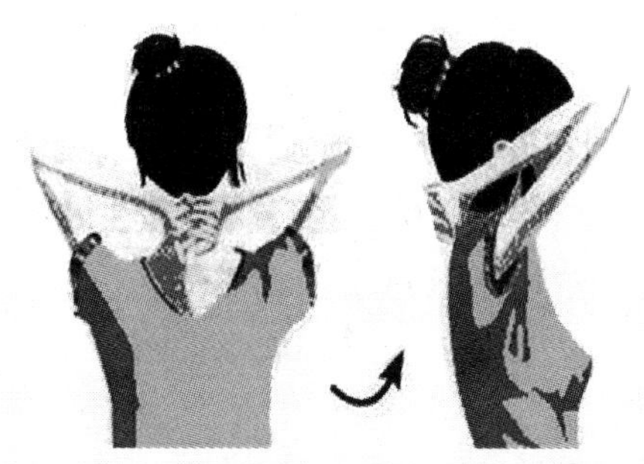

图 8-8　拥挤人群中的保护身体重要部位

（3）陷入拥挤的人流时，一定要先站稳，身体不要倾斜失去重心，即使鞋子被踩掉、携带的物品被挤掉，也不要贸然弯腰提鞋、系鞋带或者俯身捡拾东西。弯腰时身体最易失去平衡，摔倒在地。

（4）发觉拥挤的人群向着自己行走的方向拥来时，应该迅速躲避到旁边，千万不要加入和尾随。如果自己被推倒，要设法靠近墙壁。面向墙壁，身体蜷成球状，双手紧扣在脖子后面，以保护身体最脆弱的部位。拥挤中，如果有可能，尽力抓住一样坚固牢靠的东西，例如楼梯护栏、扶手，以等待时机脱险，不要奔跑，以免摔倒。如果旁边有可以躲避的地方，要暂避一时，等到人群过去后，迅速而镇静地离开现场。切记不要逆着人流前进，那样非常容易被推倒在地。

（5）在人群骚动时，脚下要注意些，千万不能被绊倒，避免自己成为拥挤踩踏事故的诱发因素。如不慎倒地时，立即将身体蜷成球状，蜷缩护颈，护住胸腔和腹腔的重要脏器，侧躺在地，同时，双手在颈后紧扣，以保护头颈部。自己被挤倒后，除了保护好身体外，还要大声呼救，告知后面的人不要向前靠近（图 8-9）。

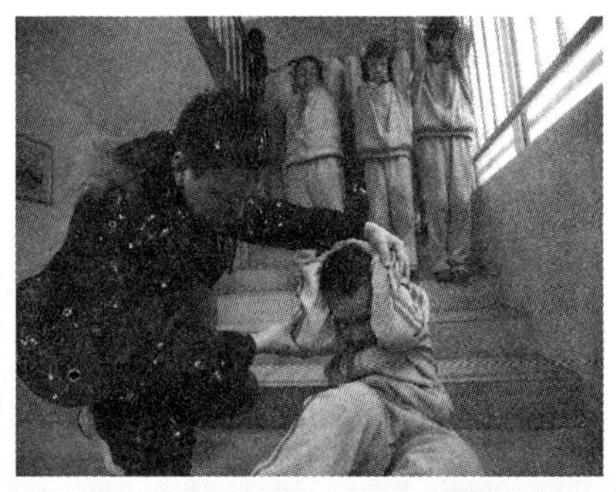

图 8-9　不慎倒地时的自我保护动作

（6）当发现前面有人突然摔倒了，马上要停下脚步，同时大声呼救，告知后面的人不要向前靠近。

（7）已被裹挟至人群中时，要切记和大多数人的前进方向保持一致，不要试图超过别人，更不能逆行，要听从指挥人员口令。同时发扬团队精神，因为组织纪律性在灾难面前非常重要，专家指出，心理镇静是个人逃生的前提，服从大局是集体逃生的关键。

二、开车时遇到拥挤人群的救助

（1）切忌驾车穿越人群，尤其是群众情绪愤怒、激动或满怀敌意时。因为如果人群发动袭击，打破窗门，翻转汽车，自己可能受重伤。

（2）倘若自己的汽车正与人群同一方向前进，不要停车观看，应马上转入小路、倒车或掉头，迅速驶离现场。

（3）倘若根本无法冲出重围，应将车停好，锁好车门，然后离开，躲入小巷、商店或民居。如果来不及找停车处，也要立刻停车，锁好车门，静静地留在车内，直至人群拥过。

三、踩踏事故受伤后的救助

（1）止血：目的是降低血流速度，防止大量血液流失，导致休克昏迷。具体方法：①先转移到安全或安静的地方，检查伤势，判断清楚出血性质，如动脉出血、静脉出血、毛细血管出血；②可采取直接用手指压住出血伤口或出血的供血动脉上进行止血；③对四肢受伤出血的，使用腰带、领带、证件带、粗布条、丝巾，也可将自己衣服撕成条状代替，在大臂上1/3处和大腿中间处进行绑扎止血。

（2）固定：对骨折、关节受伤进行固定，目的是避免骨折端对人体造成新的伤害，减轻疼痛和便于搬运抢救。具体方法：①开放性伤口先包扎伤口再固定；②垫高或抬高受伤部分，以减慢流血及减少肿胀；③对脊柱或怀疑有脊柱损伤的不要移动；④固定时必须将骨折端上下两个关节一起固定，如小腿骨折应将踝、膝两个关节固定。

（3）烧伤急救：①用大量洁净的水清洗伤口，除非伤口烧黑、变白或太深；②不要直接用冰敷在伤口；③不要刺破水泡；④轻轻除下戒指、手表、皮带或者紧身衣服；⑤用干净、无黏性的布盖住伤口。

（4）休克急救：①避免伤者过冷或过热，利用毛毯或大衣保暖；②若无骨折，伤者双脚抬高30厘米左右；③不要给伤者饮水或者喂食；④留意伤者的清醒程度；⑤向救护人员报告。

（5）呼吸受阻的急救：如果您胸部受伤出现呼吸障碍，维护胸腔压力与外界大气压的压力差，是保障呼吸能够顺畅的关键。具体方法：①可使用身份证或其他非吸水性卡片贴住身体压住伤口；②也可以使用保鲜膜类的薄膜，撕下约20厘米×20厘米大小，贴住伤口，用胶带固定住上、左、右三个边，留出下方，以便让伤口流出的血水排出；③也可以张开手掌紧贴身体压住伤口。

（6）腹部受伤的急救：①止血。如果是闭合性伤口，应及时压住伤口，进行止血；②保鲜。如果是开放性伤口，小肠外露时，应用水打湿上衣，包住小肠，不使其外露于空气中，避免细菌感染，失水干燥坏死。千万不要把沾染污物的内脏回填腹腔，这样会使内脏在腹内相互感染，产生粘连，加速内脏坏死；③等待救援。受伤后尽量不移动，采取卧或平躺姿势等待救援。

（7）心肺复苏：①一拍、二按、三呼叫。抢救者将伤员仰卧，立即拍打其双肩并呼叫，也可以同时压人中穴并呼叫。如没有反应，判定此人神志丧失；②人工呼吸。抬下颌角使呼吸道畅通无阻；如果受伤者仍不能呼吸，进行口对口的人工呼吸。如果上述人工呼吸不能起作用，要检查嘴和咽喉是否有异物，并设法排除，继续进行人工呼吸；常用的人工呼吸方法主要有：口对口人工呼吸、口对鼻人工呼吸、仰卧压胸法或俯卧压胸法人工呼吸等。其中以口对口人工呼吸最有效。口诀是：头部后仰向后推，紧托下颌向上提。深吸口气嘴对嘴，有时需嘴对鼻。注意捏鼻把气吹，每分钟 16 ～ 18 次；③心脏按压。一旦发现病人心脏停搏，立即在患者心前区胸骨体上急速叩击 2 ～ 3 次，若无效，则立即进行胸外心脏按摩。方法是：先让患者仰卧，背部垫上一块硬木板，或者将患者连同床褥移到地上，操作者跪在患者身旁，用手掌根部放在患者胸骨体的中、下 1/3 交界处，另一手重叠于前手的手背上，两肘伸直，借操作者体重，急促向下压迫胸骨，使其下陷 3 厘米（对于儿童患者所施力量要适当减少），然后放松，使胸骨复位，如此反复进行，每分钟约 70 ～ 80 次。按压时不可用力过大或部位不当，以免引起肋骨骨折。胸外心脏按压如不能有效进行气体交换，则要同时配合人工呼吸。

第九章　重大疫情

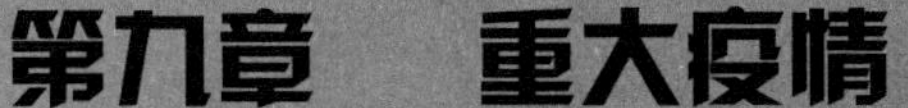

现代社会中多种危险因素如环境污染、人口流动等的存在，使得重大疫情并不能被完全控制和彻底消除，重大疫情对公众健康造成严重危害，在常规卫生防病工作取得显著成效之时，对重大疫情预防措施显得更为重要。为有效预防和控制重大动物疫病的传播和流行，确保发生重大疫情发生时，能够有章可循，忙而不乱、及时、迅速、高效、有序地进行应急处理，最大限度地减轻疫病的危害，促进社会经济发展，维护社会稳定。

第一节　食物中毒

食物中毒，是指食用了被细菌（如沙门菌、葡萄球菌、大肠杆菌、肉毒杆菌等）和它的毒素污染的食物，或是进食了含有毒性的化学物质的食品，或是食物本身含有自然毒素（如河豚、毒蘑菇、发芽的土豆等）不利于人体健康的物品而导致的急性中毒性疾病。通常都是在不知情的情况下发生食物中毒。食物中毒是由于进食被细菌及其毒素污染的食物，或摄食含有毒素的动植物如毒蕈，河豚等引起的急性中毒性疾病。变质食品、污染水源是主要传染源，不洁手、餐具和带菌苍蝇是主要传播途径。

一、典型案例

2012年云南3—4月连发3起学生食物中毒事件。3月13日镇雄县木卓乡六井村苍坪小学203名学生食用“天天乐”蛋黄派后，部分学生出现身体不适症状，59名学生入院检查；4月9日13时左右，镇雄县塘房镇顶拉小学部分学生食用营养餐（中午饭）后出现腹泻、腹痛、发高烧等症状。截至12日17时，顶拉小学先后共有368名学生入院诊治，累计出院返校上课342人，检查初步认为学生是疑似食物中毒（图9-1）。4月11日，景东县漫湾镇中学、镇小学183名学生食用中午饭后出现疑似食物中毒现象。

二、形成原因及危害

（一）形成原因

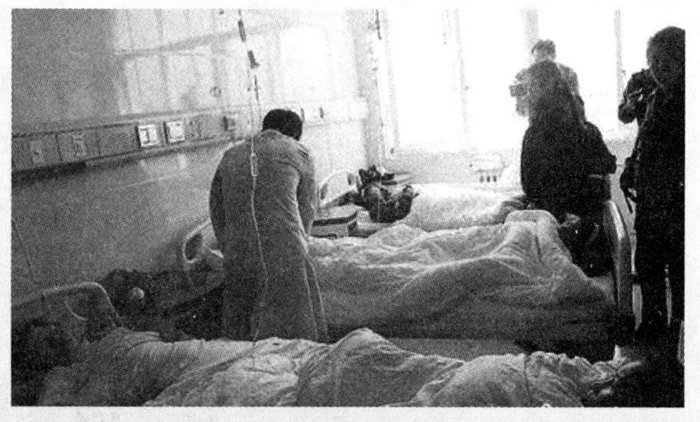

图9-1 云南镇雄小学生食物中毒

食物中毒与食入某种食物有关病人，在近期同段时间内都食用过同种“有毒食物”，发病范围与食物分布呈一致性，不食者不发病停止食用该种食物后很快不再有新病例。一般人与人之间不传染，发病曲线呈骤升骤降的趋势，没有传染病流行时发病曲线的余波。而且有明显的季节性。夏秋季多发生细菌性和有毒动植物食物中毒；冬春季多发生肉毒中毒和亚硝酸盐中毒等。食物中毒分为：

（1）细菌性食物中毒。是人们摄入含有细菌或细菌毒素的食品而引起的食物中毒。引起食物中毒的原因有很多，其中最主要最常见的原因就是食物被细菌污染。据中国近年食物中毒统计资料表明细菌性食物中毒占食物中毒总数的50%左右，而动物性食品是引起细菌性食物中毒的主要食品，其中肉类及熟肉制品居首位，其次有变质禽肉病死畜肉以及鱼、奶、剩饭等。

（2）真菌毒素中毒。真菌在谷物或其他食品中生长繁殖产生有毒的代谢产物，人和动物食用这种毒性物质发生的中毒称为真菌性食物中毒。中毒发生主要通过被真菌污染的食品用一般的烹调方法加热处理不能破坏食品中的真菌毒素。真菌生长繁殖及产生毒素需要一定的温度和湿度，因此中毒往往有比较明显的季节性和地区性。

（3）动物性食物中毒。食入动物性中毒食品引起的食物中毒即为动物性食物中毒。将天然含有有毒成分的动物或动物的某部分当作食品误食引起中毒反应；在一定条件下产生了大量的有毒成分的可食的动物性食品，如食用鲐鱼等也可引起中毒。中国发生的动物性食物中毒主要是河豚中毒，其次是鱼胆中毒。

（4）植物性食物中毒。造成中毒一般因误食有毒植物或有毒的植物种子，或烹调加工方法不当，没有把植物中的有毒物质去掉而引起。最常见的植物性食物中毒为菜豆中毒，毒蘑菇中毒，木薯中毒；可引起死亡的有毒蘑菇、马铃薯、曼陀罗、银杏、苦杏仁、桐油等（图 9-2）。

图 9-2　毒蘑菇

（5）化学性食物中毒。发病与进食时间、食用量有关。一般进食后不久发病，常有群体性，病人有相同的临床表现，剩余食品、呕吐物、血和尿等样品中可测出有关化学毒物，在处理化学性食物中毒时应突出个“快”字。及时处理不但对挽救病人生命十分重要，同时对控制事态发展，尚未明确化学毒物时尤为重要。

（二）食物中毒危害

（1）食物中毒者常会因上吐下泻而出现脱水症状，如口干、眼窝下陷、皮肤弹性消失、肢体冰凉、脉搏细弱、血压降低等，最后可致休克。

（2）食物中毒者最常见的症状是剧烈的呕吐、腹泻，同时伴有中上腹部疼痛。

由几分钟到几小时食入“有毒食物”后于短时间内几乎同时出现，病人临床表现相似且多以急性胃肠道症状为主。

三、预防措施

（1）禁止食用病死禽畜肉或其他变质肉类，加强对宰前、宰后的检验和管理，防止食品被细菌污染。

（2）高温杀菌。食品在食用前进行高温杀菌是一种可靠的方法，其效果与温度高低、加热时间、细菌种类、污染量及被加工的食品性状等因素有关，根据具体情况而定。

图 9-3　食物现场检验

（3）控制细菌繁殖。主要措施是冷藏、冷冻。温度控制在 2 ～ 8 摄氏度，可抑制大部分细菌的繁殖。熟食品在冷藏中做到避光、断氧、不重复被污染，其冷藏效果更好。

（4）冷藏食品应保质、保鲜，动物食品食前应彻底加热煮透，隔餐剩菜食前应充分加热。 腌腊罐头食品，食前应煮沸 6 ～ 10 分钟。

（5）禁止食用毒蕈、河豚等有毒动植物。醉虾、腌蟹等最好不吃。

（6）操作人员应当严格遵守操作规程，做到生熟分开。从业人员应该进行健康检验合格后方能上岗，如发现肠道传染病及带菌者应及时调离（图 9-3）。

四、处置对策

（1）给患者补充水分，有条件的可输入生理盐水。症状轻者让其卧床休息。如果仅有胃部不适，多饮温开水或稀释的盐水，然后手伸进咽部催吐。如果发觉中毒者有休克症状（如手足发凉、面色发青、血压下降等），就应立即平卧，双下肢尽量抬高并速请医生进行治疗。

（2）催吐：如食物吃下去的时间在 1 ～ 2 小时内，可采取催吐的方法。立即取食盐 20 克，加开水 200 毫升，冷却后一次喝下。如不吐，可多喝几次，迅速促进呕吐。亦可用鲜生姜 100 克，捣碎取汁用 200 毫升温水冲服。如果吃下去的是变质的荤食品，则可服用十滴水来促进迅速呕吐。有的患者还可用筷子、手指或鹅毛等刺激咽喉，引发呕吐。

（3）导泻：如果病人吃下去中毒的食物时间超过 2 小时，且精神尚好，则可服用些泻药，促使中毒食物尽快排出体外。一般用大黄 30 克，一次煎服，老年患者可选用元明粉 20 克，用开水冲服即可缓泻。老年体质较好者，也可采用番泻叶 15 克，一次煎服，或用开水冲服，亦能达到导泻的目的。

（4）解毒：如果是吃了变质的鱼、虾、蟹等引起的食物中毒，可取食醋 100 毫升，加水 200 毫升，稀释后一次服下。此外，还可采用紫苏 30 克、生甘草 10 克一次煎服，若是误食了变质的饮料或防腐剂，最好的急救方法是用鲜牛奶或其他含蛋白质的饮料灌服。

第二节　口蹄疫

口蹄疫 (foot and mouth disease) 是一种人畜共患病，是由口蹄疫病毒引起的一种急性传染病。最易感的是牛类，猪也易感，羊、骆驼、象等均有发病报告。口蹄疫是世界动物卫生组织（OIE）规定的 A 类烈性动物传染病，我国列为一类动物传染病。口蹄疫共有 7 种血清型，亚洲 I 型是其中一种。亚洲 I 型口蹄疫是新传入我国的一种急性、烈性传染病，主要感染牛、猪、羊等偶蹄类动物，不属于人畜共患病，对人的健康和安全不会造成威胁（图 9-4）。

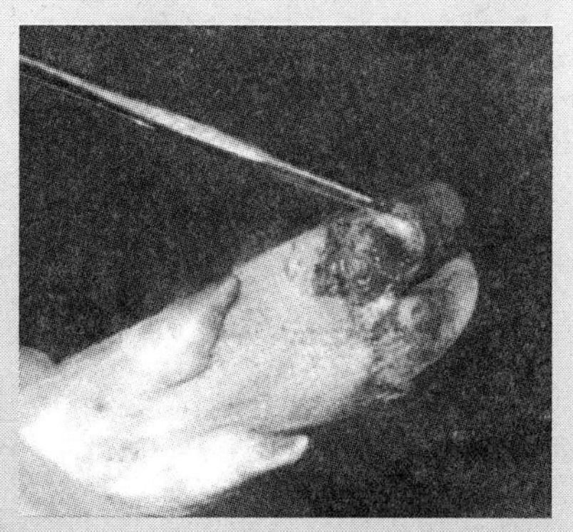

图 9-4　猪蹄疫

一、典型案例

2013年2月18日，广东省茂名市部分生猪出现疑似口蹄疫症状，经国家口蹄疫参考实验室确诊，广东疫情为A型口蹄疫疫情，本次疫情发病猪88头，扑杀并无害化处理948头。此后，青海省西宁市、西藏山南地区乃东县相继发生A型口蹄疫疫情，当地按照有关应急预案，严密封锁疫区，对病畜及同群畜进行了扑杀和无害化处理。

2013年6月3日，云南省迪庆州香格里拉县小中甸镇和平村部分农户饲养的牛出现疑似口蹄疫症状，发病牛283头。6月6日，云南省动物疫病预防控制中心诊断为疑似口蹄疫疫情。6月9日，经国家口蹄疫参考实验室确诊，该起疫情为A型口蹄疫疫情。疫情发生后，当地按照有关应急预案和防治技术规范要求，坚持依法防控、科学防控，切实做好疫情处置各项工作，严密封锁疫区，对1 767头病畜及同群畜进行了扑杀和无害化处理，加强消毒灭源和监测排查。

二、形成原因及危害

（一）形成原因

口蹄疫由过滤性病毒中的小核糖核酸病毒所引起，是最小动物病毒，种类包括肠病毒、鼻病毒和口蹄病毒等。如亚洲I型有65种。各型抗原性不同，互相之间不能互相免疫亚洲I型病毒只会感染有蹄类动物，如猪、牛、羊、鹿等，受感染后，口、咽喉和足部等部位出现水泡，动物日益消瘦，最后死亡。病毒很少感染鸡、鸭等家畜，也极少使人致病。口蹄疫是病畜经损伤皮肤和消化道黏膜感染人体繁殖并扩散附近细胞，在皮肤上形成水疱，然后病毒进入血液引起病毒血症和皮肤、器官组织病变和相应症状，胃和大小肠黏膜可见出血性炎症。另外，具有诊断意义是部分病毒有心肌病变，心包膜有弥散性及点状出血，心肌切面有灰白色或淡黄色斑点。

（二）口蹄疫危害

（1）主要是人与动物接触而发病，临床主要表现为唇、牙龈、颊部、舌的边缘、

手足颜面等处的黏膜、皮肤先出现红点、继生水疱，水疱破裂后成溃疡、结痂后痊愈，时伴有发热、头痛、四肢痛、眩晕、呕吐、腹泻等。

（2）能迅速演变为生物灾害，直接受到重大甚至于毁灭性打击的是畜牧业及相关产业，大批动物被扑杀销毁，引发严重的公共卫生问题，造成社会的恐慌。其破坏力还波及其他行业，对外出口被迫关闭，疫区被严密封锁，旅游受阻，国家形象受损。由于口蹄疫的巨大危害，历来受到各国政府的高度重视，也为公众所瞩目。

（3）扑杀病猪及同栏（群）猪带来的直接经济损失十分惊人。因发生本病，动物及其产品的流通受到严格限制，蒙受巨大的经济损失。为扑灭和防止疫情扩散蔓延所采取的封锁、隔离、阻断交通、停止家畜及其产品的流通、关闭家畜及其产品市场和屠宰场等，造成的经济损失不可估量。

（4）为扑杀病猪，销毁或无害化处理死猪尸体，耗费巨大的人力、财力和物力。彻底消毒被污染的栏舍及周边环境，反复接种疫苗、注射血清等，开支大量资金。

（5）疫情暴发后，猪场全员住场封锁，打乱正常生活秩序，人心惶惶，正常生产计划全面受阻，损失惨重，甚至招来灭顶之灾。

三、预防措施

（1）快速报告，保护控制现场。重大疫情发生后，所在单位和个人及收治病人的医疗机构，应在疫情报告的时限内，以最快的通信方式向当地卫生防疫站报告，卫生防疫站立即向当地卫生行政部门和上级卫生防疫机构报告，对现场采取保护和控制措施，保存现场物证，如食物、水样等，严格限制无关人员进入现场。

（2）及时抢救病人，尽快明确诊断。医疗和卫生防疫人员赶赴现场后，立即将病人、疑似病人和带菌者送往就近医院进行抢救、治疗、留床观察，采取必要的隔离、消毒措施，做出明确诊断。

（3）消除致病因素，控制疫情发展。根据疫情的性质、特点，在政府或卫生行政部门的统一组织和各部门的协作下，卫生防疫机构紧急采取措施，努力将疫情危害控制在最小范围内，最大限度地减少损失。

（4）口蹄疫疫苗有预防之效。如果人感染此病毒，特征是突然发烧，全身出现斑疹，经过两三个星期才治愈康复。根据过去记录，人被感染的个案不多。各种动物感染本病的潜伏期不完全一样。牛的潜伏期为 2 ～ 4 天，最长达 1 周；猪的潜伏期为 1 ～ 2 天；羊的潜伏期为 7 天左右。

四、处置对策

（1）发现牛、羊、猪等偶蹄动物的口腔、蹄部和乳房等处皮肤有水疱和溃烂，出现流涎和跛行，应立即报告所在地区的兽医部门。与患病动物接触后出现眩晕、四肢和背部疼痛、胃肠痉挛、呕吐、咽喉疼、吞咽困难、腹泻等症状，应立即到医院就诊。

（2）病畜就地封锁，所用器具及污染地面用 2% 苛性钠消毒。确认后，立即进行严格封锁、隔离、消毒及防治等一系列工作。发病畜群扑杀后要无害化处理，工作人员外出要全面消毒，病畜吃剩的草料或饮水，要烧毁或深埋，畜舍及附近用 2% 苛性钠、二氯异氰豚酸钠（含有效氯≥20%）、1% ～ 2% 福尔马林喷洒消毒，以免散毒。对疫区周围牛羊，选用与当地流行的口蹄疫毒型相同的疫苗，进行紧急接种，用量、注射方法、及注意事项须严格按疫苗说明书执行（图 9-5）。

图 9-5 注射口蹄疫苗

（3）治疗病初，即口腔出现水泡前，用血清或耐过的病畜血液治疗。对病畜要加强饲养管理及护理工作，每天要用盐水、硼酸溶液等洗涤口腔及蹄部。要喂以软草、麸皮粥等。口腔有溃疡时，用碘甘油合剂（1:1）每天涂搽 3 ～ 4 天，用大酱或 10% 食盐水也可。蹄部病变，可用消毒液洗净，涂甲紫溶液（紫药水）或碘甘油，并用绷带包裹，不可接触湿地。

第三节 手足口病

手足口病（Hand and Foot and Mouth Disease，HFMD）是一种常见及轻微，但传染度颇高的传染病，可由多种的肠道病毒引致，4 岁以下易得。引发手足口病的肠道病毒有 20 多种，其中以柯萨奇病毒 A 组 16 型（CA16）和肠道病毒 71 型（EV71）最为常见。夏秋之交都有发病，9 月是高峰期。

手足口病潜伏期 3 ～ 5 天，有低热、全身不适、腹痛等前驱症。1 ～ 2 天内口腔、咽、软腭、颊黏膜、舌、齿龈出现疼痛性粟粒至绿豆大小水疱，周围绕以红晕，破溃成小溃疡，由于疼痛，常流涎和拒食。同时手足亦出现皮疹，在手足的背侧面和手指（趾）背侧缘、甲周围、掌跖部，出现数目不定的水疱，除手足口外，亦可见于臀部及肛门附近，偶可见于躯干及四肢，数天后干涸、消退，皮疹无瘙痒，无疼痛感。全病程约 5 ～ 10 天，多数可自愈，愈后良好。

一、典型案例

2011 年 6 月 15 日，云南省江川县幼儿园发现小一班有学生有发热、红疹等病症，随后 3 名儿童被确诊为手足口病，幼儿园小一班也被全部停课。5—8 月是手足口病的高发期，其中 5 月 1 日—6 月 9 日，云南省共报告手足口病 23 331 例，发病数排全国第 10 位。重症病例累计达到 793 例，死亡 22 例，死亡数仍然位居全国第一位。2011 年云南省手足口病 129 个县中就有 127 个县有病例报告，发病率比上年同期增加 47%，死亡病例比上年同期增加 14 例。以散居儿童发病数居多，

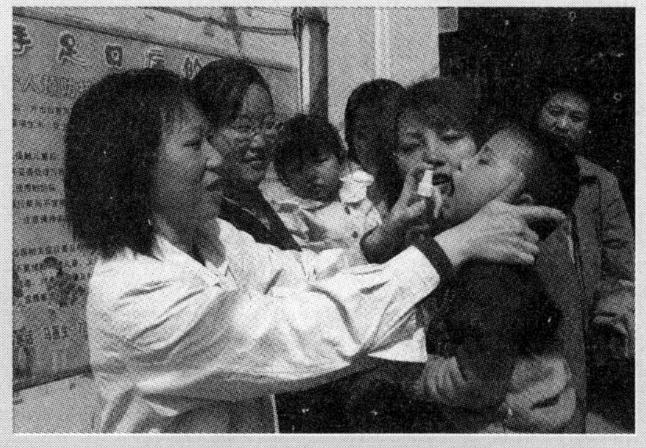

图 9-6 手足口检查

发病率占到67%，死亡的22例也全都是散居儿童，其中年龄最小的4个月，最大的4岁。由于手足口病的传播途径复杂，可通过飞沫、污染物等传播，目前尚无疫苗可防，因此防控难度大（图9-6）。

二、形成原因及危害

（一）形成原因

手足口病典型的起病过程是中等热度发热（体温在39摄氏度以下），进而出现咽痛，幼儿表现为流口水、拒食，嗓子里还有一些小水疱。个别儿童可出现泛发性丘疹、水疱，伴发无菌性脑膜炎、脑炎、心肌炎等。重症患儿如果病情发展快，会导致死亡（图9-7）。

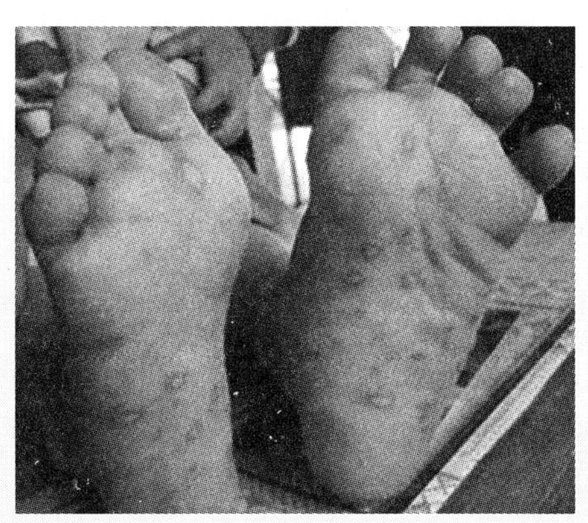

图9-7　足初期症状

（二）手足口病危害

手足口病可引起手、足、口腔等部位的疱疹，少数患儿可引起心肌炎、肺水肿、无菌性脑膜、脑炎等并发症。没有并发症的患儿，一周左右即可痊愈。少数患儿有神经系统症状，并发无菌性脑膜炎和皮肤继发感染，极少有后遗症。

三、预防措施

1. 父母注意事项

（1）饭前便后、外出后要用肥皂或洗手液等给婴幼儿洗手，不要让婴幼儿喝生水、吃生冷食物，避免接触患病婴幼儿（图9-8）。

图9-8　预防从洗手开始

（2）接触儿童前、替幼童更换尿布、处理粪便后均要洗手，并妥善处理污物。

（3）婴幼儿使用的奶瓶、奶嘴使用前后应充分清洗。

（4）本病流行期间不宜带婴幼儿到人群聚集、空气流通差的公共场所，注意保持家庭环境卫生，居室要经常通风，勤晒衣被。

（5）婴幼儿出现相关症状要及时到医疗机构就诊。父母要及时对患儿的衣物进行晾晒或消毒，对患儿粪便及时进行消毒处理；轻症患儿不必住院，宜居家治疗、休息，以减少交叉感染。

2. 幼儿园及小学等机构的预防措施

（1）流行季节，教室和宿舍等场所要保持良好通风。

（2）每日对玩具、个人卫生用具、餐具等物品进行清洗消毒。

（3）进行清扫或消毒工作（尤其清扫厕所）时，工作人员应戴手套。清洗工作结束后应立即洗手（图 9-9）。

（4）消毒的必备品：碘酊、消毒棉球等。

图 9-9 幼儿园消毒

四、处置对策

（一）一般治疗措施

（1）首先隔离患儿，接触者应注意消毒隔离，避免交叉感染。

（2）对症治疗，做好口腔护理。口腔内疱疹及溃疡严重者，用康复新液含漱或涂患处，也可将思密达（十六角蒙脱石）调成糊状于饭后用棉签敷在溃疡面上。

（3）衣服、被褥要清洁，衣着要舒适、柔软，经常更换。

（4）剪短宝宝的指甲，必要时包裹宝宝双手，防止抓破皮疹。

（5）手足部皮疹初期可涂炉甘石洗剂，待有疱疹形成或疱疹破溃时可涂 0.5% 碘伏。

（6）臀部有皮疹的宝宝，应随时清理其大小便，保持臀部清洁干燥。

（7）可服用抗病毒药物及清热解毒中草药，补充维生素 B 等。

（二）合并治疗措施

（1）密切监测病情变化，尤其是脑、肺、心等重要脏器功能；危重病人特别注意监测血压、血气分析、血糖及胸片。

（2）注意维持水、电解质、酸碱平衡及对重要脏器的保护。

（3）有颅内压增高者可给予甘露醇等脱水治疗，重症病例可酌情给予甲基泼尼松龙、静脉用丙种球蛋白等药物。

（4）出现低氧血症、呼吸困难等呼吸衰竭征象者，宜及早进行机械通气治疗。

（5）维持血压稳定，必要时适当给予血管活性药物。

（三）饮食

（1）病初。嘴疼、畏食。饮食要点：以牛奶、豆浆、米汤、蛋花汤等流质食物为主，少食。

（2）烧退。嘴疼减轻。饮食以泥糊状食物为主。例如：牛奶香蕉糊。牛奶提供优质蛋白质；香蕉易制成糊状，富含碳水化合物、胡萝卜素和果胶，能提供热能、维生素，且润肠通便。

（3）恢复期。饮食要多餐，量不需太多，营养要高。如鸡蛋羹中加入少量菜末、碎豆腐、碎蘑菇等。大约10天恢复正常饮食。也有说法“全素，不动荤腥”。完全吃素，把牛奶、鸡蛋等营养品排除在外，营养质量不够，缺少优质蛋白质，而抗体是一种蛋白质，故全素不妥。

（4）手足口病最好禁食冰冷、辛辣、酸咸等刺激性食物；治疗期间应注意不吃鱼、虾、蟹。

第四节　非典疫情

SARS 疫情是指严重急性呼吸系统综合征是一种因感染 SARS 相关冠状病毒而导致的呼吸系统疾病，以发热、干咳、胸闷为主要症状，严重者出现快速进展的呼吸系统衰竭，极强的传染性与病情的快速进展是此病的主要特点。

2002年在中国广东佛山市顺德区首发，并扩散至东南亚乃至全球，直至2003年中期疫情才被逐渐消灭的一次全球性传染病疫潮。SARS冠状病毒是造成2002—2003年SARS暴发的病原。潜伏期约为2～12天，多数人通常在4～5天就有明显症状。目前大家公认的传播途径是经过呼吸道传播，主要是通过飞沫来传播，特别是近距离接触，咳嗽、喷嚏、病人的分泌物、体液接触所传染；现在又有一些其他情况，直接接触病人后，通过手，再揉鼻子、眼睛等，也是一个传播途径。

一、典型案例

图9-10 北京军区总医院举行小汤山参战誓师大会

2002年11月16日，广东佛山市顺德区发现第一例SARS病例，也是全球首例。2003年1月2日，广州报告第一例不明原因肺炎病例，为来自河源的黄某。约3周后，广东省中医院报告该院7名医务人员出现相似症状。1月30日，由佛山顺德转送中山二院的一名重症患者死亡，为首例死亡病例。1月30日，后来被媒体称之为“毒王”的超级传播者周某某因发热、咳嗽多日后前往中山二院治疗。最终调查数据显示，其患病后密切接触者共213人，其中128人感染。3月初，北京发现第一个“非典”病例，4月21日后，全国各地纷纷出台严密措施积极应对疫情，采取兴建小汤山隔离治疗基地（图9-10），对交通工具的严密监控，病因和新药的研究和开发，旅游政策的调整，不少学校停课、许多会议和聚会性活动被取消等措施。从5月中旬开始，全国日发病人数、日死亡人数大幅下降，治愈出院人数大幅上升，疫情趋于平缓。从6月初开始，全国日发病人数达到零报告或个位数报告。至7月31日，整个“非典”时间趋于平息。直至8月16日下午4时，卫生部宣布全国非典型肺炎零病例，此次非典疫情，共波及我国266个县和市（区），累计报告非典病例 5 327 例，死亡 349 例。2002 年 11 月—2003 年 8 月 5 日，29 个国家报告临床诊断病例病例 8 422 例，死亡 916 例。报告病例的平均死亡率近 11%。

二、形成原因及危害

（一）形成原因

已有的流行病学证据和生物信息学分析显示，野生动物市场上的果子狸是 SARS 冠状病毒的直接来源（图 9-11）。此病病死率约在 15%左右，主要是冬春季发病。临床主要表现为肺炎，在家庭和医院有显著的聚集现象。而典型肺炎是指由肺炎链球菌等常见细菌引起的大叶性肺炎或支气管肺炎。

图 9-11　果子狸标本中的 1 株 SARS 样病毒

（二）非典危害

非典疫情其发病机制与机体免疫系统受损有关。首先病人高烧、干咳，并且没有一般流感的流涕、咽痛等症状，也没有通常感冒常见的白色或黄色痰液，偶尔病人痰中带血丝，出现呼吸急促的现象，个别病人出现呼吸窘迫综合症。一般情况下，患者发烧时白细胞会升高，而此次非典型肺炎病人白细胞正常或下降。“非典”到了一定程度以后，症状会和感冒比较好区别，但是在初期的时候，有时候还是非常容易混淆，甚至一部分“非典”的病人，开始的时候症状类似于感冒，或者完全和感冒相同，或者有点像流感一样，有上呼吸道感染的症状。因为作为“非典”的病原体来说，不是一下子到肺部的，要经过上呼吸道、气管、支气管到肺部，我们观察的病人，往往是持续的发热，持续三五天，甚至再长的时间，但是在观察的过程中，突然出现病情的转机。病人通常的症状有干咳少痰，个别痰中带血，严重的会呼吸困难。一般感冒病症包括发烧、咳嗽、头痛，可在数日后转好，并且一般没有肺炎迹象。病毒在侵入机体后，进行复制，可引起机体的异常免疫反应，由于机体免疫系统受破坏，导致患者的免疫缺陷。

三、预防措施

（1）通风良好：保持室内空气流通，经常开窗通风。在公共汽车或 TAXI 要开窗通风。

（2）注意个人卫生：勤洗手，保持双手清洁，并用正确方法洗手，用皂液，流水洗手，时间在 30 秒以上。双手被呼吸系统分泌物弄污后（如打喷嚏后）应洗手。应避免触摸眼睛、鼻及口，如需触摸，应先洗手。

（3）注意均衡饮食、定时进行运动、有足够休息、减轻压力和避免吸烟，以增强身体的抵抗力。

（4）公共场所经常使用或触摸的物品定期用消毒液浸泡、擦拭消毒。在公共场所人群拥挤的地方可以戴 16 层纱布口罩。但在空旷的地方活动或在大街上行走就没有必要戴口罩。打喷嚏或咳嗽时应掩口鼻（图 9-12）。

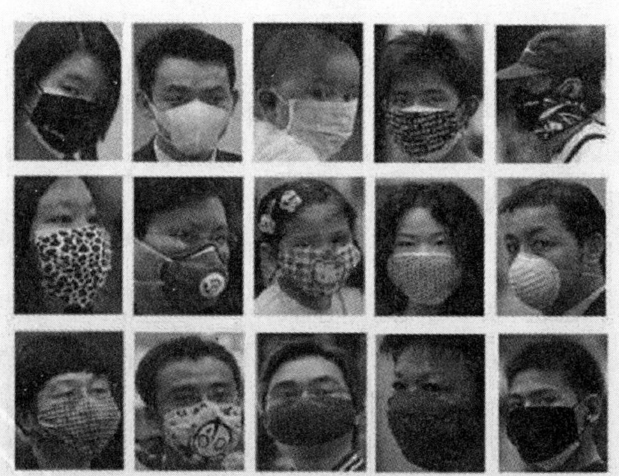

图 9-12 预防非典疫情

（5）避免探视病人。需要探视时，必须戴口罩。留意自己身体状况，出现发热、头痛、干咳等呼吸道类似症状，应及早到附近医院就医。

四、处置对策

图 9-13 消毒预防非典

（一）接触过“非典”患者

（1）一旦病人的家属、同事或参加诊治病人的医护人员中出现发热、头痛、干咳等呼吸道类似症状，应及早到附近医院就医。

（2）在当地疾病预防控制机构指导下，对患者家中或近期患者滞留的场所进行消毒处理，包括空气、家具、衣物等物品（图 9-13）。

（3）为控制疫情需要，患者的密切接触者应配合疾病控制机构进行医学观察或相对隔离，期限一般为 2 周，尽量休息在家，不参加集体活动、不远游。如有不适请尽早就医，并主动告知“曾密切接触过同类病人”。

（二）治疗对策

（1）一般性治疗：休息，适当补充液体及维生素，避免用力和剧烈咳嗽。密切观察病情变化（多数病人在发病后 14 天内都可能属于进展期）。定期复查胸片（早期复查间隔时间不超过 3 天）、心、肝、肾功能等。每天检测体表血氧饱和度。

（2）对症治疗：有发热超过 38.5 摄氏度者，全身酸痛明显者，可使用解热镇痛药。高热者给予冰敷、酒擦浴等物理降温措施。咳嗽、咳痰者给予镇咳、祛痰药。有心、肝、肾等器官功能损害，应该做相应的处理。气促明显、轻度低氧血者应尽早给予持续鼻导管吸氧。儿童忌用阿司匹林。

（3）治疗上早期选用大环内酯类、氟喹诺酮类、β-内酰胺类、四环素类等，如果痰培养或临床上提示有耐药球菌感染，可选用（去甲）万古霉素等。

（4）糖皮质激素的应用：建议应用激素的指征为：有严重中毒症状；达到重症病例标准者。应有规律使用，具体剂量根据病情来调整。儿童慎用。

（5）可选用中药辅助治疗、抗病毒药物、增强免疫功能的药物。

第五节 H1N1

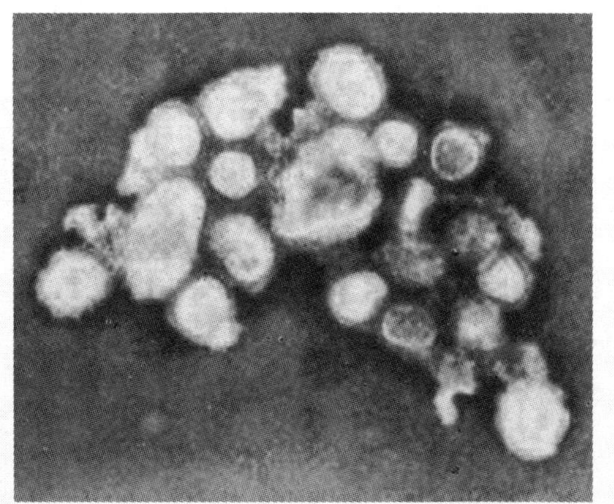

图 9-14 甲型 H1n1 流感病毒图样

甲型 H1N1 流感是一种由 A 型猪流感病毒引起的猪呼吸系统疾病，该病毒可在猪群中造成流感暴发。人感染猪流感的途径可能是通过接触受感染的生猪或接触被猪流感病毒感染的环境，或通过与感染猪流感病毒的人发生接触。目前尚无证据表明猪流感能通过食物传播（图 9-14）。

通常情况下人类很少感染猪流感病毒。而且目前虽尚无疫苗预防人感染猪流感，但人感染猪流感是可防、可控、可治的。甲流和普通感冒虽然症状相似，很容易混淆，但它们之间仍有区别，可从以下几方面进行初步判断：

（1）甲流一般在 3 ～ 6 小时内会急速发高烧（37.8 摄氏度以上），高烧会持续 3 ～ 4 天；普通感冒偶会发高烧。

（2）80% 以上甲流患者会出现严重头痛；普通感冒头痛症状轻微。

（3）严重甲流会出现全身性肌肉酸痛、关节疼痛；普通感冒会有轻微全身性肌肉酸痛、关节疼痛。

（4）大多数甲流患者会有发烧恶寒、严重的疲劳感与虚弱症状；普通感冒偶有恶寒及轻微的疲劳感。

一、典型案例

截至 2009 年 11 月 30 日，全国 31 个省份累计报告甲型 H1N1 流感确诊病例 92 904 例，包括境内 90 720 例，境外输入 2 184 例；已治愈 73 091 例，在院治疗7 253例，居家治疗12 360例，死亡病例200例。其中11月1—30日，31个省份报告新增甲型H1N1流感确诊病例46 213例，其中境内感染46 162例，境外输入51例；居家治疗33 019例，住院治疗13 018例；死亡194人。11月，全国流感哨点监测结果显示，医院共报告流感样病例697 311例，比10月上升了35.1%，全国流感流行强度高于前两年同期平均水平；流感病例占流感样病例的比例为52.8%，比10月上升了14.5%；甲型H1N1流感病例占流感病例的比例为89.3%，比10月上升了12.4%（图9-15）。

图9-15 北京首例甲型H1N1流感确诊患者痊愈出院

二、形成原因及危害

（一）形成原因

H1N1流感病毒的群间传播主要是以感染者的咳嗽和喷嚏为媒介，在人群密集的环境中更容易发生感染，而越来越多证据显示，微量病毒可留存在桌面、电话机或其他平面上，再透过手指与眼、鼻、口的接触来传播。因此尽量不要身体接触，包括握手、亲吻、共餐等。如果接触带有甲型H1N1流感病毒的物品，而后又触碰自己的鼻子和口腔，也会受到感染。感染者有可能在出现症状前感染其他人，感染后一般在一周或一周多后发病。

（二）H1N1危害

人感染猪流感后的症状与普通人流感相似，包括发热、咳嗽、喉咙痛、身体疼痛、头痛、发冷和疲劳等，有些还会出现腹泻和呕吐，重者会继发肺炎和呼吸衰竭，甚至死亡。

（1）人感染甲型 H1N1 流感最主要的危害性就是流感病毒侵袭人体后，在人体免疫功能对抗病毒时所产生的令人感觉不舒服的一系列症状。比如发烧，发烧会使人体体温升高，而升高的体温会使人体各种代谢酶失活而使得人体的新陈代谢功能无法正常进行。常使人感觉畏冷、食欲不振、精神萎靡。而不能正常的进食、代谢，人体自然就会虚弱，无法进行正常的学习、工作和生活。

（2）人感染甲型 H1N1 流感的危害性还体现在可能会对人体的生命安全造成威胁。我国及世界各国都有人感染甲型 H1N1 流感死亡的病例。甲型 H1N1 流感虽然不像“非典”时那么严重，但是毕竟会有这方面的潜在危险存在。

（3）人感染甲型 H1N1 流感的危害性还体现在甲型 H1N1 流感病毒会造成人与人之间的传染和病毒的播撒方面。每个感染甲型 H1N1 流感的病人都是甲型 H1N1 流感病毒的传播者。通过人与人之间直接或间接的接触，就会形成快速的传染与播散，是整个人类健康的一大威胁。

三、预防措施

（1）室内保持通风，减少到公共人群密集场所的机会，对于身体不适、出现发烧和咳嗽症状的人，要避免与其密切接触（图 9-16）。

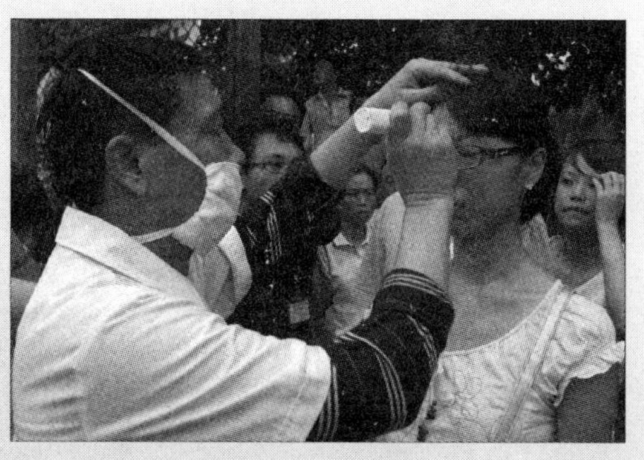

图 9-16 严防甲型 H1N1 流感入侵校园

（2）勤于锻炼、减少压力，养成良好的个人卫生习惯，包括睡眠充足、吃有营养的食物、多锻炼身体勤洗手，要使用洗手液彻底洗净双手。

（3）在烹饪特别是洗涤生猪肉、家禽（特别是水禽时）应特别注意。特别是有皮肤破损的情况，建议尽量减少接触机会。

（4）可以考虑戴口罩，降低风媒传播的可能性，打喷嚏和咳嗽的时候应该用纸巾捂住口鼻。

（5）定期服用板蓝根（可以考虑有一定规律性），大青叶、薄荷叶、金银花作茶饮。

（6）特别注意类似临床表现，引起重视。特别是突发高热、结膜潮红、咳嗽、流脓涕等症状。

四、处置对策

（1）不用立刻去看急诊。当各种媒体报道有关甲型 H1N1 流感的新闻时，你会感觉到这种疾病无处不在，你会觉得偶尔打的一个喷嚏就是自己感染甲型 H1N1 流感的证据。医院实际上是一个容易发生感染的地点，那些得病的人都聚集在医院里。如果你真的出现类似流感的症状：体温超过 37.7 摄氏度，头痛、喉咙痛、身体疼痛、身体感到寒冷或者疲劳，你居住在出现 H1N1 流感确诊病例的地方，那么你首先要通知医生，否则，请把医院留给那些患病人群。

（2）不害怕吃猪肉。没有证据显示，甲型 H1N1 流感会使猪生病，病毒不会通过猪肉产品传播，你不会因为吃咸猪肉、热狗或者任何其他猪肉产品而感染甲型 H1N1 流感。甲型 H1N1 流感已被传给人类，它可以非常容易地在人际间传播，所以，它现在已是人类流感了，只能通过对人类进行控制才能遏制它的蔓延，这与猪无关。

（3）不囤积抗病毒药物。抗病毒药物“达菲”和“乐感清”对于治疗甲型 H1N1 流感有效，这是一个好消息。政府应对疫情的一个关键举措就是在过去数年里存储了 5 000 万份抗病毒药物，储备量足以确保医生能够有效地应对新疫情，但是如果人们开始为自己囤积抗病毒药物，这种能力将遭到破坏。

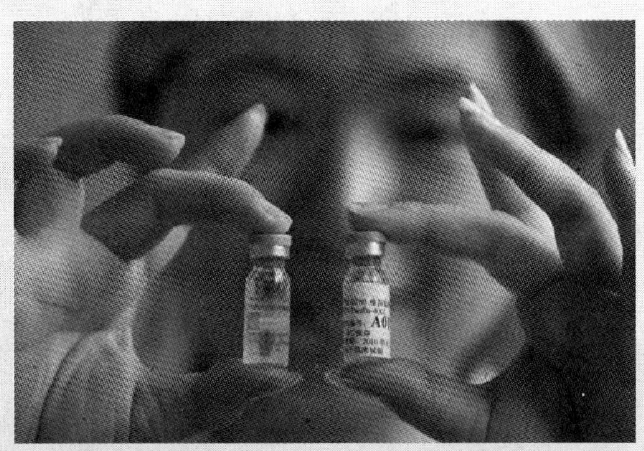

图 9-17　中国甲型 H1N1 流感疫苗

病人错误使用或者滥用“达菲”和“乐感清”会使流感病毒的抗药性增加，从而使我们应对甲型H1N1流感的唯一武器失效（图9-17）。

（4）在身体感觉不适时不外出。在没有疫苗的情况下，我们应对甲型H1N1流感蔓延的措施只能是一些简单的措施，在打喷嚏或者咳嗽时捂嘴，经常洗手，使用洗手液，这些是避免感染流感的最简单举措。但就减弱流感病毒传播的速度而言，我们所采取的最佳措施就是使病人远离普通公众。

（5）不对甲型H1N1流感感到惊慌。虽然疫情令人感到担心，但到目前为止，在墨西哥以外的地方只有一人死于甲型H1N1流感。许多科学家开始认为，即使我们目前面临全面的流感大暴发，流感也可能是温和的。甲型H1N1流感是在北美流感季节快要结束时出现的，病毒可能会逐步消失并在秋天再次出现，但这将给我们数个月的准备时间。“我们高度关注流感，但不应当惊慌。”这是对身处焦虑状态的人们给出的最佳建议。

第六节 H7N9

H7N9亚型禽流感病毒是甲型流感中的一种，既往仅在禽间发现，未发现过人的感染情况。人感染H7N9禽流感潜伏期一般为7天以内。患者一般表现为流感样症状，如发热，咳嗽，少痰，可伴有头痛、肌肉酸痛和全身不适。重症患者病情发展迅速，表现为重症肺炎，体温大多持续在39摄氏度以上，出现呼吸困难，可伴有咳血痰；可快速进展出现急性呼吸窘迫综合征、纵膈气肿、脓毒症、休克、意识障碍及急性肾损伤等。

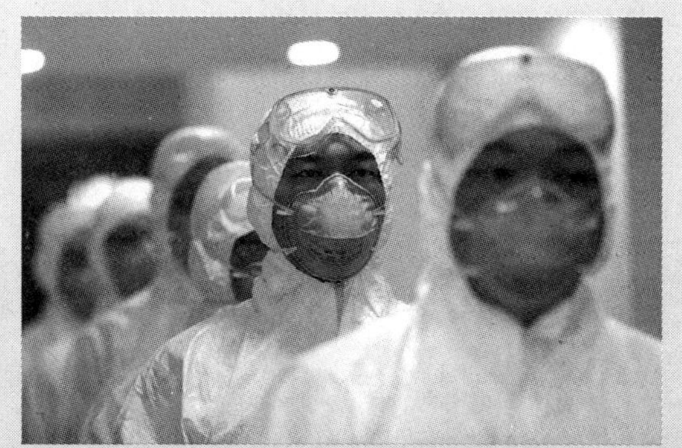

图9-18 H7N9或经飞沫高效传播

流感病毒属正粘病毒科甲型流感病毒属。禽甲型流感病毒颗粒呈多形性，其中球形直径 80 ～ 120 纳米，有囊膜。基因组为分节段单股负链 RNA。依据其外膜血凝素（H）和神经氨酸酶（N）蛋白抗原性不同，目前可分为 16 个 H 亚型（H1-H16）和 9 个 N 亚型（N1-N9）。禽甲型流感病毒除感染禽外，还可感染人、猪、马、水貂和海洋哺乳动物（图 9-18）。可感染人的禽流感病毒亚型为 H5N1、H9N2、H7N7、H7N2、H7N3，此次报道的为人感染 H7N9 禽流感病毒。该病毒为新型重配病毒，其内部基因来自于 H9N2 禽流感病毒。禽流感病毒普遍对热敏感，对低温抵抗力较强，65 摄氏度加热 30 分钟或煮沸（100 摄氏度）2 分钟以上可灭活。病毒在较低温度粪便中可存活 1 周，在 4 摄氏度水中可存活 1 个月，对酸性环境有一定抵抗力，在 pH4.0 的条件下也具有一定的存活能力。在有甘油存在的情况下可保持活力 1 年以上。

（1）传染源。目前尚不明确，根据以往经验及本次病例流行病学调查，推测可能为携带 H7N9 禽流感病毒的禽类及其分泌物或排泄物。

（1）传播途径。经呼吸道传播，也可通过密切接触感染的禽类分泌物或排泄物等被感染，直接接触病毒也可被感染。现尚无人与人之间传播的确切证据。

（3）易感人群。目前尚无确切证据显示人类对 H7N9 禽流感病毒易感。现有确诊病例多为成人。

（4）高危人群。现阶段主要是从事禽类养殖、销售、宰杀、加工业者，以及在发病前 1 周内接触过禽类者。

一、典型案例

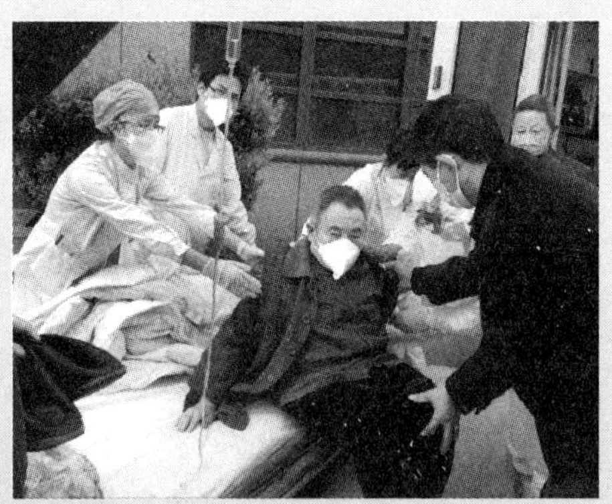

图 9-19　H7N9 患者

H7N9 型禽流感是一种新型禽流感，于 2013 年 3 月底在上海和安徽两地率先发现。H7N9 型禽流感是全球首次发现的新亚型流感病毒，尚未纳入我国法定报告传染病监测报告系统，并且至 2013 年 4 月初尚未有疫苗推出。被该病毒感染均在早期出现发热等症状，至 2013 年 4 月尚未证实此类病毒是否具有人传染人的特性。截至2013年5月29日10时，全国已确诊131人，37人死亡，76人痊愈。截至9月30日，我国内地共报告134例人感染H7N9禽流感确诊病例，其中死亡45人，康复89人。病例分布于12省市的42个地市（图9-19）。

二、形成原因及危害

（一）形成原因

H7N9禽流感病毒进行基因溯源研究显示，H7N9禽流感病毒基因来自于东亚地区野鸟和中国上海、浙江、江苏鸡群的基因重配。而病毒自身基因变异可能是H7N9型禽流感病毒感染人并导致高死亡率的原因。H7N9禽流感病毒的8个基因片段中，H7片段与浙江鸭群中分离的禽流感病毒相似，浙江鸭群中的病毒往上追溯，与东亚地区野鸟中分离的禽流感病毒基因相似；N9片段与东亚地区野鸟中分离的禽流感病毒相似。其余6个基因片段与H9N2禽流感病毒相似。据病毒基因组比对和亲缘分析显示，H9N2禽流感病毒来源于中国上海、浙江、江苏等地的鸡群。禽流感病毒会存在于受感染禽鸟的呼吸道飞沫颗粒及排泄物中，人类主要是透过吸入及接触禽流感病毒颗粒或受污染的物体与环境等途径而感染。

（二）H7N9危害

人类患上人感染高致病性禽流感后，起病很急，早期表现类似普通型流感。主要表现为发热，体温大多在39摄氏度以上，持续1～7天，一般为3～4天，可伴有流涕、鼻塞、咳嗽、咽痛、头痛、全身不适，部分患者可有恶心、腹痛、腹泻、稀水样便等消化道症状。多数轻症病例愈后良好。重症患者病情发展迅速，可出现肺炎、急性呼吸窘迫综合征、肺出血、胸腔积液、全血细胞减少、肾衰竭、败血症、休克及Reye综合征等多种并发症，严重者可致死亡。治疗中若体温持续超过39摄氏度，需警惕重症倾向。H7N9感染者症状较轻，大多数患者可出现眼结膜炎，少数患者伴有温和的流感样症状。除了上述表现之外，人感染高致病性禽流感重症患者还可出现肺炎、呼吸窘迫等表现，甚至可导致死亡。

三、预防措施

（1）平时应加强体育锻炼，多休息，避免过度劳累，不吸烟，勤洗手；注意个人卫生，打喷嚏或咳嗽时掩住口鼻。

（2）保持室内清洁，使用可清洗的地垫，避免使用难以清理的地毯，保持地面、天花板、家具及墙壁清洁，确保排水道通畅；保持室内空气流通，应每天开窗换气两次，每次至少10分钟，或使用抽气扇保持空气流通；尽量少去空气不流通的场所。

图 9-20　集中销毁 H7N9 感染的家禽

（3）注意饮食卫生，进食禽肉、蛋类要彻底煮熟，加工、保存食物时要注意生、熟分开；养成良好的卫生习惯，搞好厨房卫生，不生食禽肉和内脏，解剖活（死）家禽、家畜及其制品后要彻底洗手（图 9-20）。

（4）发现疫情时，应尽量避免与禽类接触；公众特别是儿童应避免密切接触家禽和野禽。

（5）注意生活用具的消毒处理。禽流感病毒不耐热，100 摄氏度下 1 分钟即可灭活。对干燥、紫外线照射、汞、氯等常用消毒药都很敏感。

（6）若有发热及呼吸道症状，应戴上口罩，尽快就诊，并切记告诉医生发病前有无外游或与禽类接触史。

（7）一旦患病，应在医生指导下治疗和用药，多休息、多饮水，注意个人卫生。

四、处置对策

（1）对已发现的传染病病人、疑似病人和病原携带者实施隔离治疗，对密切接触者或疫点、疫区内人群进行医学检查，及时发现病人；划定疫点、疫区，必要时设立封锁隔离区。

（2）标本收集、送检或现场检验；对疫源地进行严格的消毒和卫生处理；封存、销毁被污染的食品，加强食品卫生监督管理。

（3）供给清洁卫生的饮用水，加强自来水和其他饮用水的管理，保护饮用水源；加强粪便管理，清除垃圾、污物，改善生活环境和卫生条件；杀灭病媒昆虫、动物。

（4）组织疫点、疫区内人群进行预防服药、应急接种，开展防病知识宣传；保证及时供应足够的药品、生物制品、消毒药剂、器械等。

总之规范处置重大疫情，是做好疫病防控的关键。根据疫情发生的特点和流行规律，处置规范，即采取“早”、“快”、“严”、“小”来对付禽流感疫情。早，即为早发现、早诊断、早报告、早确认，确保禽流感疫情的早期预警预报；快，快速行动、及时处理，确保突发疫情快速处置；严，做到坚决果断，全面彻底，严格处置；小，即确保疫情控制在最小范围，确保疫情损失减到最小。

参考文献

[1] 金龙哲．矿山安全工程．机械工业出版社，2011.

[2] 余明高，潘荣锟．煤矿火灾防治理论与技术．郑州大学出版社，2008.

[3] 刘志伟，刘澄，祁卫士．矿山企业安全管理．冶金工业出版社，2011.

[4] 艾馨．这样逃生最有效．哈尔滨出版社，2011.

[5] 方晓波，赵小燕．防灾避险知识读本．湖北科学技术出版社，2008.

[6] 周祖木．自然灾害与相关疾病防范．人民卫生出版社，2013.

[7] 龚敏．全民防灾应急手册．科学出版社，2009.

[8] 东方文慧．全民公共安全知识．中国劳动社会保障出版社，2012.

[9] 金龙哲．矿山安全工程．机械工业出版社，2011.

[10] 余明高，潘荣锟．煤矿火灾防治理论与技术．郑州大学出版社，2008.

[11] 刘志伟，刘澄，祁卫士．矿山企业安全管理．冶金工业出版社，2011.

[12] 艾馨．这样逃生最有效．哈尔滨出版社，2011.

[13] 方晓波，赵小燕．防灾避险知识读本．湖北科学技术出版社，2008.

[14] 周祖木．自然灾害与相关疾病防范．人民卫生出版社，2013.

[15] 龚敏．全民防灾应急手册．科学出版社，2009.

[16] 东方文慧．全民公共安全知识．中国劳动社会保障出版社，2012.